复旦卓越·21世纪烹饪与营养系列

烹饪设备器具

U0259910

主　编　曹仲文
副主编　夏启泉

TWENTY-FIRST CENTURY
COOKING AND NUTRITION SERIES

复旦大学出版社
www.fudanpress.com.cn

内 容 提 要

本书主要阐述烹饪工作者在烹饪工作中涉及的主要设备的基本结构、工作原理，强调正确的操作使用和维护保养，理解如何根据烹饪工艺的要求对设备进行合理选用，以及烹饪器具及其管理，此外，针对烹饪实验室的设计也作了较为详细的介绍。全书分为七章：烹饪原料加工设备、烹饪加热设备、烹饪制冷设备、烹饪器具与材料、烹饪辅助设备系统、烹饪设备与器具管理、烹饪工艺实验室的设计。典型设备的选择上既反映目前烹饪行业的现状，又介绍新型、先进的烹饪设备，使设备能更好地为工艺服务。

本书主要是为烹饪高等教育学校编写的教材，也可作为广大烹饪工作者的技术培训资料，以及烹饪设备行业人员的参考读物。

序
XU

近年来,随着科学技术的发展,以及人们观念的进步,特别是国家的有关政策和法规的不断调整和完善,环保、节能、绿色等理念不断深入人心,这种影响在烹饪生产过程中也有所体现,新技术、新材料、新设备在烹饪生产中相继涌现。

另一方面,在经济快速发展的背景下,我国第三产业包括其中的餐饮业获得了飞速发展。改革开放三十年餐饮业营业额增长 200 多倍,餐饮消费成为拉动我国消费需求增长的重要力量。2009 年,餐饮业全年营业收入超过 1.8 万亿元人民币。据统计,到 2010 年我国餐饮业产值将达到 2 万亿。而根据商务部《全国餐饮业发展规划纲要》(2009—2013)的目标,到 2013 年,全国餐饮业将保持年均 18% 的增长速度,零售额达到 3.3 万亿元。但是,我国餐饮业和中式烹饪面临着国际餐饮巨头和洋快餐的冲击。

李岚清副总理曾于 2002 年 10 月 21 日作出重要指示:"我国烹饪业在继承其传统特长、发挥其优势的同时,要充分利用现代科学技术手段和现代营销理念,努力提高科技和经营管理水平,以更加科学、健康、方便的饮食,不断满足现代社会人民群众工作和生活的需要。"这里的科学技术手段即包括烹饪生产过程的现代化,对现代烹饪设备的充分应用。由此,对从事烹饪生产工作的人才也提出了更高的要求。

根据马克思主义关于生产力的学说,生产力包括生产工具、生产对象和生产者。烹饪高等教育培养的烹饪行业的高级人才,不仅要掌握各种烹饪工艺内容,而且要熟练运用烹饪生产工具——烹饪设备器具,才能更好地对生产对象——烹饪原料进行加工,从而生产出社会潮流所需要的产品——菜肴。

由此,在烹饪高等教育中开展关于烹饪设备与器具方面的课程也就显出其必要性。并且,该教材还须符合烹饪专业学生的知识结构,符合烹饪生产的实际要求,并体现最新的烹饪设备器具的发展情况。

本书是在参考有关教学大纲及相关教材的基础上,根据近几年来烹饪设备器具发展情况(包括最新的技术、设备、材料以及相关的国家标准)编写而成的。一方面注重实用性,对在烹饪生产中正在应用的烹饪设备,如中餐燃气炒菜灶、运水烟罩等作介绍,而对于一般的设备或非商业用途,或由于环保、技术等原因而被淘汰的设备则

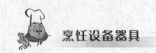

忽略或作简单评价,如电饭锅、燃固设备等。并且,对于相关教材已作了较多介绍的,也作了省略,如关于设备的基础知识、烹饪厨房的设计布置等。但是,针对国内正在响应国家的政策,大力发展烹饪高等教育,进而急需烹饪实验室的设计布置这方面的情况则作了较为实用的介绍。另一方面,注重设备的先进性,力求紧跟烹饪设备器具发展的步伐,如万能蒸烤箱、分子烹饪、仿瓷餐具等。在设备的讲解中主要强调设备的简单结构及工作过程、操作及维护等知识,同时兼顾到对设备的选择和布置及设备管理知识的了解。

本教材的特色在于针对烹饪专业学生的知识结构,对设备或按照烹饪工艺过程进行介绍,如原料加工设备;或按照烹饪能源进行分类,如烹饪加热设备;或按照烹饪设备用途进行分类,如制冷设备,以达到让学生能够较好地理解和掌握相关知识。在编写时,采用文中思考、新品介绍、知识补充、案例评析等启发式编写体例,帮助引导读者的学习兴趣和了解设备的实用知识,强调在烹饪活动实践中对设备的正确使用和合理选型。

本书由扬州大学旅游烹饪学院曹仲文博士主编,并对全书进行总纂修改;由扬州大学旅游烹饪学院烹饪系实验室主任夏启泉副教授担任副主编,主要承担第二章烹饪加热设备、第七章烹饪实验室的设计的编写工作。

本书在编写过程中,得到了上海复旦大学出版社、德国 Rational 公司、上海酒总厨具公司、安徽顺昌厨房设备厂等单位的支持,并参阅了相关研究者的著作和资料,吸收了部分相关教材的成果,参看了一些相关企业和网页的公开资料,由于篇幅的关系,文中未能全部列出,在此深表谢忱!此外,无锡城市职业技术学院旅游系都大明主任、扬州大学旅游烹饪学院烹饪系主任周晓燕副教授等人对本书提出了宝贵意见;同时,上海复旦大学出版社罗翔老师力促此书的出版,在此一并致谢!

由于作者水平和经验有限,书中难免存在不妥之处,恳请读者批评指正。

编　　者

2010 年 12 月

目录
MU LU

第一章 烹饪原料加工设备

学习目标

学完本章,你应该能够:

(1) 了解烹饪原料加工设备的分类方法;

(2) 掌握目前在厨房可得到实际应用的烹饪原料加工设备的基本原理及结构、工作过程、加工对象及操作和维护要领;

(3) 理解在烹饪原料加工过程中对于相应加工设备的选用。

关键概念

烹饪原料加工设备　　清理工艺设备　　原料分解和混合工艺设备　　面食加工设备

烹饪原料的加工一般是烹饪制熟工艺的前提,包括清理、分解、混合、优化、组配等过程,在这些过程中多数可应用到机械作业,也有一些目前只能利用器具帮助完成。

烹饪原料加工设备,是指针对烹饪原料在加工过程中所应用的设备,主要是属于食品机械中饮食机械的范畴(根据商业部有关食品机械标准及产品特征和种类的分类)。按不同的标准,有不同的分类方法:按功能进行分类,可分为清理设备、分解设备、混合设备等;按加工机理和结构特征进行分类,可分为捏合机械、切割机械、分离机械等;按加工原料对象进行分类,可分为果蔬原料加工设备、肉类原料加工设备和主食原料加工设备。

本章按照烹饪工艺学和面点工艺学的体系,根据设备的功能进行大类的区分,并对其进行介绍。

第一节　清理工艺设备

为了使烹饪原料符合制熟加工的要求,必须对其进行去粗存精和卫生方面的专

门加工,即所谓将毛料加工成净料。这类加工主要有摘选、宰杀、清脏、涨发、洗涤等内容,概括为清理加工。在这些加工工艺中,可利用到诸多的现代化厨房设备,从而帮助提高效率,改善工作效果,并减轻劳动量及成本。

一、果蔬原料清理设备

(一)果蔬原料的清理加工

果蔬原料的清理加工是去除不能食用的根、叶、筋、籽、壳、虫卵及残留的杂物、农药等,通过修理料形,使之清洁、光滑、美观,达到基本符合制熟加工的各项标准。

对于叶菜类原料和根茎类原料的清理加工,其加工的方法和主要目的都有所不同。叶菜类原料一般是去掉外层的黄叶、根部的根系,以及吸附的杂物。根茎类原料的主要目的则是去皮或去瓤。

在果蔬原料的清理加工过程中,应用比较多的设备是去皮、去核等方面的设备,如去皮机、去核机、摘把机、剥壳机等。

(二)去皮设备

1. 根茎类原料去皮概述

根茎类原料根据烹饪的要求,大部分情况下,需要去掉外皮。去皮的方法主要有手工去皮、机械去皮、热力去皮和化学去皮。厨房手工去皮多采用削、刨、刮等方法。对于成熟度较高的桃、番茄、枇杷等果蔬原料,可采用高压蒸汽或沸水短时加热,使果蔬原料的表皮突然受热松软,与内部组织脱离,然后迅速冷却去皮。化学去皮是指利用酸、碱、酶制剂,在一定条件下使果蔬脱皮的方法。此外,利用激光束烧焦土豆皮并使之形成一氧化碳薄膜,然后将土豆放入水里便可立即食用或加工的方法也已出现。

2. 机械去皮设备概述

机械去皮设备,按其工作方式可分为连续式和间歇式两种;按照去皮方式可分为摩擦式(旋转滚筒、旋转毛刷、螺旋推进器)、浸泡法(碱液)、喷射法(压力喷嘴)、振动(一般是辅助作用)等;按照工作介质又可分为热蒸汽、水流、真空等。在实际应用中的去皮机,大部分情况是各种去皮方式的综合,以提高其去皮效率和效果。此外,针对不同的物料,还有一些针对性的去皮设备,如有南瓜切条去皮机、柑橙类水果去皮机、大蒜去皮机等。

3. 根茎类果蔬摩擦式去皮机

适用于各种根茎类蔬菜和水果,进行清洗去皮的工作。使用人工进行剥皮作业时的材料损失会达到20%～30%,但使用该机器的材料损失只有5%左右,所以单位食堂、宾馆饭店、酱菜制作行业及罐头加工厂使用该机器不仅可以提供效率,而且可以减少损耗,降低成本。一般剥皮的时间只需要几分钟。生产能力从200～1 000 kg/h不等,功率 0.75～3 kW。

1) 基本结构与工作原理

基本结构如图 1-1 所示,主要由料筒(摩擦筒)及其内的波轮磨盘构成的剥皮机构、传动系统、电动机等组成。料筒 5 内表面带有竖条状粗糙波纹,波轮磨盘 8 上表面为波纹状,波纹由圆盘中心向边缘成辐射状。圆盘同转轴固连,在电动机通过传动系统的带动下,随轴一同旋转。

其工作原理是利用原料在旋转的波轮磨盘 8 上与荆棘凸起的摩擦内筒 5 之间的摩擦碰撞,磨去原料表皮。同时从注水管 7 流进的水,完全散布在筒体内,将已经剥皮的原料清洗干净,而污水从污水出口 11 排出。

2) 使用

(1) 使用时,剥皮室内的原料应 8 分满,太长的根茎原料应切割成段,每段长 15 cm 左右。

(2) 当圆盘旋转时,不要将手伸进剥皮室内。

(3) 要保证排水管时刻通畅,为此,安装的排水管直径应较大。

(4) 剥皮完成后,在电机工作的时候,打开出料口,利用离心力放出净料,此时不能再注水,防止水随净料溅出。

3) 维护

(1) 使用完毕后用水冲洗在圆盘和圆盘下的容器底部残存的皮屑或沙土。

(2) 要使地线有效地接地。

(3) 定期加注润滑油,检查皮带的松动和老化情况。

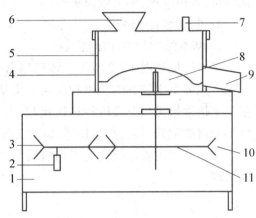

图 1-1　摩擦式去皮机

1. 机体　2. 电机　3. 小带轮　4. 摩擦外筒
5. 摩擦内筒　6. 进料斗　7. 注水管
8. 波轮磨盘　9. 出料口　10. 大带轮
11. 污水出口

小思考

该土豆去皮机与普通家庭传统的去土豆皮方法(比如用方头筷子摩擦)的基本原理是否有相通之处?

二、动物性原料清理设备

动物性原料包括畜兽、禽鸟、水产等,对其主要有水产的清脏加工,畜兽、禽鸟的宰杀加工等。具体如鱼的去鳞、清除内脏,家禽的放血、褪毛、开膛、内脏洗涤等内容,这其中多数工艺过程可以由设备帮助完成,典型的如家禽、家畜的鲜活宰杀设备等。

(一)水生动物原料清理设备

1. 水产类原料清理设备概述

针对水产类原料的清理工艺,目前主要有鱼虾类去皮去鳞机、鲜鱼去头去皮机、洗鱼机、采鱼肉机、贻贝脱肉机等。

2. 半自动去鱼鳞机

1)基本结构与工作原理

基本结构如图1-2所示。该机器由壳体、盖、工作刀具、软轴和电动机组成。在机器的壳体上安装有电动机和支架。支架用来将壳体夹在工作台上的夹具上;软轴借助于接管螺母与电动机转轴连接起来;工作刀具是由不锈钢制成的纵向带有螺旋线形刀齿的刮刀,其上有防护罩,以防工作时鱼鳞飞溅,保护手不受伤害。

工作原理主要是模仿人工刮鱼鳞的方法,利用由软轴带动的刮刀对鱼鳞进行铣削处理。

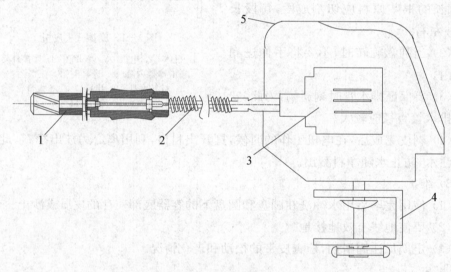

图1-2 去鱼鳞机

1. 刮刀 2. 软轴 3. 电动机 4. 支架 5. 手柄

2)使用

(1)使用前,首先用支架将壳体固定在工作台上,然后再把刮刀固定在软轴上,空载情况下检查刮刀的旋转方向(与鱼鳞方向对应)。

(2)把鱼固定在加工板上,刮刀由尾到头在鱼身上移动。鱼鳃也可用刮刀清理。

(3)刮刀在没有安装保护罩的情况下,禁止使用。

3)维护

(1)使用后,刮刀在电动机的带动下,在热水里清洗。然后关闭电动机,卸下刮刀,擦净并涂上植物油。

(2)对电动机和轴承定期加注润滑油。

 全自动杀鱼机

据报道,中国计量学院学生发明了一台"全自动杀鱼机",活鱼送进去,2 min 内就"吐"出一条除了鳞、剖了肚、洗得干干净净、可以直接下锅的鱼。

杀鱼的过程是这样的:机器侧面有个圆口,把鱼平着放进去,前后的夹持装置就会把鱼尾和鱼头夹住,两个带有钢刷的"滚筒"开始刮鳞,十几秒鱼鳞就除掉了。接着是剖腹和挖肠,两个装置固定在一起,剖刀在鱼腹中间移动,挖肠的马上跟进。处理下来的鱼鳞、鱼肠全部冲到机器下面的底盘。然后是冲洗。整个过程不过 2 min,加大机器的功率可以更快。

机器长 0.5 m、宽 0.5 m、高 0.6 m,功率只有 10 多 W,最长只能处理 40 cm 的鱼。造这台机器花了 1 万多元。

(二)陆生动物原料清理设备

1. 陆生动物原料清理设备概述

陆生动物原料主要包括家畜和禽鸟等。对其进行清理的设备主要有鲜活宰杀设备,如剥皮机、烫毛机、脱毛机、卸猪机等,目前该类设备已形成了宰杀流水线,而餐饮业一般基本以购进宰杀后的净料为主体。故而对于陆生动物原料的清理设备,在厨房中可以得到应用的主要是解冻、骨肉分离、去筋去膜、洗涤等设备。

2. 块肉去皮机

该机器可代替厨房中针对条块肉的手工去皮,其安装方便,操作、维护简单,安全可靠,生产效率高,1 人操作可相当于 4 人的工作量,每小时可得到 300 kg 净皮或 3～4 t 肉,去皮的宽度 50～480 mm,厚度 2～8 mm,功率 1.1 kW。

1)基本结构与工作原理

结构如图 1-3 所示。该机器主要由皮厚切割自动控制系统、带皮肉自动喂入及强迫剥离系统、肉与皮的自动分离系统及动力系统组成。

皮厚切割自动控制系统由弹簧、链条、刀架弹性支承及刀架体等组成。切割前,系统处于静平衡状态;当肉皮接触到牵引辊及刀时,刀刃自动探测到所在位置的肉皮厚度并在此位置及角度工作,此时刀架处于动平衡状态;剥皮完毕,系统自动回到静平衡状态。

带皮肉自动喂入及强迫剥离系统由输入传送带、肉皮牵引辊和橡胶压力轮形成机械牵引力,强迫肉块平整地通过刀片,肉与皮的剥离,干净利落。肉厚调节机

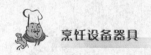

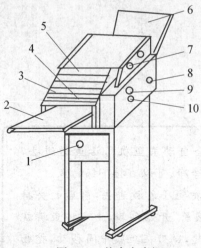

图 1-3 块肉去皮机

1. 按钮 2. 输入支架 3. 防护罩
4. 牵引辊 5. 橡胶压力辊 6. 输出支架
7. 皮厚调节机构 8. 刀器压力手柄
9. 皮厚调节手柄 10. 锁紧手柄

构将弹性力作用于肉块上,可适应不同厚度的肉块。

肉与皮的自动分离系统由梳状蓖片、牵引辊及输出传送带组成。皮与肉剥离后,分别进入不同的容器中,或直接由机外传送带送到不同的工位,大大节省了人力。

动力系统由电动机、摆线针轮减速机、链轮、链条、齿轮组成,供给各系统必要的动力。

2）使用

（1）设备安装摆放在平整、结实的地面上,接通电源即可。

（2）设备由 1 人操作,使用时根据皮的厚度,调节调厚手柄到适当位置,用锁紧手柄锁紧。转动压刀架手柄,使之处于压紧状态。根据条、块肉的膘厚,调节肉厚调节机构,然后便可开机工作。

（3）被分割成条、块状的带皮鲜肉或解冻肉,其肉皮在下单层依次摆放在输入传送带上向刀架输送,肉皮牵引辊牵引肉皮,同时橡胶压力辊碾压肉块,强迫带皮肉通过刀刃。与此同时,机体内的切割自动控制系统将弹性力作用于刀架上,使刀片自动切割到所需要的肉皮厚度。皮与肉分离后,皮掉入机器后面的容器中,肉从输出传送带传出。

（4）在剥皮过程中,刀片自动迅速探测并调节到所要求的剥皮厚度,剥皮干净利落。机内有三个安全保护装置,分别用在机器超负荷运转可能产生事故时、压刀手柄未处于压紧状态时和梳状蓖片从牵引辊的槽里出来时。在这些情况下,机器都会自动停机或不能启动。

3）维护

（1）按时向机体内链轮和链条上喷加润滑油,以及每半年更换减速机内润滑脂。

（2）每班工作结束必须清洗机器,卸下刀架、橡胶压力轮和输入输出传送支架,拆卸工作徒手便可完成,然后用热水加餐具洗涤剂冲洗干净。

 知识链接

生猪屠宰机械化是大势所趋

1998 年 1 月 1 日,国务院颁布实施《生猪屠宰管理条例》,把生猪屠宰厂（场）的设置纳入政府行为,实行统一规划布点,机械化屠宰得到了保护和发展,标志着我国生猪屠宰管理实现了历史性的跨越。2010 年 1 月《全国生猪屠宰行业发展规划纲要》由商务部出台，按照该《纲要》，到 2013 年要力争将全国手工和半机械化等落后的生猪屠宰产能淘汰 30%，2015 年淘汰 50%，大城市和发达地区力争淘汰 80%。

先进的生产方式必然取代落后的生产方式，这是社会发展的必然。机械屠宰是确保产品质量的重要手段。从生猪屠宰条件上看，机械化屠宰胜过手工操作；从屠宰操作工艺上看，机械化屠宰企业采用的是最先进的屠宰工艺。

机械屠宰企业宰前停食饮水静养，以减少胃内容物，冲淡血液浓度，保证放血良好，促进肝糖原分解，生成葡萄糖和乳酸分布全身，有利于肉的后熟，改善肉的品质。而手工屠宰缺少先进的工艺流程，屠宰设施简陋，生猪宰前不静养、不淋浴，生猪应激反应严重，降低了肉品质量；刺杀放血不全，肉品易腐败，缩短了保质期；烫锅（池）的水污染严重，猪体交叉污染，影响肉品卫生质量；检验设施不全，检验项目不全，极易产生漏检现象和疫病传播，给公众健康带来隐患。

从生产猪肉的品种上看，机械化屠宰企业生产的是目前世界最卫生、营养、健康的冷却肉，肉质鲜嫩，货架期长；而手工屠宰的猪肉只能是热鲜肉上市，货架期短，极易腐败。

实践证明，机械化、规模化屠宰是保障肉品质量安全的重要条件。

三、解冻设备

随着食品工业的发展，经过分割、洗涤的冷冻原料在烹饪中被广泛选用，特别是动物性原料。因而此类冻结的原料必须经解冻后才能进行烹饪加工，而解冻方法的科学与否，则不仅影响食品的营养和风味物质，而且也影响食品的卫生。

解冻是指冻结的物料受热融解恢复到冻结前的柔软新鲜状态的过程。本质上是将冻结时食品中形成的冰晶还原成水，因此，解冻可视为冻结的逆过程。根据加热方式不同，可分为外部加热解冻法和内部加热解冻法两种。

（一）外部加热解冻

目前国内烹饪企业对冻结物料的解冻几乎全部沿用热空气或者水浴解冻方法，通常称为常规解冻法，也叫外部加热解冻法。也有将冻品从冷冻室转移到冷藏室，用 1 天左右的时间缓慢回温解冻的方法。

常规解冻时，冻结品处在温度比它高的介质中，冻品表层的冰首先解冻成水，随着解冻的进行，融解部分逐渐向内部延伸。由于冰的导热系数（2 kcal/m·h·℃，1 cal=4.184 J）比水的导热系数（0.5 kcal/m·h·℃）大 4 倍，因此，解冻后的表面水影响了热量向内部的传递，解冻速度随解冻的进行逐渐下降。这和冻结过程恰好相反，解冻所需的时间比冻结长。如图 1-4 所示，厚 10 cm 的牛肉块在 15.6℃的流水中解冻与-35℃平板冻结器中冻结的解冻曲线和冻结曲线比较，冻结只需 3.5 h 而解冻需要 5.5 h。从图上看出，从-5～0℃的温度上升非常缓慢。

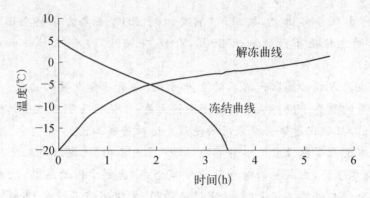

图 1-4 牛肉(厚 10 cm)的冻结曲线和解冻曲线

1. 常规解冻设备

用热空气解冻的设备有连续送风解冻装置、低温加湿送风解冻装置、加压空气解冻装置等;水浴解冻装置有低温流水解冻装置、喷淋浸渍组合解冻装置、真空解冻装置等,通常处理量大,主要用于食品加工企业。烹饪行业的肉类解冻通常是浸渍在清洗槽中浸渍解冻。

2. 常规解冻的缺点

(1) 由于解冻时间长,特别是在 -5～0℃ 的温度带,停留时间长易发生蛋白质变性,产生异味、臭味。

(2) 肉品在冻结时,肌肉内的水分结冰会破坏细胞结构,解冻后的细胞液会随肌肉的收缩挤压出去造成汁液流失,特别是水浴解冻流失更多。

(3) 为了避免冻物料表层出现熟化,通常采用低温解冻过程法,这又导致细菌急剧生长繁殖的问题,影响冻品的品质。

因此,理想的解冻是:① 内外同时均匀解冻;② 快速解冻,尽快通过 -5～0℃ 的温度带;③ 作为加工原料的肉品,实行半解冻(即中心温度 -5℃),以用刀能切断为准,此时汁液流失少。

(二) 内部加热解冻法

内部加热解冻法是不经过热传导而把热量直接导入冷冻品内部而进行解冻。主要有利用电阻加热的低频电流解冻,利用微波的高频电磁波解冻。微波解冻是近年来较为普及、方便、高效的解冻设备。

1. 过程

从加热角度来看,微波解冻实际上是使冷冻物料整体加热升温,温度由深冻温度(-19～-22℃ 以下)回升到接近冰点温度(-4～0℃ 左右)。因此,微波解冻确切地说应为微波回温。

2. 优点

(1) 冻品能整体加热回温,减少了冻品的解冻层之间温度不均匀性,不存在如常规法解冻时冻品出现的再结晶现象。

（2）由于内外同时加热,节约了热量传递所需时间,解冻过程耗时短(通常只需几分钟),细菌等微生物不易繁殖生长。

（3）微波加热无热惯性,冻物料升温速率由微波输出功率大小,或者说微波供能速率控制,相互具有同步性。

微波解冻的最终温度一般选择在−4～−2℃为宜,此时冻品无滴水,也能用刀切割加工。否则既浪费能量,还会降低产品质量和产量。在同样强度的微波作用下,水比冰会更为迅速地吸收微波能。如果完全解冻,则由于食物块的形状不规则造成的边缘效应,边缘处先解冻,融解的水会迅速吸热令温度升高,造成过热。

市面上的微波炉都设置有解冻档位,可以自行设点解冻时间,也可以输入冻品重量,微波炉会自动设置解冻时间。餐饮企业使用的微波炉功率和容量都更大。

小思考

煮回锅肉、冷冻肉丸或者冷冻蔬菜如豆角、冻青豌豆的时候,还有许多冷冻食品如冻水饺、冻汤圆等都不用解冻,直接投入沸水之中,这是为何?

四、洗涤设备

（一）洗涤设备概述

传统的原料洗涤方法是使用洗涤槽,洗涤槽不但可以洗涤果疏原料,也可以洗涤肉类和其他食品原料。但是,当食品不断加到水池里,随着泥沙的沉淀,洗涤池下层的水会变得越来越脏,而上层水龙头流入的水却不断地溢流走,这样既浪费水资源又洗不干净。有时候是先用洗涤液洗涤,然后放掉脏水,再用清水冲洗,但水的浪费和洗涤液的残留依然是不可避免的。

而厨房所用的洗涤设备,按其工作方式可以分为清洗机、手动涡流清洗器和人工(气流)清洗槽。其中清洗机有连续式和间歇式两种,其按照洗涤方法可分为浸泡法、喷射法(压力喷嘴)、摩擦法(旋转滚筒、旋转毛刷、螺旋推进器等)、振动法等。按照工作介质又可分为水流、气泡及臭氧和超声波等。实际应用中的清洗机,大部分情况是对各种工作方式的综合,以提高其洗涤效率和效果。

（二）食品清洗机

图1-5是某公司开发的一款食品清洗机。该机集自动清洗、水处理、杀菌消毒、降解残留农药的技术于一身,从而达到干净卫生、提高清洗效率、节省劳动力、节约用水等目的。可用于清洗蔬菜瓜果、海产、肉类食品,也可以消毒清洗过的餐具。

臭氧在水中的杀菌速度较快,而且臭氧使用后,自身会转变成氧气;紫外线杀菌属于纯物理消毒杀菌方法,无二次污染。

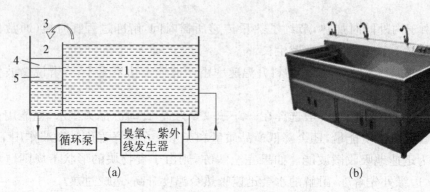

图 1-5 食品清洗机

(a) 示意图 (b) 外形图

1. 清洗槽 2. 处理池 3. 水流方向 4. 垃圾箱 5. 活性炭

1) 基本结构与工作原理

该机由清洗槽、处理池、循环泵及臭氧、紫外线发生器等组成。

水槽分为清洗槽和处理池两个部分,清洗槽中放满清水,处理池上部是垃圾收集箱(含粗滤器),下部是活性炭过滤器,水槽底部安装有循环泵和臭氧、紫外线发生器。

该机的清洗原理是利用臭氧(O_3)和紫外线的复合作用进行食品消毒杀菌和降解残留药物,且其专利技术(UV/O_3技术)使臭氧达到饱和浓度时,仍能大量存在于水中,从而大大提高了臭氧利用率,同时,也避免臭氧逸出对人体的不利影响。蔬菜瓜果的残留农药、海产水产品的重金属污染、肉类产品的药残和激素都可以得到清除和降解。

上部垃圾收集箱内的粗滤器的作用是去除水中粒径较大的悬浮杂质,避免这些杂质进入活性炭过滤器,覆盖活性炭表面,使活性炭的毛细孔结构失去吸附水中杂质的能力。

活性炭过滤器的作用主要是去除大分子有机物、铁的氧化物、余氯。

2) 使用

工作时将需清洗的食品放入清洗槽(不超过容积的一半),按下启动按钮,从循环泵送出的水经紫外线和臭氧消毒杀菌后流向清洗槽进行清洗,由于水中带有大量的空气,在清洗槽中猛烈翻转,使泥沙和杂质与食品物料分离,被溢流的水带入处理池,经垃圾收集箱粗滤,再经活性炭过滤器过滤后进入循环泵,如此往复,循环洗涤。

3) 维护

(1) 每次使用后需对垃圾收集箱粗滤网进行清理。如果是砂过滤器,需要进行反冲和适当补砂;如是无纺布或 PP(聚丙烯)纤维滤芯,滤孔被堵塞后一般很难用水冲干净,须定期更换滤芯。

(2) 活性炭吸附器的过滤作用是不可逆的,即活性炭有一定的饱和吸附容量,一旦吸附饱和后,活性炭就失去吸附性能,无法用反冲洗的方法冲去污染物。另外,活性炭吸附有机物后,为细菌提供了丰富的营养,造成细菌在活性炭过滤器内的大量繁殖,水中的微生物含量经活性炭过滤后反而升高。所以,在活性炭吸附饱和之前,应定期进行反冲洗,以冲出活性炭表面的大量菌团及悬浮固体物;活性炭吸附饱和后,应马上更换新的活性炭。

 知识链接

新型的清洗技术——臭氧和超声波

臭氧是人类已知的仅次于氟的第二位强氧化剂,臭氧在一定浓度下能与细菌、病毒等微生物产生生物化学氧化反应,臭氧在水中时刻发生还原反应,产生氧化能力极强的氧($\cdot$O)和羟基($\cdot$OH),瞬间分解水中的有机物质、细菌和微生物。而且它灭菌消毒属于溶菌剂,即可达到"彻底、永久地消毒物体内部所有的微生物"。它与常规消毒灭菌方法相比,具有高效性、高洁净性、方便性、经济性。

利用臭氧杀菌消毒没有二次污染,在处理过的水、空气、食品、器具等中不残存任何有害物质,这也是其他杀菌剂无法比拟的优点。

臭氧杀菌消毒的效果与其浓度和接触时间有关。浓度越高,接触时间越长,其清洗、杀菌和降解微生物的效果越好。如当水中臭氧浓度达到 4 mg/L 时,对于大肠杆菌、沙门菌、绿脓杆菌、金黄色葡萄球菌、白色念珠菌的杀灭率在 5 s 时即可达到99.9%。蔬菜水果的残留农药、肉品的残留激素和抗生素在臭氧下接触5～10 min,即可净化。

在臭氧浓度很高的情况下,长期吸入高浓度臭氧,会对呼吸道黏膜产生刺激,有些人也会有头疼的反应。按卫生部规定,臭氧的浓度为 0.15×10^{-6} 时接触 8 h 不会对人体有任何影响和损害。而人的嗅觉对臭氧极为敏感,臭氧浓度只要达到 0.02×10^{-6} 时,人就可以闻到它特有的腥味了,但是,这个浓度距离国家安全标准还很远。在臭氧应用的 100 多年的历史中,尚没有人发生臭氧中毒的事故。

超声波清洗的原理是由超声波发生器发出的高频振荡信号,通过换能器转换成高频机械振荡产生数以万计的微小气泡,存在于液体中的微小气泡(空化核)在声场的作用下振动,当声压达到一定值时,气泡迅速增长,然后突然闭合,在气泡闭合时产生冲击波,在其周围产生上千个大气压(1 atm=101.325 kPa),破坏不溶性污物而使它们分散于清洗液中,当固体粒子被油污裹着而黏附在清洗件表面时,油被乳化,固体粒子即脱离。它具有本身的能量作用和空穴破坏时释放的能量作用及对臭氧水搅拌流动作用。对附在果菜上的污垢及微生物有很强的解离分散能力,尤其对表面凹凸不平的容易藏污的果菜更显出清洗优势。而针对果蔬有机农药的清洗,超声波则通过 4 种途径,即自由基氧化、高温热解、超临界水氧化和超声波的机械作用来实现。

超声波清洗技术以其独特的清洗特点和优势,已经在现代工业的各个部门得到了广泛的应用,如电子电器工业、机械工业、纺织工业、光学和医疗器械等的各类零部件的清洗,有效减轻了传统清洗法的有害物排放问题,为生产发展和环境保护作出了

重要贡献。在果蔬清洗方面,超声波清洗较传统清洗方法具有显著的技术优势和良好的市场发展前景,相关技术研究与产品开发正引起越来越多的重视。

第二节　烹饪原料的分解和混合工艺设备

烹饪原料的分解加工指对整形原料进行有规则的分割,使之成为具有相对独立意义的更小单位和部件,其主要结果是获得烹饪原料的块、段、片、条、丝、丁、粒、末、茸状等物形。此过程中应用的一些加工机械一般属于食品机械中的切割机械,如切菜机、绞肉机、切丝机等。

所谓混合工艺,即是将两种以上食物原料合置形成一种新型食物原料的加工过程,混合工艺的目的是为菜点提供新型的复合型原料,其主要工艺过程有制馅、制蓉胶等工艺过程。目前厨房内也可利用一些设备,如斩拌机、搅拌机、小型搅拌碾磨机等来完成。

一、烹饪原料的分解设备

(一)果蔬原料分解设备

1. 果蔬原料分解设备概述

果蔬原料的分解设备,即是将果蔬原料分解成所需物形的设备,即所谓切菜机,一般可分为两大类:一类是通用设备;另一类是专用设备。所谓通用设备,即是能够针对所有物料或某一大类物料(如根茎类原料)分解成片、条、丝、丁等物形;所谓专用设备,即是针对某种具体物料的分解工作,如辣椒切丝机、土豆切丝机、莲藕切片机、海带切丝机等。

但是,总体而言,根据工作原理,切菜机主要有圆盘式、转子式、冲头式和组合式等。

2. 多切机

该机器属于圆盘式切菜机,其特点是动刀片刃口线的运动轨迹是一个垂直于回转轴的圆形平面。具有多用途、多功能的结构,可完成对果蔬、薯类、豆制品、面包、烙饼、熟肉,乃至中药材等的丝、条、片、段、馅料的切制。

1)结构与工作原理

该机外形如图1-6所示。该机由上下输送带、切割器、外罩和传动部分等组成。工作时,物料

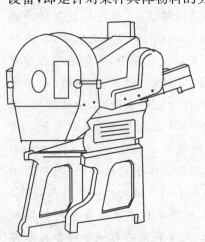

图1-6　GQ-1型高效多切机

由上、下输送带夹持向前输送，到达喂料口时，即被旋转的刀具（切割器）切割，切碎的物料由下方出料口排出。

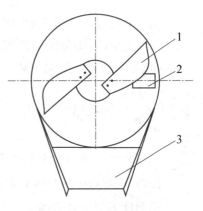

2）使用

当对原料有不同的料形要求时，可安装不同的切割器完成，一般切割器分双刀片切割器和丝刀片切割器，分别如图1-7和图1-8所示。

当块状原料的切片、片状原料的切丝、条状物料的切断及韭菜等物料的切馅操作时，将双切割器安装在回转轴圆盘上。若块状原料需直接切成丝、条等物形，可使用丝刀片切割器。

图1-7　双刀片切割器
1. 动刀片　2. 喂料口　3. 出料口

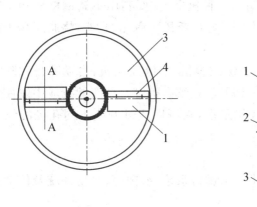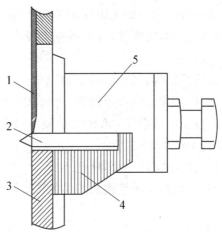

图1-8　丝刀片切割器
1. 直刃口刀片　2. 梳齿刃口刀口　3. 刀盘　4. 丝刀架　5. 轴套

该切割器由梳齿刃口刀组和直刃口刀组组合而成。梳齿刃口刀组由梳齿刀片和垫片相间排列，紧固在丝刀架上。切割块状物料时，梳齿刀片先在物料上切出一定深度的条状口子，紧接着后面的直刃刀切下，完成块状物料的切丝、切条的操作。通过改变丝刀架上梳刀的间距，可以调整所切丝、条的粗细。对于白菜类茎叶类蔬菜，可直接制馅。若长径比较小的根茎类蔬菜或水果的作业，可卸下丝刀切割器上的丝刀架，仅利用该切割器上的直刃刀，其效果更好，其工作原理与双刀片切割器一样。这两种切割器也可组合使用，即先用双刀片切割器，而后再用丝刀片切割器，得到所需料形。

3）维护

（1）使用前一定要检查机外接地是否正常。

（2）使用完毕后应清洗输送器、上盖、内腔和切割器并擦干水分，盖好上盖，以备下次使用。

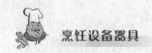

（3）定期对传动系统加注润滑油。

（4）使用前，要保证切割器的刀刃的锋利，否则，会产生刀具对原料原料组织细胞的锤裂效果，影响菜馅风味。

小思考

如何防止果蔬类切菜机切菜过程中维生素损失过大？

（二）鲜活动物性原料分解设备

动物性原料分解设备是指对动物性原料（主要是肉类）进行分解操作的设备，如绞肉机、切片机、切丝机、切丁机、切鱼机等。

1. 绞肉机

绞肉机是肉类加工中使用最为普遍的一种机器，主要利用不锈钢格板和十字切刀的相互作用，将肉块切碎、绞细形成肉馅。它广泛用于餐馆、食堂、烧腊工场等行业绞制肉馅。

根据其结构特征，绞肉机可以分为单级绞肉机、多级绞肉机、自动除骨和除筋绞肉机、搅拌和切碎组合绞肉机、夹套式（可调温）式绞肉机等。在餐饮行业中以使用单级或二级绞肉机较多，尤其以单级绞肉机最多，它可以通过调换不同孔径的绞肉格板，达到粗细可调的目的。

1）基本结构与工作原理

图1-9为单级绞肉机的结构图，主要由进料系统、绞肉筒、绞切系统及传动系统组成。

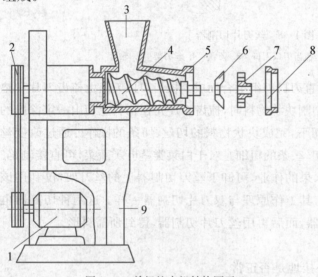

图1-9 单级绞肉机结构图示

1. 电机 2. 皮带轮 3. 料斗 4. 螺旋送料辊 5. 绞肉筒
6. 十字切肉刀 7. 绞肉格板 8. 锁紧螺母 9. 机架

进料系统包括螺旋强制送料辊和料斗。在料斗中的物料借自身的重力和螺旋送料辊的旋转，把肉料不断送到绞肉筒内的绞切系统进行绞切。为使螺旋送料能达到强制状态，通常改变送料辊的螺距和直径，即前段辊螺距大，辊轴直径小；后段辊螺距小，辊轴直径大。这样就可以保证对肉块产生一定的推压力，保证进料的平稳和绞切的肉糜（馅）能顺利从格板孔中排出。

绞切系统包括十字切肉

14

刀、绞肉格板和锁紧螺母等。十字切肉刀通常有四个刀刃,由碳素工具钢或合金工具钢制造,中间孔是正方形,安装在同是方形的轴上,与送料辊一起旋转,而绞肉格板则由定位销固定在绞肉筒上,由于送料辊带动十字切刀强制旋转,与绞肉格板紧密配合,形成切割副,达到绞切肉馅的目的。格板通常用不锈钢或优质碳素钢制成,为了保证其有足够强度,要求其厚度不小于 10 mm,格板上有规格的孔眼,孔眼直径大于 10 mm 者为粗绞格板,孔眼直径在 3~10 mm 之间者为中细绞格板,孔径小于 3 mm 者为细绞格板。锁紧螺母是保证格板与切刀之间不产生相对位移的锁紧装置,是影响切刀工作效率的关键部件。

2) 使用

(1) 根据绞切肉糜的粗细,选择不同的格板,并确定转速。切刀的转速与送料辊相同,其转速需要与选用的格板孔眼直径大小相配合,孔眼直径大的格板,出料容易,切刀转速可以大些,反之,转速可小些,一般可控制在 150~300 r/min 之间,最高不应超过 500 r/min。

(2) 将肉去骨去皮切成小长条形,装入进料口,一次装料不能太满,塞压入料要用机器专配的塑料棒或木棒,不可用手,也不可用金属棒(铁丝),以免发生人身事故或损坏机器。

(3) 普通绞肉机绞肉的时间不宜过长,否则会影响肉馅的质量。

3) 维护

(1) 工作结束,要立即将绞肉机的螺母、格板、切刀、螺旋送料辊等拆卸和绞肉筒等清洗、晾干或擦干,装好待用。

(2) 在安装的时候,要注意安装顺序和方向。先装切刀,且刀口朝外,再装格板,最后上锁紧螺母,锁紧螺母的松紧度以手摇轮轻快为宜,否则会影响格板的位移,从而影响切刀的工作效率和绞切后肉品的质量。

(3) 发现切料慢,在排除格板与转速不相配套的情况下,检查切刀是否已钝或格板表面是否平滑,及时更换切刀和磨平格板。

 小思考

决定绞肉机生产能力的是螺旋送料辊的转速吗?如果不是,那么是什么?

2. 鲜肉切片机

肉类切片机主要用于肉类和其他具有一定强度和弹性的物料的切片、切丝、切粒的设备,广泛用于宾馆、食堂肉类加工厂等肉类加工场所。按其切刀工作轴的构型,可以分为立式肉类切片机和卧式肉类切片机两大类型。其具有操作简单、使用方便、工作效率高等特点。

1) 基本结构与工作原理

图 1-10 为卧式双轴相向切片机的结构示意简图。该机主要由切割机构、动力

传动机构、给料机构三部分组成,电动机通过动力传动机构使切割机构的双向切割刀片相向旋转,对给料机构供给的肉料进行切割。

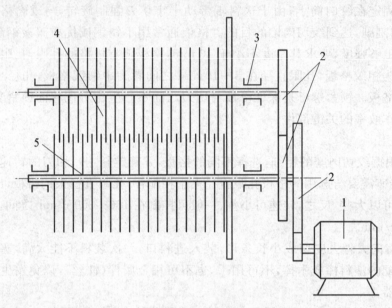

图1-10　切肉片机切割刀组传动原理

1.电机　2.传动齿轮　3.轴承　4.从动圆片刀组　5.主动圆片刀组

切割机构为该机的主要工作机构。由于鲜肉质地柔软且肌肉纤维不容易切断,不适合使用蔬果切割机上使用的旋转刀片,此类切肉片机一般采用同轴圆形刀片组成的切割刀组,这是一种双轴相向的切割组合刀组,两组圆刀片沿轴向平行分布,刀片相互交错。两组刀片通过主动轴上齿轮传动,使两轴上刀组做相向运转,既可方便进料同时又达到自动切割的目的。

2)使用

(1)接通电源,检查两组刀应相向向内运动,如发现反方向转动,应调整电动机的接线。

(2)该机在使用前应先将需要切割的肉类原料分解成与进料口合适尺寸的肉块,当机器运转正常后(注:空转运行时时间不能超过2 min,以防刀片发热,损伤刀刃),再将肉块按顺序投入,在刀片的带动下进料切割,在刀片组下部即可得到规格的肉片,通过出料口排出。

(3)如果是切肉丝,则把切好的肉片顺序平整地重新送入刀组,即可切成肉丝。同样,如果需切肉丁(粒),则把切好的肉丝,按刀轴方向平行再投入刀组中切割,即可把肉块切成肉丁(粒)。

(4)该机器不能直接切割冷冻肉块,否则将损伤刀刃。如需切制,应先解冻,解冻的程度以两指能较易捏动为宜。

(5)如切出的原料粘连,这是因为两组刀未贴紧,按说明书调整。

（6）如原料绕在刀轴上，这是因为刀片隔垫外圈未贴紧，按说明书调整。

3）维护

（1）每次使用完毕，应拔掉电源，取下安全盖、刀组等，并用热水全面清洗，用棉布擦干水分，并在刀组上涂上清油。

（2）定期给轴承和传动齿轮加注润滑脂。

（3）刀组使用一段时间后应及时磨刃，以防切削困难。

小思考

切肉机相比于人工切肉，有很多优点，但是在肉的纹路处理方面是否存在缺点？

（三）冻肉分解设备

1. 锯骨机

锯骨机是一种采用锯齿状刀刃在高速运转下对肉块或骨骼进行分割处理的切割机械，可以快速锯断大块骨头、肉块及冻结的肉类、家禽、鱼类等块状物料，也可进行冻肉切片，是日益兴起的厨房冻肉分解设备。根据切割刀具及运转方式分为带锯机和圆盘锯机两种，外形从而有立式和卧式的区别。

1）基本结构与工作原理

图1-11为带式锯骨机及结构简图。该机由驱动机构、切割机构、给料机构及机架四大部分组成，在电机的驱动下，通过上下导轮，使锯带（一般大约1mm厚度）保持惯性高速运转，对肉块实施切割作用，上下导轮同锯带的松紧可通过导轮调节手柄调节。肉块置于工作台上，根据所需切割肉块的厚度调节定位挡板与锯带刃口间的距离，通过推料手柄把肉块向前推进，直至锯断为止。

2）使用

（1）每次开机前需检查锯带的松紧度，通过导轮调节手柄10将其调节到合适程度。

（2）锁紧上下机盖上装有的联锁装置，因只有在锁紧状态时，机器才能启动，从而保证安全性。

（3）在锯带上安装有锯带清刮器11，保证锯带在工作时黏附的肉末和骨屑能及时清除，因此，每次使用前需调整清刮器同锯带的贴紧程度。

（4）根据使用要求调节定位手柄4，确定定位挡板与带锯之间的距离，从而确定切割肉块的大小。

（5）机器开动后，锯带运转，将原料放在工作台上，通过推料手柄7把肉块向前输送，被锯带切割。

3）维护

（1）每次使用完毕后，需打开机盖，冲洗清除工作时残留的骨屑和肉末等，以保持机器内的清洁卫生。

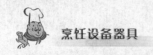

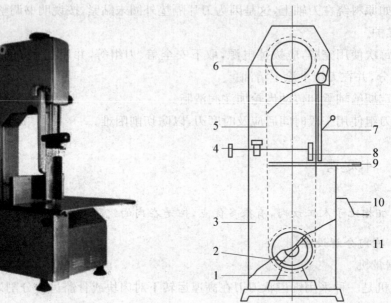

图1-11 带式锯骨机及结构

1. 电机 2. 下导轮 3. 机体 4. 定位手柄 5. 带锯 6. 上导轮
7. 推料手柄 8. 定位挡板 9. 工作台 10. 导轮调节手柄 11. 清刮器

（2）及时给导轮轴上加注润滑油。

（3）发现锯带不锋利时要立刻停机，并由专业人员取下锯刀进行处理。

2. 刨肉机

刨肉机是近年来用于厨房切割各式去骨冻肉、土豆、萝卜、藕片等脆性蔬菜片的专用工具，尤其是刨切羊肉片、小牛肉片等。切出的切片厚薄一致，省时省力。一般采用齿轮传动方式，外壳为整体不锈钢结构，维修、清洁极为方便。刀片为一次铸造成形，锐利耐用。刨肉机按结构形式有落地式和台式，按使用方式有全自动和半自动两种，全自动与半自动的区别在于送料机构是否自动化处理。

1) 基本结构与工作原理

图1-12为台式半自动冻肉刨片机。其基本结构由动力（电机）及传动系统、切割刀盘、送肉机构及调节装置等组成。

电动机通过齿轮传动系统带动工作部件——切割刀片轴，从而使固定在轴上的圆形切割刀片高速旋转，对原料进行切割。送肉机构由滑动刀架、顶肉杆、压肉架、滑动刀架手柄等组成，通过刀架手柄，上下往复滑动刀架，而使得滑动刀架上被压肉架压住的肉块往切割刀处输送。

2) 使用

（1）将无骨冻肉块用锯骨机切成合适的大小，用可以上下滑动的顶肉杆5顶住原料，用压肉架7将原料固定在滑动刀架6上。

图 1-12　台式半自动冻肉刨片机

1. 切割刀轴　2. 动力传动　3. 磨刀砂轮　4. 切割刀盘　5. 顶肉杆　6. 滑动刀架　7. 压肉架
8. 滑动刀架手柄　9. 切割工作台面　10. 肉片厚薄调节旋钮　11. 肉片承接工作台

（2）转动肉片厚薄调节旋钮 10 使切割刀片与切割工作台面 9 离开适当距离（与肉片厚薄相当）。

（3）按下启动按钮，圆形切割刀片 4 高速旋转；手动滑动刀架手柄 8，使滑动刀架带动肉块向切割刀片方向运动，受高速刀片切割，一块块肉片被切下，掉入放在承接工作台 11 上的容器内。

（4）肉块切割到极限，使滑动刀架手柄 8 复位，再重新夹持肉块向切刀处输送。

（5）工作完毕时，先复位滑动刀架手柄，然后再停机。

（6）使用后，要用手不能捏出水的湿布清理残留在机器上的肉末、油迹、污物，但不能用水冲洗。

3）维护

（1）定期给滑动刀架的滑动导轨加注润滑油。

（2）刀轴油箱和减速器箱每年换油一次。

（3）若刀刃已钝，会使切出的肉片厚薄不均，甚至切不出肉片或断片（也可能是肉坯过硬引起），这时应及时正确磨刃（按说明书操作），两眼直视刀刃，如果刀刃上看不到白色光泽，表明刀已磨好。

（4）若滑动刀架不能动，则一方面及时加注润滑油，另一方面适当调整导轨与刀架之间的调节螺母的松紧度。

小思考

用锯骨机也可以切制冻肉的肉片,那么它与刨肉机在使用方面有何区别?

(四)浆渣、汁液分离设备

浆渣、汁液分离设备设备是将食品原料(主要是蔬菜水果或米、麦、豆等)中的可食用汁液从物料中分离的设备,其所获得的料形为特殊的汁液状。在餐饮行业中得到应用的主要有榨汁机和磨浆机。

1. 榨汁机

榨汁机主要用于水果、蔬菜等新鲜原料的榨汁,常用于大酒店、宾馆、酒吧、咖啡店、果汁店等。根据压榨原理分为螺杆式和对辊式两种方式,可以分别针对不同形状的原料。如螺杆式主要适于外形短小的原料,而对辊式则适于长条形原料的压榨。按操作方法可分为间歇式和连续式。

目前,餐饮业常用的是连续式中的螺杆式榨汁机,该机器又可分为卧式和立式两种。本书介绍卧式,其具有结构简单、体积小、出汁率高、操作方便、适用范围广等特点。

1)基本结构与工作原理

其结构如图1-13所示。主要由压榨螺杆2、圆筒筛4、传动控制手柄8、压力调整机构、传动机构、汁液收集斗和机架等组成。通过螺杆旋转对物料的推进和螺杆锥形部分与圆筒筛产生共同挤压,可以产生12 Pa的挤压作用力,使被压榨出来的液汁经筛孔流向收集器。

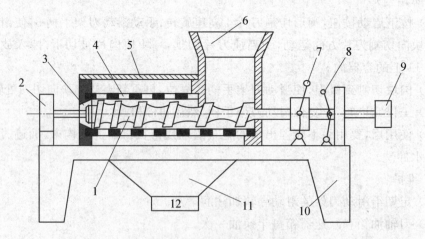

图1-13 螺旋榨汁机

1. 螺杆叶片 2. 压榨螺杆 3. 环形出渣口 4. 圆筒筛 5. 机盖 6. 料斗 7. 压力调整手柄
8. 传动控制手柄 9. 皮带轮 10. 机架 11. 汁液收集斗 12. 出汁口

为清洗、拆装方便,圆筒筛4由上下两个半圆组成,中间接缝同机壳叠接。圆筒筛由筛孔直径为0.3~0.8 mm的不锈钢或青铜材料制成,强度要求能承受螺杆工作时产生的最大压力。

2）使用

使用前检查机器额定电压与电源电压是否匹配，接好保护地线。先将出渣口环形间隙调至最大，以减少负荷。启动正常后再加料，然后逐渐调整出渣口环形间隙，达到榨汁工艺要求的压力。

3）维护

（1）每次使用后，都要进行清洗，清洗时，在机器转动下将大量水灌入料斗。

（2）长期不用时，要按说明书保管。在拆装上下圆筒筛时，要按次序。

（3）定期给轴承盒、传动控制与轴承连接处、压力调整与轴承接触部分加润滑油。

（4）若长期使用后出现出汁率低和压榨不净的情况，可调整压力调整手柄7。若还不能达到出汁率要求时，要更换螺杆叶片1或圆筒筛4。

（5）发现电动机皮带老化、开裂等现象时，要及时更换。

2．磨浆机

磨浆机在餐饮行业主要用于米、面、豆、花生、芝麻、杏仁等物料的湿磨浆。目前，此类设备根据工作方式有单式碾磨和复式碾磨两种，其区别在于旋转的磨盘数。按操作工艺也可分为纯磨浆和磨浆及浆渣分离组合设备。

1）基本结构与工作原理

如图1-14所示，为浆渣分离单式磨浆机的结构示意简图。该机主要由磨浆结构——上下砂轮、浆渣分离结构——滤网及动力和传动机构组成。

其工作原理是利用物料的自身重量进料，到达上下砂轮6和5之间的间隙。电动机将下砂轮5转动，使其与上砂轮6之间相对运动以磨制浆料。为控制磨浆浆液的数量，可通过螺母11和弹簧7调节两砂轮之间距离和弹性。符合质量要求的浆液通过滤网13到达出浆口，而滤渣则不能通过滤网，从而实现浆渣自动分离的效果。

2）使用

（1）该机器在工作前必须经过试运转，把调节螺母11拧紧，使上下砂轮分离，同时打开视孔盖板12，接通电源，检查砂轮转向与机盖上的转向标志是否一致。

（2）而后，关闭视孔盖板12，加水至出浆口14

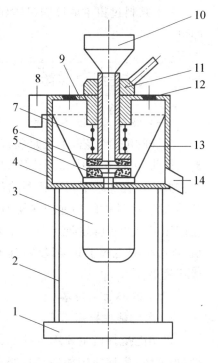

图1-14　浆渣分离磨浆机

1.底座　2.支柱　3.电机　4.机体
5.下砂轮　6.上砂轮　7.调节弹簧
8.出渣口　9.机盖　10.料斗
11.调节螺母　12.视孔（盖板）
13.滤网　14.出浆口

有水流出,再慢慢放松调节螺母 11 使上下砂轮 5 和 6 有轻微接触,即可投料磨浆,待出浆正常后再调节水量控制浆液的浓度。

(3) 在工作完毕后,应及时清除浆渣,拧紧调节螺母,打开视孔盖板,清洗干净,保持机器内部干燥、通风。

3) 维护

(1) 整机外壳要保护接地,并加装漏电开关及电源开关。

(2) 使用后,打开磨浆机上盖,将残渣清洗干净。磨浆机内各部件一定要清洗干净,放置在通风干燥处。调节螺母处应加食用润滑油。重新使用时,开机后再将水加注到进料斗进行冲洗。

(3) 对磨浆机冲洗时,不可堵塞出浆口和出渣口。冲洗水量不能过大过猛,严禁停机冲水清洗,以免烧坏电动机。

(4) 每年向机内滚动轴承加注高速润滑油一次。

(5) 烧浆主要原因是用水量不足和调节螺母过紧。调节水量和调节螺母即可。

(6) 出料慢主要是砂轮磨损严重或过滤筛网堵塞。更换修磨砂轮和清洗筛网即可。

(7) 浆料过粗主要原因是砂轮距离过大或磨损不均。调节螺母和重新修磨砂轮即可。

二、混合工艺设备

(一)混合工艺设备概述

烹饪的混合工艺,主要是将原料制成馅或糜状,同时在其中加入各种配料和辅料。目前,可在厨房中得到应用的有脱水机(馅料脱水)、擂溃机(将鱼肉进一步捣碎,并在捣的过程加入配料)、新型的鱼糜机(将鱼肉碎块和辅料一次性地加入到料筒内,开动机器,则筒内的高速旋转切刀可同时完成切碎与搅拌作用,操作简单,效率高,并能使加工出的鱼糜发泡膨松)以及搅拌机、斩拌机等。此外,从某种意义上讲,鱼圆机、肉圆机等也属于此类设备,其不过是在制馅或糜及混合配料的基础上进一步给予成形效果。

(二)混合工艺设备

1. 多功能搅拌机

多功能搅拌机主要用于拌馅、打蛋等方面,也可用于液体面糊等黏稠性物料的搅拌,如糖浆、蛋糕面糊和裱花乳酪等的搅拌与充气都广泛使用搅拌机,也可以用于调制面团。

多功能搅拌机的结构可以分为立式和卧式两种,在企业中以立式搅拌机使用为主,广泛用于液体面浆、蛋液、馅料等的搅拌,且通过更换搅拌器,可适应不同黏稠度物料的使用,达到一机多用之目的。

1）基本结构与工作原理

图 1-15 为立式搅拌机结构示意图，由机座、电机、传动机构、搅拌桨、搅拌锅以及装卸机构组成。

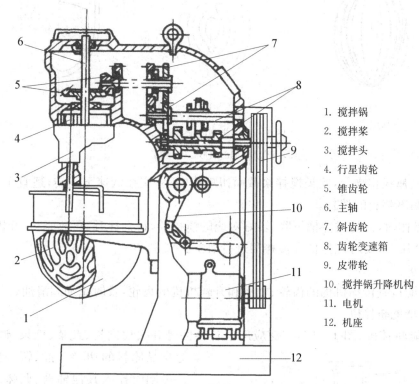

1. 搅拌锅
2. 搅拌桨
3. 搅拌头
4. 行星齿轮
5. 锥齿轮
6. 主轴
7. 斜齿轮
8. 齿轮变速箱
9. 皮带轮
10. 搅拌锅升降机构
11. 电机
12. 机座

图 1-15　立式搅拌机的结构示意图

搅拌机工作时，以电机作为动力源，通过传动箱内的齿轮对传动来带动搅拌器，使搅拌器在高速自转的同时又产生公转，对物料进行强制搅拌和充分摩擦，以实现对物料的混匀、乳化和充气作用。

立式搅拌机的机座、机架及传动调速箱一般由整体锻造而成，以增加机器运转时的整体平稳性，其他同食品物料直接接触的部位均采用不锈钢制成。

2）使用

（1）目前，立式搅拌机的搅拌桨结构主要有花蕾形、扇形和钩形三种形式，如图 1-16 所示。

花蕾形搅拌桨见图 1-16(a)，由很多粗细均匀的不锈钢钢条制成，桨的强度相对较低，在旋转时，可起到弹性搅拌作用，增加液体物料的摩擦机会，利于空气的混入，适宜在高速下对低黏度液体物料的搅拌，如蛋面糊的搅拌。

扇形搅拌桨见图 1-16(b)，其结构一般是由整体锻铸而成，强度较高，且作用面亦较大，适宜于中速运转下对黄油、白马糖等中等黏度糊状物料的搅拌。

钩形桨见图 1-16(c)，是一种高强度整体锻造的搅拌桨，外形结构一般都是与搅

Peng Ren She Bei Qi Ju

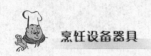

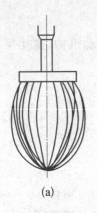  

(a)　　　　　　(b)　　　　　　(c)

图1-16　典型的搅拌桨

(a) 花蕾形　(b) 扇形　(c) 钩形

拌锅的侧壁弧线相吻合,此类搅拌桨截面扭矩均较小,应在低速下运转,适宜于糖浆、面团等高黏度物料的拌打。

(2) 操作时,先将搅拌桶下降,转好对应的搅拌器,将桶提升,再放原料,开机。

(3) 使用后,要对搅拌桶和搅拌桨进行清洗。

3)维护

要定期检查传动机构的齿轮、轴承和升降机构的齿轮,及时添加润滑油。

2. 多功能斩拌机

多功能斩拌机(图1-17)广泛应用于各种去骨和去皮肉类、蔬菜、瓜果、调味品等食品原料的切、绞、搅、斩等操作,并可同时拌入其他辅料、调味品,以及用于降温的冰块,用于加工肉丸、肉饼、肉馅和灌肠等,是现代厨房机械中,用途最为集中的一种机械设备。斩拌的目的,一是对原料肉进行刃切。使原料肉馅产生黏着力;二是将原料与各种辅料进行搅拌混合,形成均匀的乳化物。按其旋转刀轴安装方式,常见的有卧式斩拌机和立式斩拌机两种类型,较常用的是立式多功能斩拌机。

1)基本结构与工作原理

多功能斩拌机有斩拌驱动机构、斩拌机构、物料桶、操作控制台、机座等组成。在料筒的刀轴上安装有若干刀片,开机后刀轴在电机带

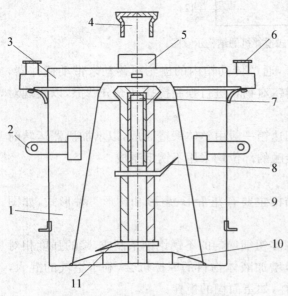

图1-17　多功能斩拌机结构

1.料桶　2.提手　3.桶盖　4.胶盖　5.气孔
6.手轮　7.转轮　8.上斩刀　9.隔套
10.料桶锥形底　11.下斩刀

动下带动斩拌刀高速旋转,在切割、搅拌、捶打等力综合作用下,完成对原料的斩拌作用。

2)使用

(1)根据原料对象安装适配刀具。多功能斩拌机的刀具有三种:四折线平刃刀具,见图1-18(a)适用于果蔬和肉类切割;弧形平刃刀具,见图1-18(b)常用于肉类及其他类似的弹性含水物料;弧形锯齿刀具,见图1-18(c)多用于水果、蔬菜、鸡蛋糊、豆类的打浆和搅拌。

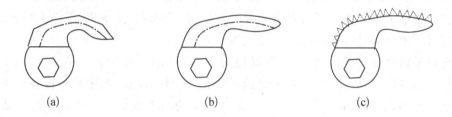

(a)   (b)   (c)

图1-18 典型的斩拌刀

(a)四折线平刃刀 (b)弧形平刃刀 (c)弧形锯齿刀

(2)开机前必须锁紧桶盖,否则无法开机。

(3)通过操作台开、停机,原料符合成品要求后,打开桶盖,再打开压紧口,取下料桶取出成品,然后及时清洗料桶。

3)维护

(1)要将接触原料的部位清洗干净,并擦干水分。

(2)不能用大量水冲洗,以免操作台进水。

(3)发现刀具不锋利,平刃刀应按要求用磨刀石蘸水磨,不可用电砂轮打磨,而锯齿刀则要有专业人员磨制。

 真空斩拌机

真空斩拌机是指在真空条件下对原料进行斩拌工作,其在发达国家熟肉制品加工行业应用已有40多年的历史,真空技术在香肠制馅工序中的应用,使香肠内在质量得到很大提高。肉馅在真空状态下斩切、搅拌和乳化,可以防止各种营养成分被氧化破坏及细菌的滋生,从而最大限度保持原料肉中的营养成分,提高产品的细密度、亲水性及弹性,延长产品货架期,是真空定量灌肠生产线不可缺少的重要设备。该设备我国于2002年研制成功,已供应国内一些著名食品生产商。

第三节　面食加工设备

相对于副食，主食主要包括大米和面食两大类。

大米的加工设备主要是大米清洗、浸泡设备等。一般而言，对于快餐工厂、食堂，米饭的生产已形成了成熟的流水线方式，从储存、清洗、浸泡、充填、烧煮饭、焖饭、翻转松饭，直至清洗米饭锅的整个工作已实现全自动化，一个人即可完成整个生产线的工作。一般整个生产线包括大米自动提升装置、自动米库、洗米机、浸泡充填机、米饭机、传送带、米饭锅、松饭机、洗锅机等设备。

而对于面食加工设备，我国的发展相对于大米加工，要更早一些，面食加工设备主要包括原料处理、成形加工、熟化、包装等四个方面的设备，其中很多设备已形成了标准化和系列化，在快餐工厂、食堂中，面食加工的流水线更为成熟。本文主要介绍可在餐饮厨房中得到应用的一些面食单体设备，主要包括面食原料处理设备和原料成形设备。

一、面食原料处理设备

面食是北方地区的主食，在以大米为主的南方地区也越来越普及。面点是烹饪行业中的重要组成部分，以面粉为原料的西点也受到人们的欢迎。

面食原料主要是各种规格的面粉。根据面食产品的需要，面粉的面筋蛋白含量和麸星含量等指标各不相同。所谓面食原料处理设备，即针对各种面粉进行加工的设备，主要包括和面机、辊压机及前文所述的搅拌机等。

1. 和面机

和面机主要用于原料的混合和搅拌，并以此调节面团面筋的吸水胀润，控制面团韧性、可塑性等操作性能，所以，和面机又称调粉机或搅拌机，在食品机械中属于捏合机械。由于调制面团的黏性很大，流变性能非常差，使得和面机各部件结构强度非常大，工作轴转速较低，一般为 20～80 r/min，广泛用于面包、饼干、糕点、面条及一些餐饮行业的面食生产中。

和面机从工作方式上一共分为两种：连续式和间歇式。我们国家的间歇式和面机主要有两大类型，即卧式和面机与立式和面机，并已形成了标准，即《和面机技术条件》（SB/T10127－92）和《食品加工机械　立式和面机　安全和卫生要求》（GB22748－2008）。立式和面机目前正逐渐被搅拌机所取代。而卧式和面机结构简单，加工量大，在餐饮行业中使用较为普遍，故本文对卧式和面机进行介绍。

1）基本结构与工作原理

卧式和面机结构简单，清洗、卸料操作方便，制造维修简便，主要由机架、和面斗、搅拌器、传动装置、电机、料斗翻转机构等组成,其结构如图1-19所示。

卧式和面机的拌料主轴主要通过电机传动,以蜗轮蜗杆和齿轮传动降速,搅拌器根据搅拌物料性质和面团特性要求,选择不同类型。

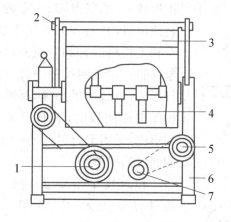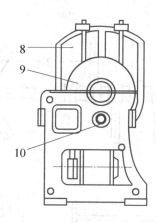

图1-19 卧式和面机

1. 主电机 2. 固定盖 3. 可开启盖 4. 搅拌桨 5. 翻转机构 6. 机架
7. 副电机 8. 搅拌传动机构 9. 涡轮箱 10. 和面料斗

和面机的传动装置主要由电机、减速器、联轴节等组成。传动装置有两个:一是主电机,输出的动力经减速箱减速后,带动搅拌轴旋转,主电机配置功率一般以空载功率不超过最大额定功率的25%为宜,和面机容量与配置电机功率的经验参考值如表1-1所示;二是副电机,通过蜗杆涡轮减速后,带动和面料斗翻转,用于和面结束后的面团卸料。有的和面机也可以不配副电机,通过和面料斗外侧齿轮或手柄与涡轮传动相配合在外力作用下使料斗翻转。

表1-1 和面机容量与电机额定功率配置经验值

量/kg	25	50	75	100	150	200
额定功率/kW	2.2	3.0	4.0	5.5	7.5	10.0

根据调制面团的用途,搅拌轴上配置的搅拌器类型有如图1-20所示的三种:S形搅拌器、桨叶式搅拌器、直辊笼式搅拌器。

S形搅拌器,如图1-20(a)所示,其桨叶的母线与轴线偏离一定角度,以增加物料搅拌时的轴向和径向流动概率,促进物料混合,构型基本由整体锻铸而成,适用范围广,对各种高黏度物料都可获得较好的搅拌效果。

桨叶式搅拌器,如图1-20(b)所示,这种搅拌桨对面团的剪切作用较强,拉伸作用较弱,对面筋网络和成形面团具有极强的撕裂作用,对水调面团的调制应严格控制桨叶转速和操作时间,比较适宜于油酥性面团的调制。

直辊笼式搅拌器,如图1-20(c)所示。直辊安装有与搅拌轴线平行、倾斜两种形

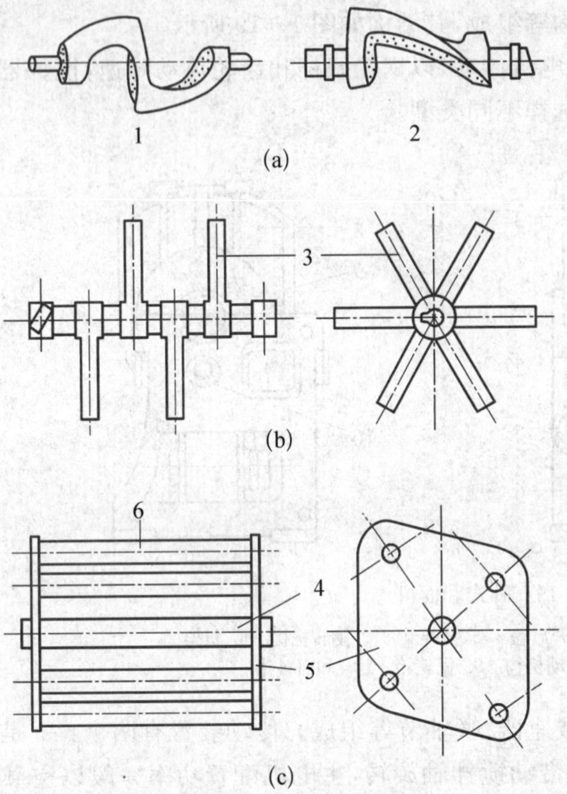

图 1-20　搅拌器类型

(a) S形搅拌器　(b) 桨叶式搅拌器　(c) 直辊笼式搅拌器
1. S形桨　2. Z形桨　3. 桨页式叶片
4. 搅拌轴　5. 直辊连接板　6. 搅拌直辊

式。倾斜安装时,倾角一般为 5°左右,以利于面团调和时的轴向流变。直辊的分布依赖于搅拌轴上的连接板形状,一般以 S 形、X 形为多。安装使用时,其回转的轴线半径不同,有利于物料混合和避免面团抱死现象,同时,在调制过程中可对面团进行压、揉、拉、延等操作,对面筋的机械撕裂作用较弱,有利于面筋网络的形成,适用于面包、饺子、馒头等水调面团的操作。

和面料斗亦称搅拌槽,根据调粉量可分为大、中、小型,一般有 25 kg,50 kg,75 kg,100 kg,200 kg等,料斗一般以不锈钢焊接或铆接而成。有的料斗还设置夹层水控调温装置,控制面团的中心温度,但国内大部分和面机都以调节物料(如水、面粉、糖浆等)混合前的温度来控制面团的中心温度。

2) 使用

(1) 使用前,应对机器进行全面检查,如各传动部位是否有障碍物,转动部位应定期加注润滑油,和面料斗是否干净。

(2) 检查电源电压是否同本机要求电压相符,外壳接地是否牢固,接地电阻不能超过 1 kΩ,以免漏电而发生触电事故。

(3) 接通电源时,以点动方法检查机器旋转是否与转向箭头一致,如果相反,则可调换电源线接头,校正方向。

(4) 机器运转正常后,投料应根据型号规定进行投料,不得超载。

(5) 在主轴旋转时,严禁卸料,更不能伸手入料斗内,以免伤人。

(6) 操作人员在操作时,必须穿戴整齐,防止衣物、围裙、衣袖卷入桶内。女同志留长发的不能操作和面机。

(7) 卸料时,打开面斗定位销,将面斗翻 90°,用点动方法(有副传动)将开关扳到反转位,取下面团即可。

(8) 工作完毕,及时清理料斗内残余物料,并对整机进行清洁、保养。但清洗时,面斗水量不能过多,不能超过搅拌轴位,防止水流到电动机。

3）维护

（1）及时清理传动系统上的面粉和各种障碍物。

（2）定期给传动轴、齿轮加注润滑油。

（3）定期检查皮带的老化、松动和开裂情况。

（4）搅拌轴转动部分可根据需要加少量食用油。

 真空和面机

所谓真空和面机，即和面过程在真空负压下拌和，使面粉中的蛋白质在最短时间、最充分地吸收水分，形成最佳的面筋网络，面团光滑，使面团的韧性和咬劲均达到最佳状态。面团呈微黄色，煮熟的薄面带（条）呈半透明状。

在搅拌混合的状态下，脱除面斗与面粉中含有的空气。在真空脱气过程中，水分能较好地渗透至面粉的中心，产生了水合好与成熟快等效果。由于水分渗透达到面团的中心，即使多加水，制成的面条仍然很紧凑致密。只需稍加揉捏，面团就很有筋力。加水顺利简便，由于和面机内处于真空状态，水可自然地吸入，并在瞬间转化为雾状，很快直接同面粉粒子结合。搅拌混合时的真空脱气，缩短了历来较为费时间的成熟工序，很短时间就可制得优质的面条。

2. 辊压机

辊压机又叫起酥机，是在中西烹饪操作中，专门用于完成辊压操作的机械，主要用于压片和成形，中餐如方便面条、夹酥面点的生产，西点如丹麦酥等起酥面皮的压制成形，也可用于面包面坯的辊压操作。根据其对面团的作用与形成，可以分为卧式辊压机和立式辊压机两类。本文介绍卧式辊压机。

1）基本结构与工作原理

卧式辊压机的式样有多种，但都是通过对辊或辊与平面之间的对压作用来对面团进行压扁与压延的，其结构比较简单。图1-21所示为单台卧式辊压机结构示意图。卧式辊压机主要由机架、电机、上下压辊、间隙弹簧调节装置、输送带、工作台及传动装置等组成。

该机上、下压辊4和3安装在机架上，由电机带动皮带轮2，经一次减速后，再由齿轮对8,9第二次减速并带动下压辊3转动；下压辊通过背面等速齿轮对10,11带动上压辊4，使上下压辊等速相向旋转；放置于工作台上的面团通过上下压辊碾压可得到相应厚度的面带。面带的厚度通过旋转调节手轮5，带动圆锥齿轮对12,13，使圆锥齿轮13轴上的升降螺杆14旋转，通过上压辊轴承螺母15调节上下压辊的间隙，以适应不同工艺性质和面片厚度的需求。一般调节范围：小型压辊（直径在

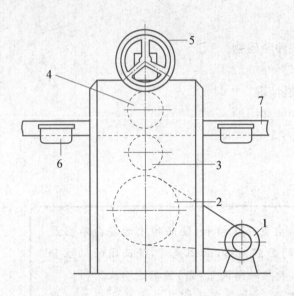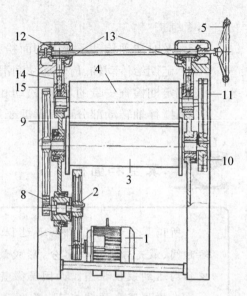

图 1-21 卧式辊压机结构示意

1. 电机 2. 皮带轮 3. 下压辊 4. 上压辊 5. 调节手轮 6. 干粉箱 7. 工作台 8,9. 齿轮对
10,11. 齿轮对 12,13. 圆锥齿轮对 14. 升降螺杆 15. 上压辊轴承螺母

120 mm 以下）可调间隙为 0～15 mm，大型压辊（直径在 150 mm 以上）可调间隙为 0～40 mm。压辊的工作转速一般在 0.8～30 r/min 范围内无级调速，辊的外表面需进行聚四氟乙烯的喷涂或镀铬处理，以增加其光洁性。

该机工作台上的干粉箱 6 可防止面带在辊压过程中与压辊粘连。现在的辊压机多把干粉箱置于压辊之上，干粉箱底部有孔，通过干粉箱内毛刷的转动自动洒粉。工作台设计成皮带输送工作台，工作台上的平皮带随压辊的转动同方向同速度运动，起到输送面带的作用，电机开关为双向开关，当面带由一边向另一边辊压完成后，调节压辊间隙，按下反向开关，压辊和工作台输送带反向运动，进行再次辊压，节省了往复运输面带的时间与动力。

传递运动的齿轮对 10,11 为大模数标准齿轮，齿廓宽厚，可以保证对辊间隙调节后，从动辊与主动辊齿轮间的正确咬合，保证传动的平稳进行。

2）使用

（1）只容许专人操作，严禁两人同时上机操作。

（2）连接电源，并检查机器额定电源与电源电压是否相符，接地线。

（3）压面机在使用前，应对辊压轮及各种附件按需要在断电情况下进行安装调整，确认正确牢固时，方可进行。

（4）按工艺要求调整两辊压筒间的距离。间隔大，所压出的面就厚；间隔小，所压出的面就薄。

（5）将需压制的面团和好，放入工作台。面团既不能太干，又不能太软。

（6）不得在运转时用手送压面条及扣压轴轮。发现有杂音，应立即停机，由专业人员维修。

（7）使用完毕，关掉电源，再清理面辊工作台，清理时不能用水或湿擦，要用扫帚或干布清扫。

3）维护

（1）定期给齿轮、轴承等处加注润滑油。

（2）检查皮带松紧度。

（3）启动前后要清理电动机、皮带上的面粉。

（4）压辊表面应保持清洁、光滑，及时清洁压辊上的面屑。

 多层次压延机

采用对辊式辊压机压制多层次夹酥面片时，由于辊径有限，辊隙间的变形区很短，面片在压辊强烈剪切与挤压的作用下产生急剧变形，致使面片内部截面紊乱，原有的层次结构遭到破坏，并在接触区起点处出现严重滞后堆和现象。而多层次压延机则克服了上述不足，经它压制的夹酥面片可达120层左右，而且层次分明，外观质量与口感较佳。

它主要由环形上压辊组和速度不同的三条下输送带组成。输送带速度沿面片流向逐渐加快。上压辊组既有沿面带流向的公转，又有逆于此向的自转，其公切线上的绝对速度接近输送带的速度。随着面片逐渐变薄，输送带速度递增。在整个压延过程中，面片表面与接触件间的相对摩擦很小，面片几乎是在纯拉伸作用下变形。因此，面片内部的结构层次未受影响，从而保持了物料原有品质。

二、成形加工设备

在饮食业中，面食成形机械的类型较多，主要分为中式面点设备和西式西点设备两大类。

按其所成形的产品，大致可形成以下几类：一是蛋糕浇模成形机、月饼包馅成形机等软料糕点类成形机械；二是面条机、馒头机、包子机、饺子机和蛋卷成形机等以生产大众类主食品的饮食成形机械；三是面包、饼干、面条、米线等成形机械，此类机械已形成整套生产线设备，自动化程度较高。

如按其成形方式，面食成形机械可以分为浇注成形、灌肠式成形、感应式成形、折叠式成形、钢丝切割成形、真空吸入式成形、卷切式成形以及辊印、辊切等成形方式。

本节着重介绍与厨房生产联系密切的常见产品馒头成形机、饺子成形机、包子机的成形方式及结构原理。

1. 馒头成形机

馒头是大众主食,特别是在北方地区,已经形成了馒头的批量化生产。馒头成形机就是适应这种大规模消费需要而产生的。按成形馒头的原理,有辊压成形和刀切成形两类。而在辊压成形中又有对辊式、盘式和辊筒式等方法。

1) 基本结构与工作原理

馒头辊压成形机在目前所使用的馒头成形机械中辊压成形的方式较多,图1-22所示为螺旋对辊式馒头成形机,主要由电机、螺旋供料机构、辊压成形机构及传动系统组成。

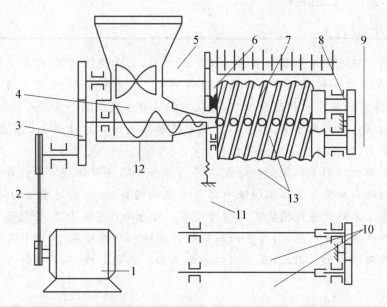

图1-22　螺旋对辊式馒头成形机结构

1. 电机　2. 皮带轮　3. 齿轮组　4. 搅拌浆液　5. 料斗　6. 传动轮　7. 粉刷　8. 干粉槽
9. 压辊齿轮组　10. 前后档杆　11. 面团闸门调节旋钮　12. 供料螺旋　13. 成形辊

其工作原理是面团投入料斗5,由重力喂入螺旋供料器中,经供料螺旋12的强制供料,把面推进至锥形出面嘴,被挤出的面团经出口处的切刀周期切割成定量的面块,然后直接进入一对螺旋成形辊中成形。成形对辊相对旋转(旋转方向相同),使面团块在成形的同时逐渐向成形辊另一端推进,从辊的另一端出料,完成馒头成形操作。另可通过更换对辊表面成形槽的方法,达到改变成品外形的目的。

为了使对辊成形推送过程中面坯不会掉下,在垂直对辊的中央两侧安装了前后档杆10,此外,对辊手柄的干粉槽中有毛刷7,通过传动轮带动旋转,将干粉从干粉槽底部筛孔漏下,防止成形过程中的黏结。

馒头辊压成形机传动路线是:电机轴通过皮带传动1次降速,经传动齿轮组2次降速后带动搅拌桨轴和螺旋供料辊轴转动;供料辊轴另一端通过传动轮 6 带动粉刷轴和上成形辊转动;上成形辊另一端的齿轮组 9 又通过中间舵轮,使下成形辊与上辊以相同速度同向转动,将两辊间面团搓圆成形。

2) 使用

(1) 使用前,检查机器电压和接地线,确保面斗中没有异物。

(2) 打开左侧门,用手转动大槽轮几周,看是否有卡滞现象。查看变速箱油尺,确保油位在正常高度,确认机器正常后方可开机。

(3) 开机后若发现反方向旋转,则立即停机,将三相线任意两相对调,调整好旋转方向。

(4) 松开出面口上的紧定螺钉,打开出面口,出面口下放置适当容器接盛滚落的馒头。

(5) 面粉斗加入适量面粉后按动"ON"按钮启动机器。

(6) 将和好的面团切成 1～1.5 kg 条块状,不间断地投入料斗,使料斗内的面团始终保持在拨面片中心线以上,这样才能保障绞龙连续均匀地输面,使馒头大小一致。

(7) 待出馒头正常(大约 20 个后),观察馒头大小,如果过大,打开前门右旋调整手轮直至适当大小。

(8) 馒头大小合适后再看馒头的前面是否光滑,缺陷不多于 2 处为合格。

(9) 若馒头的前面有"小尾巴",仔细观察馒头在圆弧槽内向前运动过程中两脊处是否研面,若发生研面则在关机后打开右门,松动调节螺母(位于自上向下第二个齿轮上),然后转动上成形辊,开机,投面试机,若仍有"小尾巴"则重复此过程,再次调节,直至"小尾巴"消失。

(10) 电源接通后的使用过程中左右侧门、前后门都要关闭。手或硬物切勿伸进料斗,以免发生意外或损坏设备。

(11) 关机前要使机器空转 1 min,排尽料斗中残余面团。

(12) 按动"OFF"按钮停机后,清理面粉斗里的剩余面粉,以防霉变。

3) 维护

(1) 每班使用前,外露齿轮要添加适量润滑油。变速箱使用 HJ-40 机械油或 HJ-20 和 HJ-30 齿轮油,半年更换一次。

(2) 每班使用完毕后,要将成形辊等擦拭干净,但不能用水冲洗。清洗时,要用毛刷或植物性原料做成的刷子。

(3) 长时间停用要拆卸出面口,清理输面道内的余面。

(4) 要定期检查传动皮带,定期更换。

2. 饺子成形机

该机通过机械作用来代替传统的手工操作,完成饺子的包馅成形操作过程。国内常用的成形机中,有注馅式和灌肠辊切成形两种,其中以灌肠辊切成形为主。

1) 基本结构与工作原理

图 1-23 所示为饺子成形机外形图和示意图。该机由输馅机构、输面机构、辊切成形机构、传动机构和各种调节辅助机构组成。工作时由输馅机构通过输馅管将馅料定量输入输面机构制成的面坯内,再由辊切成形机构将包馅的饺子切断并压模成形,从振动的出料板排出。

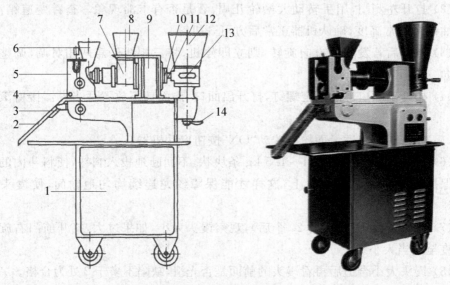

图 1-23 饺子成形机

1. 机架 2. 出料板 3. 振动杆 4. 固定销 5. 成形机构 6. 干面斗 7. 输面机构 8. 湿面斗
9. 涡轮传动机构 10. 调节螺母 11. 输馅管 12. 馅料斗 13. 定量输馅泵 14. 传动控制手柄

（1）输馅机构。主要由定量输馅泵和输馅管组成。在其中进行的是由机械作用把馅料斗的馅心通过输馅管直接送至输面机构形成的面管,同时进行馅心的充填过程。输馅泵常用有两种形式,一种是齿轮泵;另一种是肉糜滑片叶片泵。目前用于饺子成形机上的均为滑片泵,它可以避免齿轮泵对肉糜造成的直接机械挤压,有利于保持肉馅的原有汁液和风味,其工作原理如图 1-24 所示。

此种泵属于定量容积泵,具有压力大、噪声小、振动小、流量稳定、定量准确等特点。在饮食机械中,滑片泵专用于肉糜输送,其结构主要由转子、定子、滑动叶片、调节手柄等组成。其工作原理是肉糜以自身重量和输馅绞龙向泵内送料,也有的通过泵体与真空管连接,使泵体内形成负压而把肉馅等吸入。其中转子是具有径向槽的圆柱体,槽内装可伸缩滑动的滑片,其旋转轴心同泵体内腔中心偏离,在动力驱动下旋转时,转子中的滑片受离心力

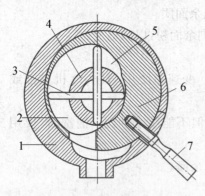

图 1-24 输馅叶片泵工作原理

1. 泵体 2. 压力排料腔 3. 滑动叶片
4. 转子 5. 吸料腔 6. 定子
7. 定量调节手柄

的作用向外滑出，紧压在泵体内壁，形成一个封闭空间。前半转时，泵体内相邻的两滑片间的体积逐渐增大，不断吸入馅料；在后半转时，泵体内相邻两滑片间的容积逐渐减小，使该腔内压力增大而不断通过馅管排出馅料。流量调节可以通过调节手柄调节定子同转子间隙容积实现。

（2）输面机构。输面机构的作用是把预调制的面团经输面绞龙的挤压而形成可充馅的直通面管。它由输面绞龙，螺旋槽外壳，内、外面嘴套以及面管厚度调节机构等组成，如图1-25所示。其工作过程是具有一定锥度的螺旋输面绞龙，在动力作用下通过匀速旋转均匀地改变绞龙同螺旋槽壳间的工作体积，使在绞龙中输送的面团所受的压力逐渐增大，保证面团被匀速地从内、外面嘴套中挤出而形成可充馅的直通面管，从而完成输面操作。

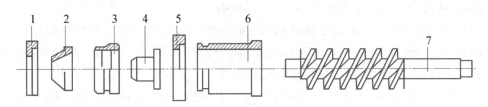

图1-25　输面机构示意

1. 面管厚度调节螺母　2. 外面嘴　3. 面嘴套　4. 内面嘴
5. 固定螺母　6. 螺旋槽外壳　7. 螺旋输面绞龙

输面机构面团流量和面管壁厚度的调节，可通过调节图1-23中的调节螺母10和图1-25中的面管厚度调节螺母1改变面嘴套间隙来实现。

（3）成形机构。采用辊切成形方式，即输馅机构同输面机构共同形成的含馅面柱，通过传输机构进入成形机构进行辊切成形，其工作机构如图1-26所示。成形机构主要由底辊和成形辊组成。在从动成形辊上设置若干饺子凹模，通过饺子捏合边缘同底辊相切成形。当含馅面柱经过成形辊与底辊之间时，面柱内的馅料先在饺子模的感应和诱导下，逐渐被挤压至饺子模坯中心位置，然后在旋转过程中同时辊切捏合成形为饺子生坯。目前，很多成形机的成形辊同其辊上饺子模独立设置，可以根据实际需要现场装配，减少因改变饺子外形而拆装机器的困难。另外，为了成形辊的辊切和饺子脱模顺利，在成形辊上方设置振动撒粉装置。

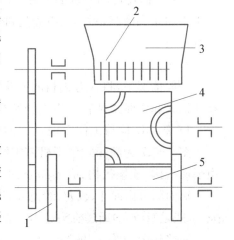

图1-26　饺子成形机构示意

1. 齿轮　2. 粉刷　3. 干粉斗
4. 成形辊　5. 底辊

2）使用

（1）操作人员衣帽整齐，衣袖不能过长，戴

好套袖,该机器应专人专用。

(2) 使用前,将输面绞龙用专用扳手停在后端,叶片泵离合手柄在停的位置,检查电源与接地。

(3) 接通电源后,要检查机器是否有漏电现象,成形辊运转方向是否正确,向外转即为正常。

(4) 将机器空运转3~5 min,其间检查叶片泵的离合手柄和调节手柄按指示方向调节,看是否正常。

(5) 机器运转正常后,要试车包饺子。首先是试馅,将成形辊打开90°,将叶片泵的离合手柄调到开的位置,调节手柄调节馅料的合适量。看中心馅管出馅的情况,是否均匀、稳定,没有间断的现象。饺子机的馅料要求不得有未切断的肉筋。在输馅正常后,将离合手柄扳到停的位置,而后再试面。

(6) 试面的目的是确定面量和面皮的厚薄。首先通过调节螺母将输面绞龙推到适当位置,将面切成5~7 cm宽的面条,将面条投入面斗,开车后,面管从内、外面嘴之间出来,通过旋转螺母,使面皮厚度保持在1 mm左右为宜。

(7) 将成形架、干面斗、底面盒内放入干面粉,将叶片泵的离合手柄停在开的位置,并通过调节手柄使馅料量合适,开始包饺子。

(8) 操作过程中,操作人员的身体不能碰饺子机的转动部位,操作人员应站在开关一面,便于遇到情况时处理。

3) 维护

(1) 使用完毕,要进行清洗。面嘴、绞龙、馅桶等应该用水泡清洗干净。在清洗输馅机构时,可在热水中加入食用清洁液,开机情况下倒入输面斗数次,再用清水冲洗。

(2) 应保持传动系统的良好状态,如裸露在外的齿轮要加注润滑脂,对部分轴承每半年加注润滑脂,对输面绞龙尾部的轴承每月涂抹润滑脂,对机体箱内的机油每三个月要换一次。

3. 包子机

一般情况下,将含有馅料的馒头称为包子,包子机的成形方法与饺子机类似,也有注馅式和灌肠式两种。本文介绍灌肠式包子机。

1) 基本结构与工作原理

图1-27为灌肠式包子机基本结构示意简图,其与饺子机的基本结构非常相似,由输面机构、输馅机构、成形部分、机体等组成。

输面部分由面斗、绞龙、绞龙壳、机头、出面嘴等组成,是将面斗中的面团经输面绞龙(一般是双绞龙)通过机头送出空心面管。其输面的量和面皮的厚薄都可以调节。

输馅部分由馅斗、输馅绞龙、叶片泵、输馅软管和馅管组成,馅料由叶片泵输送至空心面管。其输馅的量可以通过叶片泵进行调节。

成形部分由成形盘、花键轴、星形凸轮、转臂、正反扣螺丝、导杆、导杆销、成形块组成,工作时由导杆带动成形块一张一合,将含馅面管割断,包子即做成了。

机体部分包括电机、传动系统和控制柜等。

2)使用

(1)首先是试馅。将调试好的馅料装入馅斗,开启叶片泵,利用调节手柄逐步加大馅料量,同时左手一手指置于馅管出口,右手在叶片泵的开关上,待左手感觉到馅料到达出口时,右手立即停止叶片泵。

(2)将和好的面团送入面斗,逐步加大输面绞龙的转速,待空心面管从面嘴出口出来时,开启成形部分,这时出来了空心包子。用小型厨房秤称出空心包子重量,调整输面绞龙速度,直至空心包子符合重量要求。

(3)开启叶片泵,调节叶片泵转速,使成品包子的重量符合要求。则包子机可开始正式工作。

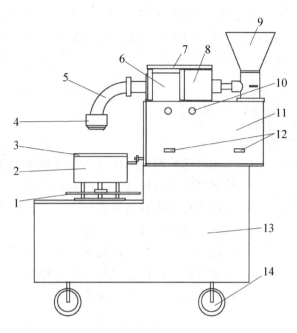

图1-27 包子机结构示意

1. 接盘　2. 成形块　3. 压盖　4. 外面嘴　5. 弯头
6. 面斗　7. 面盘　8. 箱体　9. 馅斗　10. 电源开关
11. 护罩　12. 离合手柄　13. 机身　14. 脚轮

3)维护

(1)对机器的转动部分,如齿轮、链条等每半年涂抹一次润滑脂。

(2)对机器的轴承,包括电机轴承,每半年检修一次,涂抹一次润滑脂。

(3)机器使用前后,对成形部分活动和转动部分,必须加食用油润滑。其凸轮槽内必须有足够的食用油润滑。

(4)机器每次使用后,必须清洗输面、输馅、成形部分,成形块的五个面必须刷食用油。

 小结

本章主要介绍了原料清理设备、原料分解和混合设备、面食加工设备。

在原料清理设备中,着重介绍了果蔬类清理设备(去皮机)、水产类原料清理设备(去鱼鳞机)、肉类原料清理设备(肉块去皮机、解冻方法)及洗涤机的结构、使用和维护要求,并简略介绍了其他清理设备的情况。

原料分解和混合设备,着重介绍了分解设备(多切机、绞肉机、切片机、锯骨机、刨肉机、榨汁机、磨浆分离机)、混合设备(搅拌机、斩拌机)等,并简略介绍了其他的原料

分解和混合设备。

面食加工设备,着重介绍了面食原料处理设备(和面机、辊压机)及成形设备(馒头成形机、饺子成形机、包子成形机)的结构、使用和维护要求,并简略介绍了其他主食加工设备的情况。

问题

1. 试述烹饪原料加工设备的含义和种类。
2. 试述烹饪原料清理加工设备的含义。
3. 烹饪原料解冻有何要求?
4. 试述烹饪原料清洗的方法。
5. 试述烹饪原料分解设备的含义和种类。
6. 试述烹饪原料混合设备的含义和种类。
7. 面食加工设备有哪几种?

案例

1. 四川大学的中央厨房

据四川在线——天府早报消息:2005 年 5 月 11 日,四川大学华西医院中央厨房投入使用,在这个可以供应 1.5 万人饭食的厨房里,厨师们不是挥动铲子,而是按下一个个按钮,该医院营养科负责人比喻说:"一头杀好的猪送进我们这里,按下按钮,就可以炒出上千份回锅肉。"例如炒 1 000 份青笋炒肉片需要 70 kg 肉、230 kg 莴笋头,经过清洗后,分别送到各自的切片机切片;然后它们被送到打码味机器里,盐巴,调料,完全按照调度中心的指令,倾倒在肉片里,电钮摁下,肉片搅拌,混合。1 000 份回锅肉从原材料送进工作间到成菜,用时 15 min。全套设备总价格在 1 000 万元以上。

2. 重庆的中央厨房

"你们的厨房建设得怎么样了?""中央厨房的配送令客人满意吗?"近来,这样的见面语多在餐饮企业老总见面时提起。中央厨房正成为今年重庆餐饮业最热门的词语之一。

一个个中央厨房相继出现。据悉,德庄实业的中央厨房已建成投入使用,阿兴记、骑龙、秦妈、过江龙等企业的中央厨房正在积极筹建之中。

高速发展催生中央厨房。其实,中央厨房是重庆餐饮业的高速发展、规模经营所催生的产物。骑龙火锅的李兴建向记者分析了中央厨房的发展——来自国外,正在本地化。几年前,餐饮业还不发达的时候,只靠厨师的手工作业就能满足市场需求。到后来,加盟连锁经营被应用到餐饮业中,分店数量增多了,对菜品的标准化作业也随之提高。菜品的标准化成了各企业思考的重点。国际上"洋快餐"流行的中央厨房也因此进入重庆餐企的视线，部分企业开始从单纯的单店手工开始向集约化生产转变。在中央厨房，菜品原材料进入工厂式的流水线上生产，下线后的菜品为成品或半成品，然后被直接送到各店。到店后，只需店里的工作人员简单加工就可送上客人的餐桌。

中央厨房让餐饮业受益。在重庆，中央厨房先被引入火锅领域，现在正被中餐企业积极推进。据悉，阿兴记大饭店目前在着手中央厨房的建设，拟建 2 条冷冻生产线和高温生产线，制造各种标准量化的拳头菜品向各店配送。阿兴记董事长刘英告诉记者，中央厨房最大的好处就是通过集中采购、集约生产来实现菜品的质优价廉。据悉，中央厨房可保证菜品质量的稳定性，直接节约单品的成本，减少厨房人员的工作程序甚至可以直接减少厨房工作人员。骑龙火锅的李总给记者算了一笔账，现在酒楼每一个店都需要采购、炒料师、墩子、配菜师等多名工作人员。有了中央厨房的菜品配送后，对厨房人员的依赖将大为减少。

同时，店堂内厨房与厅堂的面积比例也将缩小，这些都可间接降低菜品的成本。此外，中央厨房的集约化生产还可让菜品在健康卫生、绿色环保等方面得到进一步保证。刘英认为中央厨房是餐饮企业做大做强的必经之路。

 思考题

1. 从中央厨房看厨房烹饪原料加工的机械化应用。

第二章 烹饪加热设备

学习目标

学完本章,你应该能够:

(1) 了解烹饪加热设备的总体概貌;

(2) 掌握目前在厨房中可得到实际应用的烹饪加热熟制设备的基本原理和结构、工作过程、加工对象及操作和维护要领;

(3) 理解在烹饪加热熟制加工过程中对于相应加工设备的选用。

关键概念

烹饪加热设备　燃气热设备　电热设备　分子烹饪

烹饪的最终目标是把原材料加工成符合所谓"色、香、味、形、器、意、养"俱佳的成品美食让人享用,而要达此效果,加热制熟是其中一个重要的环节,所谓"以木巽火,烹饪也"。

通过对原料的熟处理,可以清除或杀死食物中的细菌,促进食物被人体消化吸收,改善菜肴的风味,改善原料的质地,改善原来的色泽变化。因此,厨房中凡利用能量转换使烹饪原辅料成熟的设备均可称为烹饪加热设备。

当然,原料的加热过程,也会对原料起到一定程度的破坏作用,其破坏程度与加热过程中所利用的加热设备有关,如微波炉由于能够同时内外加热,因而相对于明火设备,能够较好地保存食物的营养成分。

因此,作为烹饪工作者,有必要了解烹饪加热设备,以至于在烹饪工作中可以善加利用,达到其应有的效果。

第一节　概　述

一、现代烹饪加热设备分类

要想更好地了解现代烹饪加热制熟设备,必须对它们进行分类,可按设备的生产用途、所供能源的不同以及厨房功能等特征来加以区分。

(一)按生产用途分为专用设备和炉灶类等

1. 专用设备

专用设备可分为食品蒸煮设备(蒸汽蒸煮箱、咖啡蒸煮器),煎、烤设备(煎锅,油炸锅,煎、烤箱),烧水设备(开水器),食品分发设备(保温柜、加热柜台)等。

2. 炉灶类

炉灶类按功能可分为炒灶、蒸灶、煲灶、烘炉、烤炉等,但实际上炉灶的烹饪功能遍及炒、蒸、煮、烤、炖、焖、烧等各个方面。

3. 分子烹饪设备

分子烹饪过程是近年来较为新颖的烹饪生产过程,在现代化学、物理知识的基础上,结合设备的利用,从而让烹饪产品达到传统烹饪方法所未能达到的效果。因而其所涉及的烹饪设备也与传统的烹饪设备有所不同。

(二)按所供能源分电能设备、明火设备、其他形式的热源设备等

1. 电能加热设备

电能设备将电能转化为热能,有安全、卫生、方便等优点,如炒菜的设备有电磁炉,蒸饭的设备有电蒸箱,烧烤的设备有电烤箱等。

2. 明火设备

明火设备的燃料主要有固体、液体、气体燃料等。以固体作为热源的热加工设备主要有木炭灶、糠壳灶、燃柴灶、烟煤灶、无烟煤灶等;以液体作为热源的热加工设备主要有煤油炉、油炉;以气体作为热源的燃料主要是燃气(煤气、天然气、液化石油气)和沼气炉灶等,其中燃油和燃气被称为"清洁能源"。但是,相对于电能热设备而言,其在安全、卫生、方便及效率等方面还存在一定差距。

3. 其他形式的热源加工设备

其他形式的热源包括蒸汽和太阳能等生物质能源。严格意义上讲蒸汽实际上是二次热源,由各种一次热源将热量传递给蒸汽,而后蒸汽在加热设备中对原料加热;太阳能具有卫生、环保、安全、经济等优点,在生活及烹饪中的运用主要是太阳能热水器、太阳能灶等。

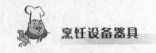
 小思考

既然电加热设备具有环保、安全、卫生、方便及高效率的优势,为何在中餐厨房中目前还尚未普及?

（三）按不同的功能分中餐烹饪和西餐烹饪热加工设备

中餐烹饪设备可分为中式红案热加工设备、中式白案热加工设备、中式烘烤热加工设备;西餐厨房可分为西式菜肴热加工设备、西式点心热加工设备等。

1. 中式红案热加工设备

中国烹饪博大精深,烹饪方法非常丰富,常见的有炒、蒸、煎、炸、炖、焖等,热加工设备以灶为主。如炒灶、蒸箱、煲仔炉、保温车、消毒柜、微波炉等。随着社会的发展,人民生活水平的提高,人们对烹饪中的一些特定的烹饪方式或菜品有了特别的要求,烹饪热加工设备也就进行了更明确、更细致的分工,如煲汤用的煲汤炉、做烤乳猪用的烤乳猪炉、煎炸炉、烙饼炉等。

2. 中式白案热加工设备

中式白案主要是发酵面团、水调面团、米粉等三大面团的点心制作,烹调方法主要包括蒸、煎、煮、炸、烤等。主要热加工设备有燃气蒸灶、蒸箱、中式燃气炒灶、烤箱、油炸炉等。

3. 中式烘烤热加工设备

中式烘烤主要是加工烤羊腿、烤羊肉串、烤鸭、烤乳猪、烤肉等中国传统烤制品的场所,主要设备有烤炉(电烤炉、炭烤炉)、烤鸭炉、烤乳猪炉等。

4. 西式菜肴热加工设备

西式菜肴主要烹饪方法有:烤、焗、扒、烩、炸等,因此西餐热加工设备有扒炉、烤炉、平板炉、焗炉、汁板、热汤池、四头炉、恒温油炸箱等。西餐热加工设备主要是用电热加热,也可以是管道燃气热加工,西餐灶具一般是由几种设备组合而成,一般汁板、四头炉等设备下方都配烤箱。

5. 西式点心热加工设备

西式点心主要是制作糕点、面包、曲奇、冰淇淋、巧克力等食品,主要制作设备有醒发箱、烤箱、层烤箱、冰淇淋机、巧克力溶化机、四头炉以及烘焙食品中用隧道炉、旋转炉等。

二、烹饪加热设备的要求

（一）工艺要求

工艺要求主要包括热负荷和对热负荷、温度、时间等的控制要求。

所谓热负荷(热流量),即加热设备在单位时间内能够产生的热量,即通常所说的火力大小。

在烹调过程中,使用不同的烹调方法,烹调不同的菜肴以及在菜肴的不同的加热阶段所需要的火力、温度或时间都是需要调节的。

只有能够对火力、温度、时间能够操纵自如的加热设备,才能符合厨房加热的需求。

（二）热效率要求

设备所提供的总热量中用于烹调部分的百分比,称为烹饪加热设备的热效率。

热效率的高低反映了加热设备对能源的有效利用程度。目前厨房中使用的明火加热设备,燃料往往不能充分燃烧,或即使燃烧后所产生的热量也只能有一部分能够用于烹调,大部分都散失到空气中。不仅浪费了能源,而且污染了环境。

 知识链接

各种热设备效率

总体而言,燃气热设备的效率低于电热设备。家用燃气灶具的热效率一般在 $50\%\sim60\%$ 之间,普通的中餐燃气灶的热效率则很少能够达到 20%。而一般的电加热设备的热效率可达 $60\%\sim70\%$。微波炉的热效率可达 70%,电磁灶的热效率可达 80% 以上。

（三）安全要求

加热设备在使用过程中,要确保其安全性。比如在使用过程中温度很高,其相关制造材料必须能够承受高温;火力加热设备在使用过程中燃料的泄漏量必须在许可范围之内;必须有自动熄火装置;烟气中一氧化碳含量、接口和焊口的气密性必须达到要求;点火燃烧器必须稳定性良好等。而对于电热设备而言,其电气的安全性要求、辐射的要求,也都必须符合国家的有关规定。

 知识链接

辐射对人体的危害

辐射危害人体健康早已是科学定论。在国家标准 GB4706.29-92《家用和类似用途电器的安全 电磁灶的特殊要求》的 32 项中的辐射、毒性和类似危险的条例里就指明:电磁辐射是一些疾病如心血管、癌症等病变的诱发因素之一,这些均能对人造成危害。另外,中国室内环境监督检测中心也发出"电磁辐射六大危害"的警告。

为了防止微波辐射对人体的伤害,IEC（国际电工委员会）规定"微波炉泄露量安全标准"为:在距微波炉 5 cm 的空间测得的微波辐射强度,每平方厘米不超过 $5\times$

10^{-3} mW。

对于电磁炉的要求,目前所依据的标准主要有:《家用和类似用途电器的安全 第一部分:通用要求》GB4706.1 - 92、《家用和类似用途电器的安全 电磁灶的特殊 要求》GB4706.29 - 1992、《家用电磁灶能效限定值及能源效率等级》GB21456 - 2008 等强制性国家标准及相应产品标准的要求。参考国家标准 GB9175 - 88《环境电磁波 卫生标准》中规定人的电磁辐射环境为 10 V/M 以下,另外国家标准 GB8702 - 88《电 磁辐射防护规定》中所说的公众辐射为 40 V/M 以下(以上指电场辐射)。对于电磁 炉的磁场辐射目前我国还没有制定出标准,因而也没有参考标准。但是,据有关专家 介绍,一般电磁炉磁场辐射不超过 5 μT 即可。

(四)清洁卫生要求

厨房的产品是食物,所以,厨房中加热设备的清洁和卫生就是一项非常重要的要 求。设备在结构上必须保证与食品接触部分和外表部分易于清洗,同时,在使用中还 必须要求不能够给食品和人体带来任何不卫生问题。

(五)成本要求

设备的成本关联到餐饮业的生产成本,这需要从设备的材料、结构设计、能耗、维 修等各方面加以控制。

第二节 典型燃气热设备

燃气和燃油热设备被称为所谓"第二代清洁能源",其在储存、输送及使用安全、 效率等方面较传统的燃煤和燃柴炉灶大大前进了一步,故目前在中西餐厨房中得到 了普遍应用。相对于燃油而言,燃气设备的应用更为广泛,因而本书主要介绍第二代 清洁能源中的燃气热设备。

一、燃气炒灶

燃气炒灶是中餐厨房的主体设备,其结构组成与工作原理可作为燃气加热设备的 代表,其他的如大锅灶、煲灶、矮汤炉等无非是在火力和外形上及应用上的区别而已。

如大锅灶也是中餐灶的一种,通常使用 80 cm 以上直径的大锅,主要用于学校、工 厂等单位大型食堂,用于炒、烧大锅菜。一般功率在 60 kW 至 80 kW,带有鼓风装置。

燃气矮汤灶是以燃气(煤气、石油气、天然气)为燃料,借助风机助氧燃烧的厨房设 备,具有火力缓和、调节方便、噪声低、矮小、简单之特点,特别适合于饭店和企业事业 单位的专业厨房做汤及卤水,也可煮稀饭,炸制各类食物,其功率一般在 20~30 kW 之间。

（一）中餐燃气炒灶主要结构

我国目前民用燃气灶具系统基本上由气源、燃烧器、供气系统、点火装置和其他部件（如外壳、支架、灶盘和锅架等）组成。

1. 气源

民用燃气分天然气、城市煤气和液化石油气，其组成成分不同，因而燃烧所需的氧气、压力及热值也不相同。对于天然气和城市煤气，一般采用管道供气的方式，液化石油气一般采用钢瓶供气。

1）管道供气

城市供气系统由气源分配、输配部分和用户三部分组成。我国现行供气系统是以输送压力来划分等级的，用户所需的压力一般在 8～16 Pa 之间，气源的燃气要经由输配系统的调压室降压后才能进入低压管网输送到用户。

对于后厨的用气，在日常使用燃气中，除了要遵循居民用气的通用规则之外，还应当掌握特定的安全技术规范。要有特别装置，以策安全。

（1）燃烧装置采用分体式机械鼓风，或者使用加氧、加压缩空气的燃烧器时，应当按照设计位置安装止回阀（防止回火），并在空气管道上安装泄爆装置。

（2）燃气管道以及空气管道上应当按照设计要求安装最低压力和最高压力报警装置、切断装置。

2）钢瓶和减压阀

钢瓶是专门储存液化石油气的高压钢瓶，它是一种有缝的焊接容器。液化石油气应用于民用燃具的钢瓶的规格有三种：YSP－10（10 kg 装）、YSP－15（15 kg 装）和YSP－50（50 kg 装）。

钢瓶由底座、瓶体、护罩、瓶嘴等组成。一般钢瓶的材料采用 16Mn 低碳合金结构钢或 20 号优质碳素结构钢，以防止钢瓶在低温环境中焊缝发生冷脆裂痕。设计工作环境温度为 －40～60℃ 之间。

钢瓶在工作时，打开角阀，则液化石油气在环境温度的作用下变成气体，此时气化后压力可高达 196～980 kPa。但是，对于家用燃气灶和中餐燃气炒菜灶，其压力变化范围（对于液化石油气），一般分别为 2 800～3 000 Pa 及 2 800～5 000 Pa。故需要在角阀和灶具之间设置减压阀。

减压阀，又称为减压器、调压器、调压阀，其作用是将从钢瓶来的燃气高压降低，并调节稳定在适应燃烧器燃烧的一定范围之内。所以，它实际上是一种自动调压装置。常用的减压阀一般有往复式和杠杆式两种。

知识链接

燃气的种类

燃气按其材料来源的不同，可分为天然气、人造煤气和液化石油气等。

1. 天然气

天然气是埋藏在邻接石油或煤矿区的地壳内的有机物经过化学分解而形成。如果开采出来的燃气中不含有石油就叫纯天然气,如果含有石油,就叫石油气。天然气的主要成分是甲烷和乙烷,此外还含有氮、二氧化碳、硫化氢以及微量的氢气等。

天然气的特点是热值高,一般在 33 350～41 860 kJ/m³ 之间,其开采成本低,产量大,输气压力高,毒性小,适于远距离输送,并且天然气中含杂质比较少,不易对管道和燃气灶造成堵塞及腐蚀,是一种优质的气体燃料。

2. 人造煤气

人造煤气是从固体燃料或液体燃料加工中取得的可燃气体,相比于天然气,其具有强烈的气味和毒性,泄漏时容易向上扩散。因其含有硫化氢、氨、焦油等杂质,容易腐蚀输送管道和灶具。按原料和制取方法的不同,又可分为干馏煤气、气体煤气、油裂解煤气、高炉煤气,其中油裂解煤气是使用轻油或重油经高温裂解而制取的煤气。这种煤气的可燃成分和热值视不同的原料油而异,但都包含烷烃、烯烃等碳氢化合物,其热值在 16 700～18 800 kJ/m³ 之间,毒性较小,是城市理想的气源之一。

3. 液化石油气

主要来源于天然气的湿气、油田伴生气及炼油厂的石油气。其主要成分是丙烷、丁烷、丙烯、丁烯等。这种燃气在常温常压下是气体,当加压至 0.79～0.97 MPa 时变成了液体,可将其储存于钢瓶。

液化气热值在 87 900～108 900 kJ/m³ 之间,热值比煤气高 5～6 倍,是一种优良的民用气源。但是,在燃烧时所需要的空气量也应增加。液化石油气比空气重 1.5～2 倍,泄漏后不易扩散,易沉积于低处,是造成危险的因素之一。其体积随着温度升高而增大,热体积膨胀系数较大,以丙烷为例,在 15℃时,它的体积膨胀系数比水大 16 倍。

2. 燃烧器

燃气燃烧需要空气,在燃烧器中,燃气未燃烧之前就供给的空气量称一次空气量。一次空气量与燃气完全燃烧所需的全部理论空气量之比称为一次空气系数。燃气加热设备的燃烧器按一次空气系数分为扩散式、大气式、完全预混式三种。当一次空气系数等于零时为扩散式燃烧器;当其在零和 1 之间时为大气式燃烧器;当一次空气系数大于 1 时为完全预混式燃烧器。

由于扩散式燃烧器的火焰很弱,因此对于炒菜灶而言为了提高燃烧的效率,一般可采用鼓风的方法,鼓风式燃烧器所需的空气全部由鼓风机一次供给,但燃烧前空气与燃气并不能实现完全预混合,所以还是扩散式燃烧方式。其燃烧强度由空气与燃气的混合程度决定。

而大气式燃烧器(图 2-1)通常为引射式,主要由引射器和头部组成,如图 2-1所示。通常是利用燃气引射一次空气,即燃气在一定压力下以一定的流速从喷嘴流出,进入吸气收缩管,靠燃气的流速吸入一次空气(伯努利原理),在引射器内两者混

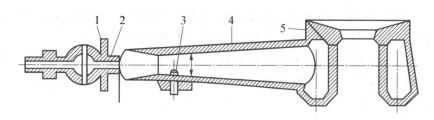

图 2-1　大气式燃烧器

1. 调风板　2. 喷嘴　3. 调风螺钉　4. 引射器　5. 火盖

合成为预混可燃气,然后经头部流出,进行部分预混式燃烧,形成火焰。

3. 点火装置

自动点火装置,按点火源的不同,通常有下列三种。

1) 小火点火

小火点火器是一种早期的简单点火装置。其机理是由点火源向燃气混合物传递热量。主要有直接式和间接式两种。

如图 2-2 所示,只有一个固定的小火引火器,有时为了防止被风吹熄,加一个耐热金属网罩。在小火点燃后,将长明不灭。当需点燃主燃烧器时,打开主燃烧器阀门 4 即可。

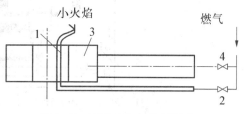

图 2-2　直接式小火点火装置

1. 小火点火器　2. 点火器阀门
3. 主燃烧器　4. 主燃烧器阀门

小火点火结构简单,可靠,但因小火长明,既有浪费,又可能被风吹灭,不适于自动化技术发展的要求。

2) 热丝点火

热丝点火在大多数情况下,与小火点火相似,它主要由小火点火器、电源与开关、热丝点火元件组成。设置小火点火器的目的主要是为防止热丝长期接触火焰而损坏。电源在家用灶具上一般用干电池,而在大灶上一般多用市电。热丝即电阻丝,在民用灶具上多用铂、铂锈丝。电热丝点火时点火可靠,缺点是需外加电源。此外,也有碳化硅和二硅化铝等非金属电热丝。

3) 电火花点火

目前在民用燃具上主要使用电火花点火方式,即利用点火装置产生的高压电在两极间隙产生电火花,来点燃燃气。电火花点火装置可分为单脉冲点火装置和连续电脉冲点火装置两种形式。

(1) 单脉冲电火花点火装置:即每操作一次燃具点火开关,点火装置只产生一个电脉冲。单脉冲点火装置主要有压电陶瓷和电子线路两种。

(2) 连续脉冲点火装置:连续脉冲点火装置是指当按下燃具点火开关时,点火装置可以连续不断地放出电脉冲火花。其优点是操作方便,点火着火率高达 100%。

目前应用于民用燃具上的有用干电池的晶体管电子电路点火装置,有以市电作

电源的自动控制系统。总结这些点火装置，大致分为可控硅式和电压开关管式两种。其工作原理基本相同，但放电频率的控制形式上有所不同。

图2-3为鼓风式燃气炒菜灶，由燃烧器、灶体和炉膛等几大部分组成。燃烧器系统包括进气管、燃气阀、主燃烧器、长明火；灶体包括灶架、后侧板、灶面板等；炉膛（用耐火砖围砌）、锅圈等。

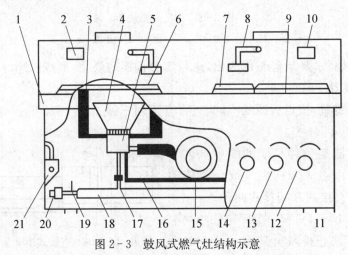

图2-3 鼓风式燃气灶结构示意

1. 灶架　2. 标牌　3. 耐火砖　4. 发火碗　5. 燃烧器　6. 副眼
7. 水罐　8. 水开关　9. 锅圈　10. 标牌　11. 灶脚　12. 气阀
13. 火种阀　14. 条风开关　15. 鼓风机　16. 火种管　17. 气管
18. 总气管　19. 压力表　20. 进气接口　21. 电机线盒

对于鼓风式燃气灶还有鼓风系统（鼓风机、风管、调风开关）。此外，还有附属设施，如灶面上有调料板、后侧板上有供水龙头，还有排水槽等。为防止长时间的加热使灶体不锈钢板发生变形，灶面上应有喷淋装置，以降低温度。

燃气与鼓风机送来的空气在燃烧器内混合，遇到长明小火后点燃主燃烧器，利用燃气燃烧产生的热能直接对锅进行加热达到烹煮食物的目的。

(二) 炒菜灶的选择

1. 所选炉灶要与当地所供能源及其压力一致

由于城市发展的不平衡，目前我国城市厨房燃气加热设备的气源的种类还不统一，我们在选择厨房加热设备时第一步考虑的便是设备与城市所供气源要一致，此外，还要考虑气源压力的影响。

小思考

为什么要考虑燃气的种类？

2. 根据厨房的规模和所供就餐的人数而定

对于普通饭店和菜馆来说，就餐人数相对较少，大多数中餐灶使用炒勺，其热负荷取 21～24 kW 为宜。对于就餐人数较多的大宾馆或高级饭店,开饭时间比较集中,每锅要炒的菜多,质量又要好,因此,其热负荷按 35 kW 确定。个别厨师认为热负荷 42 kW 左右更合适,但是,这样能量浪费太大,热效率降低很多,不宜采用。

3. 根据饭店经营菜系的性质而定

不同的菜系对炉灶的要求也不完全一样,比如广式灶的总体特点是火力猛、易调节、好控制,最适合于旺火速成的粤菜烹制。淮扬菜擅长炖、焖、煨;海派菜浓油赤酱,讲究火功,这都需要炉灶有支火眼配合猛火使用等等。不考虑这些因素,不仅成品风味、质地难以地道,而且对燃料、厨师劳动力的浪费也是惊人的。

4. 根据环境而定

烹饪学校或烹饪培训机构的中餐灶可选用不带鼓风,因其对出菜的速度没有过高要求,而且噪声也小,适合教学环境。

(三)炒菜灶的使用

1. 准备工作

打开排烟气系统,如是鼓风式燃烧器,要打开鼓风机开关和炉头的风阀,排除灶内余气后,再关闭炉头风阀。关闭炒菜灶的全部燃气阀。然后打开液化石油气钢瓶角阀或燃气管道上的总阀。

2. 点火顺序

打开火种气阀并点燃火种,再打开主燃烧器阀,点燃;对于鼓风式燃烧器,然后打开鼓风机和风阀并将其点燃。

3. 火焰调节

应调节调风板的开度或调风螺钉,以保持火焰稳定和无黄焰。对于鼓风式燃烧器,可调节炉头气阀和风阀。

4. 停火顺序

先关闭液化石油气钢瓶角阀或管道燃气总阀,再一次关闭风机开关(如果是鼓风式)、炉头气阀(及长明火气阀)和风阀。最后需要拔下风机电源插头(对于鼓风式)。

(四)保养要求

1. 每班维护

每班烹调作业后,要注意保持灶台的清洁卫生。对燃烧器头部上的污物要定期清理,以免堵塞部分出火孔而产生黄焰。在清洗灶体时,不要用水冲洗,以免水进入风机电机内。如出现火孔或喷嘴有堵塞现象,可用孔径相适合的钢针疏通,但要注意切勿用力过猛而将喷嘴孔扩大。

2. 定期维护

定期擦拭排烟罩的油污,以免影响排烟效果。应经常检查供气配套设施,如输气管头、燃气阀、液化石油气减压阀等是否有漏气现象,软管是否老化,接头固定卡是否松动。如小于 YSP－15 的钢瓶自制造日期起使用寿命为 15 年,第一次至第三次检验的周期均为 4 年,第四次检验有效期为 3 年。如若出现严重腐蚀、损伤及其他可能影

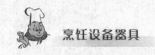

响安全使用的缺陷时,应提前进行检验。而橡胶软管的使用寿命国家规定是 3 年,到了规定时间要及时更换。

（五）燃气炒菜灶使用中的一般故障的排除

1. 燃气泄漏或堵塞

燃气泄漏或堵塞的原因有多种,可能是使用时间较长,自然损坏,或因安装不良或使用不当等造成的。如果是气阀阀体的密封磨损或有灰尘进入而造成的漏气,应更换气阀;如果是供气管与灶体接头拧不紧,而造成的漏气,要检查接头的丝牙是否烂牙或密封垫是否破损,更换接头或密封垫;如果是使用管道燃气的用户,燃气管接头腐蚀穿孔、渗漏,燃气表外壳破裂,应及时通知有安装和维修资质的单位进行检查和维修,严禁自行修理;如果是使用液化石油气的用户,由于钢瓶、减压阀、角阀、胶管等地方而造成的漏气,应及时通知有关单位进行维修,千万不可懈怠或自行修理,以免发生事故。

2. 火焰很小

火焰很小可能是喷嘴堵塞、气源快用尽等原因。

燃烧室内的喷嘴孔堵塞。发火碗内的小孔被积炭堵塞,使燃气和空气流出受阻,火焰小而无力。其排除方法是,将喷嘴取下用通针疏通喷嘴,并用钢刷清理发火碗内的小孔,经过这样处理后的燃烧器,其火焰很小的故障一般可得到排除。

气源快用尽。使用液化石油气的燃气灶,应更换新的气源。使用管道煤气的燃气,灶火焰变小的原因还可能是由于管道口径较小、发生锈蚀堵塞或燃气表内通气不良造成燃气不足等。

此外,燃气使用点集中,在燃气使用高峰时间内,管内的燃气压力低,也会使火焰小而无力。处理的方法视具体情况而定,例如检修管道,更换大管径的管,检查燃气表是否畅通,或避开高峰时间用气。对于大面积地区供气压力不足,应由供气部门调整压力。

3. 发生黄火

风量不够,引起空气供给不足,导致燃烧不良现象而发生黄火。

此时,可以通过调节风量的办法来解决。风门通道被堵塞。燃气灶使用一段时间后,由于有积炭、铁锈、杂质等脏物,把进风口堵塞,造成进风量不足,产生黄火。此时把风门通道内的脏物清除干净,黄火即可排除。

喷嘴孔径过大。喷嘴孔径大小根据所用的气源不同而有所区别,孔径过大时,往往使燃气流量超过额定流量,引起空气补给不足,燃烧所需要的空气量不够,因而产生黄火,甚至当氧气严重不足时,还会积炭冒出黑烟,此时,应更换适合该种气源的合格喷嘴。燃气质量不稳定也会形成黄火,故要选用质量好的燃气。

4. 离焰和脱火

离焰和脱火都是不允许的。主要原因及排除方法如下:(针对大气式燃烧器)一次空气量过多,往往易引起离焰和脱火。只要调节调风板,减少风门进气面积,降低一次空气的进气量,就可以使火焰恢复正常。

燃气压力过高,也容易产生离焰和脱火。遇此情况,则使用液化石油气的用户,可请专业人员检查和调整调压器,以降低燃气的压力至正常使用范围;使用管道煤气的用户,应与煤气公司联系,通过调整气喷,适当减压来解决。

二次空气流速大是造成离焰和脱火的另一原因。当燃烧器周围风量过大时,有时还易吹灭火焰。应设法改善炊具的使用环境,降低二次空气的流速。

烟道抽风过猛,也易产生离焰与脱火。调整烟道抽力,避免抽风口对准燃烧器的火焰。厨房内通风条件不好,废气排除情况不良时,也易引起离焰与脱火。可在厨房内装一个排气扇,并保持厨房内的通风换气,这样,在一般情况下,离焰和脱火现象可排除。

炊具与燃气灶规格不相符时,也会产生离焰和脱火。处理方法是,更换炊具。

5. 回火

回火不仅破坏了燃烧的稳定性,形成不完全燃烧,而且易损坏灶具。燃气压力过低,易发生回火。排除与防止方法:如果是用户为节省燃气将火焰控制得太小时,应适当将火焰放大些。使用液化石油气的用户,应检查一下瓶内燃气是否快用完。换新气瓶后,仍有回火现象时,应请专业人员检查减压阀的功能是否正常。对于管道气的用户,应与煤气公司联系解决。燃气喷嘴堵塞,使一次空气量大于燃气量而导致回火,可用细钢丝捅疏喷嘴内孔,使燃气畅通。火盖的火孔堵塞或引射器内有污物造成的回火,可用钢丝疏通火孔和引射器内孔,将污物清除干净。燃气喷嘴不正或喷嘴孔径偏心,使燃气喷出时受阻碍而造成回火,此时,应校正燃气喷嘴的中心线或与厂家在当地的维修部联系更换喷嘴。

6. 燃气灶在点火或熄火时有噪声

如点火时发出爆鸣声,熄火时也有爆鸣声。导致这种现象的原因及其排除方法如下:燃烧器点火时,如果操作方法不正确,或者多次打不着火时,从喷嘴流出的燃气与空气混合气,便会在燃烧器的周围空间积聚,随着打不着火的次数增多,积聚的混合气数量迅速增加。这些数量不小的混合气,一旦被火点燃时,便会产生爆鸣声。因此,掌握正确的点火方法是很必要的。当点火器多次不能点燃时,应停止点火,待周围的燃气与空气的混合气逸散后再点火。同时,应及时查找点火不燃的原因或送维修部修理。

当开大气门猛火燃烧而突然熄火时,由于火孔处的燃气和空气混合气流速突然降低而产生回火(气速为零的回火),也会发出"噗"的爆鸣声;熄火时,不宜快速急关。另外,当熄火噪声大于规定值时,还应从燃烧器的结构设计质量方面去查原因。

7. 燃气灶在点火后发出"呼呼"响声

其主要原因是:火盖未盖好或火盖不配套。这时候,应放正火盖,使之与炉头接触良好或更换火盖，一般响声便会消失。

8. 闻到燃气臭味

燃气灶在使用时，闻到燃气臭味，一般是由供气系统或燃气灶发生泄漏所致。遇此情况，用户应谨慎对待，认真处理燃气泄漏：应先关闭气源总开关，轻轻打开门窗，让空气流通，然后人员离开现场。到安全的地方打电话给当地的煤气公司紧急报修。在现场，切勿开关电器和打电话！开了的灯不要关，关了的灯也不要开，以免开关产生火星引爆泄漏燃气。

通常，燃气泄漏的原因及其检查排除方法如下：使用液化气的用户应检查进气管和接头连接处，若连接不好，则易造成漏气，引发着火事故。因此，使用前应仔细检查。燃气灶的减压阀漏气，应立即更换或及时送专门维修部修理。煤气管道及其设施漏气时，应及时关闭总开关，并立即报告煤气公司来处理，用户切勿自行解决。当火焰熄灭而造成漏气时，此时供气管仍在继续供气（在没有熄火保护装置的情况下），燃气与空气的混合气体就会不断从火孔流出，逸散在厨房空间，这样不仅可闻到一股刺鼻的煤气臭味，而且遇明火还会很容易引发火灾或爆炸事故。因此，应轻轻打开门窗，让室内通风换气良好，驱散泄漏的气体后，方可重新点火。

二、燃气煲仔灶

以燃气为燃料，用多个双环炉头组合而成的炉灶，每个炉头配有独立调节气阀及火种阀，火力比较缓和。燃气煲仔灶可根据需要及厨房空间大小做成六眼或四眼或二眼等，主要特征是火力较小、燃烧面积小，主要功能是制作炖、焖、煨、烧等耐火菜肴以及中厨食品煲的后期加热之用，也广泛适用于西餐烹调，是西餐烹调的主要设备。

（一）燃气煲仔灶的结构与工作原理

1. 结构

主要由炉体、炉头、不锈钢炉身、燃气管道、火种管道及控制阀门组成，如图2-4所示。

一般采用大气式燃烧器，材料主要是铸铁或黄铜。输气系统包括燃气阀和输气管。燃气阀控制燃气通路的开断，要求经久耐用，密封性能可靠，一般采用黄铜或铝合金制成。输气管一般采用紫铜管等材料，要求密封性好，变形小。辅助系统包括灶具的炉架、承液盘、面板、框架等。框架可以用铸

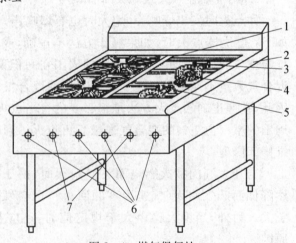

图2-4 燃气煲仔灶

1. 炉座 2. 炉体 3. 火种 4. 炉头
5. 气管 6. 燃气开关 7. 火种开关

铁或钢板。

2. 燃气煲仔灶工作原理

燃气通过配气管到达燃气阀,燃气阀开启后燃气从喷嘴流出,进入引射器,再经燃烧器头部,自火孔流出,遇点火源后进行燃烧。

（二）使用与维护

1. 燃气煲仔灶的操作程序

（1）先开厨房抽风系统；

（2）开火种阀（点燃火种）；

（3）打开炉头气阀,逐渐调整火焰,使其呈清晰均匀、连续状态；

（4）停炉时,先关闭火种阀,再关闭燃气阀；

（5）遇使用中熄火时,应分别关闭炉头燃气阀、火种阀,排除残留燃气后再重新点火操作。

2. 燃气煲仔灶的使用及注意事项

（1）了解燃气的安全特性,按燃气设备说明书要求操作。

（2）出现点不着火或严重脱火现象时,说明管道内有空气,此时应将厨房的窗和排风扇打开,在瞬间内放掉管内的空气后即可点燃。

（3）使用燃气时,要有人照看,防止火焰被汤水溢灭或被风吹熄,最好使用带有自动熄火保护装置的安全型灶具。

（4）定期检查燃气导管的连接是否稳固,燃气导管自身是否有老化和漏气现象（可用肥皂水检测）。

（5）发生燃气泄漏时应立即关闭燃气总开关,轻轻打开门窗,到别处打电话报告燃气公司修理,严禁用明火检漏和启闭电器开关！

（6）经常清洗灶面,保持灶面整洁以防止汤溢出阻塞灶头的出气孔。

（7）炖菜或煲汤时,不要把火苗开得太小,这样容易引发漏气或者不完全燃烧。

3. 常见故障及排除方法

具体见表 2－1。

表 2－1　燃气煲仔灶常见故障及排除方法

序　号	故 障 现 象	故 障 原 因	排 除 方 法
1	火焰呈红色或冒黑烟	喷嘴已烧坏,风门关闭,造成炉头缺氧燃烧	更换喷嘴,清理炉头风管或调整风门
2	关闭炉头气阀时火种熄灭	火种嘴烧坏	更换火种嘴
3	火力微弱甚至无火	喷嘴堵塞或燃气管内有水分	清理喷嘴及炉头气管

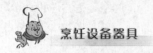

三、燃气蒸箱

利用蒸汽进行蒸制食品的厨房设备称为蒸箱(柜),蒸箱从能源供给角度来分,可分为燃气蒸箱和电蒸箱两种。

(一)燃气蒸箱主要结构与工作原理

以燃气为能源加热的以饱和蒸汽蒸制食品的器具。中式燃气蒸柜主要由炉体、不锈钢柜身、炉胆、强力炉头、自动供水系统、风机、风管、燃气管道以及控制阀门组成,如图2-5所示。

蒸箱设有排烟通道:一级烟道(elementary flue)是蒸箱出厂时预留的排烟道;间接排烟式(indirect vent smoke)是蒸箱工作时所需空气取自室内,燃烧后的烟气经室内的排烟装置排至室外,此种排烟方式需要室内空气流通;烟道排烟式(flue vent smoke)是蒸箱工作时所需空气取自室内,燃烧后的烟气经烟道排至室外。

(二)工作原理及流程

蒸箱汽蒸部分是五面壁的平行六面体,由夹顶和夹壁组成。室壁的夹层里盛有软水,并维持固定的水位,由蒸汽(直接或间接)加热到沸腾。产生100℃的饱和蒸汽将夹壁均匀加热。当蒸汽将整个夹壁均匀加热后,即上升进入夹顶部分经过防水滴的遮板,由顶部纵向进入汽蒸箱。在夹顶处装有热油管或蒸

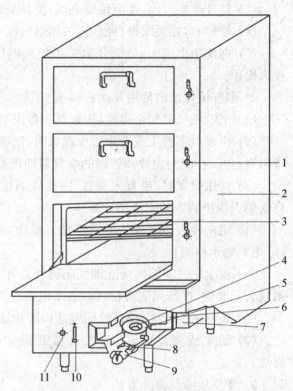

图2-5 燃气蒸箱

1. 蒸汽开关 2. 柜体 3. 蒸格 4. 喷嘴 5. 炉头 6. 炉胆
7. 水箱 8. 气管 9. 风量开关 10. 火种开关 11. 气阀

汽管,可将饱和蒸汽干燥。在加热期内上升的蒸汽接触到冷壁就消耗了一部分热量,这一部分冷凝水贮存于壁的底部,如用过热蒸汽可以放去或流向水槽,作软水用。环绕双层壁的四周有一个专门的供水装置,使壁内保持一定的水位。由于不断地从顶部向底部输入新蒸汽,蒸箱内蒸汽作缓慢而又固定的运行,新蒸汽不停地将废蒸汽推向底部,这样箱内任何点都没有紊流。由于蒸汽比空气轻,蒸汽置换了空气占据的位置,驱赶了箱内空气。蒸汽对底部空气产生一个压力,空气与蒸汽之间形成一条清楚的界线,用肉眼可以观察到一层清晰的薄雾。箱底装有

吸汽装置,可以抽去过量的蒸汽,蒸汽不会外溢。常压高温汽蒸时,需要通过过热器将蒸汽过热后才能达到要求。

（三）使用与维护

1. 操作程序

（1）先开厨房抽风系统。

（2）打开主水、气阀。

（3）打开点火种阀后,点燃火种。

（4）打开炉头风机。

（5）引燃炉火,调节气阀,使火焰呈清晰、均匀、连续状态。

（6）停炉时,先关炉头气阀,再闭风阀。

（7）操作时,切勿正对炉头,以防火苗喷出伤人。

（8）停止使用时,应先分别关闭炉头气阀,再关火种阀和风机。

2. 使用注意事项

（1）安全阀,可根据用户自己使用蒸汽的压力,自行调整,但不得超过定额工作气压。

（2）蒸汽锅在使用过程中,经常计算蒸汽压力的变化,用进气阀适时调整。

（3）停止进气后,可将锅底之直嘴旋塞开启,放光积水。

（4）蒸柜门必须轻开、轻关,延长密封条的使用寿命。

（5）蒸柜每一室底部的排气管是排除冷气或废水之用,应保证畅通严禁堵塞。否则,在停止供气后,箱内随着温度下降会产生负压,使箱壁往里吸而损坏箱体。

（6）检查电源线各连接处是否良好。

（7）使用中如发现漏气现象,应立即排除方可使用。

（8）及时消除炉头积炭及其他杂物,保持炉头洁净。

3. 常见故障排除方法

具体见表2－2。

表2－2　常见故障排除方法

序号	故障现象	故障原因	排除方法
1	火焰呈红色或冒黑烟	喷嘴已烧坏,风管堵塞或风机烧坏,造成炉头缺氧燃烧	更换喷嘴,清理炉头风管或更换风机
2	火力微弱甚至无火	喷嘴堵塞或气管内有异物	清理喷嘴及炉头气管
3	风机运转缓慢或不启动	1. 电源电压是否过低 2. 机械部分是否有故障 3. 电机轴承无油或轴承损坏 4. 电源断路或单相电容失效 5. 电机引线是否接触不良或电机烧坏	检查电压,更换轴承或加油,检查或更换电容或更换电机

四、烤鸭炉

燃气烤鸭炉适用于饭店、食堂及个体户烤禽设备使用。

(一)结构与工作原理

1. 结构

燃气烤鸭炉的结构很简单,主要由燃气系统(输气和燃烧器,而燃烧器一般是两头的)和食品旋转烘烤架(转动圆管和烤炉圆圈架)所组成,机体一般由不锈钢材料构成,有些燃气烤鸭炉以耐温钢化玻璃做幕墙。此外,还有电机和温度显示表等。

2. 工作原理

燃烧器中的火焰可直接对悬挂在烘烤架上的生鸭进行烤制,而烘烤架可在电机带动之下进行旋转,从而使食品烘烤更加均匀。

(二)使用与维护

1. 安装与使用

(1)在烤鸭炉附近安装上一个符合国家安全标准的漏电保护开关 220 V 电源的安全插座。

(2)将烤鸭炉所配的液化石油气用减压阀装到液化石油气钢瓶上,用符合国标的液化石油气软管将减压阀出口连接到"三通"(自备)上,再用两条液化石油气软管将三通两头出口分别连接到烤鸭炉左右进气口,并用接头夹件固定各软管接头,以防脱落。

(3)把烤炉内圆圈架按要求分别固定在转动圆管上。

(4)接通电源,把左右点火开关设定到关位,扭开气瓶总阀门。

(5)电子点火:用一只手按住门两只手柄,用另一只手压进旋钮点火开关左转90°,闻击发声响,电火花引燃点火管,确认燃烧器已燃烧,才可将手放开,否则无法点燃。火力大小在"开"、"关"旋转进行调节。

(6)初次使用电子点火烤鸭炉时,一次打火可能不能点燃,因接管内尚未充满燃气,可重复打火动作二至三次,便可点燃。

(7)拨通电源开关,拨通旋转开关,把生鸭子逐只挂入烤炉内烘烤。

(8)观察温度表读数,根据烘烤的需要调节供气量。

(9)停止工作时,应关闭点火开关和气源总阀,并关闭电源,确认炉火完全无燃烧后,操作人员方可离开。

2. 使用注意事项

(1)在使用燃气烤鸭炉之前,必须加装抽烟管,并将加装的抽烟管引到室外。

(2)所用气罐必须装随机配用的家用减压阀,且各接头处不得泄漏气体。

(3)气罐周围不准有热源,更不准存放危险品,以免爆炸。

（4）在操作过程中，操作人员不准远离燃气烤鸭炉，若发现炉内的燃烧气熄火，应立即关闭点火开关，关闭气源阀门，查明原因排除，吹尽炉内燃气气味后，再重新点火。

（5）本设备使用时必须接好安全保护接地线。

（6）在使用燃气烤炉的房间内，必须通风条件很好。

（7）严禁漏气及违章使用。

3. 日常维护保养

（1）清洁烤炉时应切断电源，不能用水直接冲洗。

（2）电源部分的保养必须由专业人员进行定期检查。

（3）烤鸭炉内外应保持清洁，每天用温湿布擦干净。

 知识链接

烤鸭制作方法

1. 原料

1）配料：7.5 kg 清水（药料），花椒 15 g，陈皮 10 g，甘草 30 g，丁香 10 g，草果 10 g，桂皮 10 g，香叶 2 g，良姜 10 g，沙红 10 g。

2）调味料：绍兴花雕 2 瓶，味精 500 g，鸡精 250 g，鲜姜、大蒜、香菇、大葱少许，五香粉微量，有的地方的配方中还放少许冰糖和白糖。（若制作啤酒鸭须加入啤酒 2～3 瓶，或者在烤制时分多次喷射啤酒至鸭子身上）

2. 制作步骤

1）汤料的制作过程

把药包按一定比例，放在清水里用大火烧开，然后调慢火熬制，待有一定的药味后，捞起中药包加入调料（中药包可连续用三次，闻之无味后丢弃），关掉炉火冷却。

汤料冷却至常用温（一般在 30℃以下），把鸭子浸泡在内，鸭子肉厚的地方用钢针穿刺小孔，以便味道进入肉中，鸭子浸泡后上面有器具压住防止上浮。

浸泡时间要根据鸭子大小而定，一般为 8～10 h。调料比例可根据当地的口味适当增减。

2）上皮色

浸泡后鸭子先用开水烫皮（目的是去掉鸭子皮上的油脂）。空机预热后，挂入鸭子，温度调至 220～250℃，烤制时间为 20～30 min（主要看皮色变化，鸭子皮色有稍微的焦色，调低温度至 180℃左右烤制）。烤制时间在 50 min 左右（看鸭子大小）出炉。

判断鸭子是否烤熟，用针刺鸭子身上肉最厚的地方，抽出钢针如没血丝即烤熟。

 燃烧机

目前,商用燃气设备的发展方向之一是将传统的燃烧器改用燃烧机。

燃烧机是以燃油(轻柴油、重油)或燃气(天然气、焦炉煤气、液化石油气)为燃料,燃烧充分,烟气排放达到国家环保要求。该机主要由空气系统、燃料系统、燃烧系统、电气控制系统和安全保护系统等组成,是机电一体化的节能减排的热能产品。

第三节 典型烹饪电热设备

电热设备是将电能转化为热能,从而对食物进行加热熟化的设备。传统而言,西餐厨房应用电热设备较多。由于电热设备具有安全、环保、高效的特点,且在国家对环保越来越重视的背景下,以及企业自身的发展要求下,电热设备也越来越多地进入到中餐烹饪生产领域。

 知识链接

电能转化为热能的方式

1. 电阻式加热

根据焦耳定律,通电导体在通过一段时间的电流后,会发出热量,即将电能转化为热能。根据此原理,将电阻(电热元件中的电热材料)发出的热量用来加热食物,即可实现电能向热能的转化。平常我们接触的大部分烹饪电加热设备都属于此类电阻式加热设备,如电饭锅、电灶、电油炸锅、电饼铛、电热水器、电热恒温设备以及西餐中应用的扒炉等。

2. 红外线加热

红外线加热设备利用红外线发热原理,给发热材料(如镍铬合金丝或康太尔合金丝)通电使其产生热,来加热某种红外线辐射物质——电热元件,让其辐射出红外线,当红外线的波长与食物分子的波长接近或相等时,即可使食物分子发生晶格共振,外部体现为温度的升高。利用红外线发热原理的设备在厨房烹饪加热设备中得到了诸多应用,比较典型的是电烤箱、西餐设备中的面火炉、电坑炉、多士炉等。甚至现在也有将红外线加热应用到电饭锅和微波炉方面,以改善这些电加热设备的加热效果。

3. 微波加热

微波与红外线一样,也属于电磁波的一种,其电场和磁场交互变化。微波加热,从宏观上看就是被加热物体吸收微波能量并把它转化为热能。从分子结构看,介质可分为无极分子和有极分子两大类。无极分子的正、负电荷中心重合,在外电场的作用下,分子中的正负电荷中心沿电场方向只产生位移极化;有极分子的正、负电荷的中心不重合,可等效为一个电偶极子。在一般情况下,物体(被烹调的食物)中的有极分子都呈无规则排列,在外电场的作用下,会沿着外电场的方向转向,产生转向极化,如果外电场再交变,那么有极分子的转向也要随电场的变化而不断改变方向,极性分子间随微波频率以每秒几十亿次的高频来回摆动、摩擦,产生的热量足以使食物在很短的时间内达到热熟。这是对微波加热机理(即微波炉能加热食物的原因)最简单的阐述。实际上,微波加热的过程是比较复杂的。

4. 电磁感应加热

变化的电场产生磁场,变化的磁场产生电场,在电场中如果放入金属(铁或不锈钢)锅具,则在金属锅具中产生感应电流,根据焦耳定律,则金属锅具就可以成为发热体,对其锅中的食物进行加热,典型应用是电磁灶。

一、电磁灶

家用电磁炉最早于 1957 年在德国 NEFF 公司诞生。1972 年美国西屋电气公司研制成功并投入生产,以后经过日本厂商的努力,至 20 世纪 80 年代初成为技术成熟的家电产品,并流行于欧美地区,目前的家庭普及率已超过 80%。到了 90 年代初期,电磁炉才引入中国,到 1999 年以后有了大的发展。目前我国电磁炉灶发展非常快,商业电磁炉灶的系列产品有电磁炒灶、电磁凹灶、电磁平灶、电磁低汤灶、电磁煲仔炉、电磁烫面炉、电磁扒炉、电磁蒸煮炉、电磁油炸炉、电磁加热汤桶等设备。

西餐烹饪工艺对炉灶的功率要求集中在 5 kW 左右,目前国外的大功率电磁灶普及率已达 70%左右;中餐烹饪工艺对炉灶的功率要求在十几个千瓦左右,甚至需要 20 kW 以上,技术难度有所增加,但是,燃气灶或燃油灶的使用不符合现代化城市对能源及环保的要求,大功率电磁加热技术发展和推广已经是厨房加热设备发展之必然。

(一) 电磁灶的结构与工作原理

1. 结构

(1) 加热部分:电磁炉的锅体下面有搁板、励磁线圈。通过电磁感应产生涡电流对锅体进行加热。

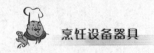

（2）控制部分：主要有电源开关、温度调节钮、功率选择钮等。由内部的控制电路来掌控。

（3）冷却部分：采用风冷的方式。炉身的侧面分布有进风口和出风口，内部设有风扇。

（4）电气部分：由整流电路、逆变电路、控制回路、继电器、电风扇等组成。

（5）烹饪部分：主要包括各种炊具，供用户使用。

2. 电磁灶的工作原理

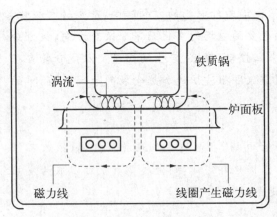

图 2-6　电磁灶工作原理示意

电磁炉是利用电磁感应原理制成的，如图 2-6 所示，在励磁线圈中通以交流电，产生交变磁场。由于电磁感应效应，在铁或不锈钢制成的金属锅中会产生涡电流，电流的焦耳热就可以对食物进行加热和烹饪。这种加热方式，能减少热量传递的中间环节，可大大提升制热效率，比传统炉具（电炉、气炉）节省能源一半以上。

感应的电流越大则产生的热量就越多，煮熟食物所需的时间就越短。要使感应电流大，则穿越金属面的磁通变化量也要大，磁场强度也就要强。加热过程中没有明火，炉面没有电流产生，在烹煮食物时炉面不会产生高温，烹饪过程安全、卫生。

（二）使用与维护

1. 电磁灶使用注意事项

（1）电源线要符合要求。电磁灶由于功率大，在配置电源线时，应选能承受 20 A 以上电流的铜芯线，配套使用的插座、插头、开关等也要达到这一要求。否则，电磁灶工作时的大电流会使电线、插座等发热或烧毁。另外，如果可能，最好在电源线插座处安装一只保险盒，以确保安全。

（2）电磁灶对电源的要求有 380 V 三相交流电源、220 V 单相、出口 220 V 三相、400 V 三相等，选择电磁灶必须跟电源相配套。

（3）保证气孔通畅。保证炉体内热量散热通畅。

（4）保证炉具清洁。

（5）检测炉具保护功能要完好。电磁灶具有良好的自动检测及自我保护功能，如有损坏，及时跟商家联系。

（6）摁按钮要轻、干脆。电磁灶的各按钮属轻触型，使用时手指的用力不要过重，要轻触轻按。当所按动的按钮启动后，手指就应离开，不要按住不放，以免损伤簧片和导电接触片。

（7）炉面有损伤时应停用。电磁炉炉面是晶化陶瓷板，属易碎物。

（8）容器水量不宜过满，避免加热后溢出造成机板短路。

（9）电磁炉加热的原理比较特殊，是电磁感应加热，必须采用导磁性的材料，如铁、不锈钢等。最好使用专门配送的锅具，如用其他的代替品，性能可能会受到影响。

（10）商用电磁炉的温度在 15 s 内可以升温到 300℃，操作人员要改变传统灶具的思维，以便烹饪好的菜品。

2. 特点

（1）节能。一般的炉具都是以可燃能源剧烈氧化（燃烧）反应后产生热能，经辐射和热传导对锅具加热。此时在传导过程中大量的热能已经白白地流失。而电磁炉的加热方式属于锅具自身发热，相对于其他以热对流方式进行加热的炉具而言，在加热过程中几乎没有中间损失。单从这一方面分析，电磁炉的节能优势已经是其他炉具无法达到的。

（2）环保。由于电磁炉在加热过程中不使用燃料，没有燃烧反应，没有明火，因此整机实现了"零"排放、"零"污染，是名副其实的环保产品。

（3）安全。现代的电磁炉已经设计有许多保护功能，过热保护，过压、欠压保护，缺相保护，过流保护等，这些保护都是围绕着安全而设计的，其他炉具要达到这样的安全保护基本上是不可能的。

（4）改善操作环境。由于电磁炉在加热过程中不使用燃料，没有明火，所以不会对厨房操作环境带来热辐射，同时也是"零"排放，因此，使用电磁炉的厨房操作环境可以大大改善，更适宜厨师操作。

（5）便捷操作，提高工作效率。大功率商用电磁炉采用单片机控制，在设计精良的控制软件监督下可以将复杂的烹饪技术进行量化处理。此外，大功率商用电磁炉应用高频逆变技术，能源利用率达 90％ 以上，极大地提高了工作效率。

 能炒出"火"的电磁炉

目前，电磁炉不仅可应用于凹凸锅，而且有厂家发明了带"火"的电磁炉。中国传统烹饪工艺都是看火的大小，从而达到对火候的掌握。该电磁炉通过增加功率和智能识锅功能的升级，使得电磁炉在炒菜时可以产生"火"，其"火"的大小与功率成对应，并且可调。

二、电炸锅

电炸锅是用来专门生产油炸食品的热设备，与电煎锅相比，锅内油的液位较深，

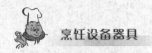
能使食品全部浸入油中。根据油炸压力的不同,油炸设备分为常压油炸、真空油炸和高压油炸(大于1 atm)设备。

（一）无烟型常压多功能油炸蒸煮锅

传统的饭店中应用的常压间歇式油炸锅在菜品炸制过程中容易出现烧焦、冒烟、耗油过大并产生大量有害物质(丙烯醛,油烟的主要成分),严重影响使用者的健康。为克服此问题,现在的油炸锅都考虑采取中间加热式、油循环加热式及间接加热式等方式。其中,无烟型常压多功能油炸蒸煮锅即属于中间加热式,如图2-7所示。

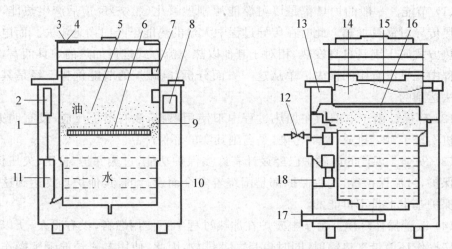

图2-7　无烟型常压多功能油炸蒸煮锅结构示意

1. 箱体　2. 操作系统　3. 锅盖　4. 蒸笼　5. 滤网　6. 冷却循环系统　7. 排油烟管
8. 温控数显系统　9. 油位显示仪　10. 油炸锅　11. 电气控制系统　12. 放油阀
13. 冷却装置　14. 蒸煮锅　15. 排油烟孔　16. 加热器　17. 排污阀　18. 脱排油烟装置

　知识链接

中间加热式、油循环式、间接加热式油炸锅

中间加热式,即在油层的中间设置加热管。这样,油温分成两个区域,加热管上层的油区为高温区,下层为冷温区,避免了油炸残渣在高温中的反复油炸。其传热面积和热效率都得到了提高。缺点是加热管下面的油的循环回流速度减小;此外,由于加热管的存在,使得冷温区的清扫工作不易。因此,近年来用水代替冷温区的油,待工作完毕后,将水和残渣一起放掉。此种形式又称为清洁油炸锅。如日本某公司推出的所谓生态油炸锅,能让金鱼在滚烫的热油下的20℃的水中自在游弋。无烟型多功能油炸蒸煮锅即属于清洁油炸锅。

油循环式,即为在油锅外另设一热交换器,将油从油锅内抽出,经热交换器加热后再泵入油锅,不断循环。其特点是热效率高,且不产生过热;操作人员可远离高温,改善工作环境。

间接加热式,以从锅炉来的高压蒸汽作为热交换器的热源,对油进行加热。可通过调节蒸汽和油的循环量来控制温度。

1. 结构与工作原理

炸制食品时,将滤网 5 置于加热器 16 上,在油炸锅 10 内先加入水至油位显示仪 9 规定的位置,再加入油至油面高出加热器上面约 60 mm 的位置,由电气控制系统 11 控制的加热器可以将其上部的油层温度控制在 180～230℃之间。并通过温控数显系统 8 准确地将油层最高温度显示出来。炸制过程中产生的食物残渣,从滤网 5 漏下,经过油水分界面进入油炸锅下部的冷却水中,积存在锅底部,定期由排污阀 17 排除。炸制过程中产生的油烟从排油烟孔 15 进入排油烟管 7,通过脱排油烟装置 18 排出。放油阀 12 具有放油和加水的双重作用。由于加热器 16 设计为只在上表面 240℃的圆周上发热,再加上油炸锅 10 的上部外侧涂有高效保温隔热材料,故加热器产生的热量就能有效地被油炸层所吸收,热效率得到进一步提高。而加热器下面的油层温度则远远低于油炸层的温度。当油水分界面的温度超过 50℃时,由电气控制系统 11 控制的冷却装置 13 即强制地将大量冷空气通过布置于油水分界面上的冷却循环系统 6 抽出,形成高速气流,将大量热带走,使油水分界面的温度能自动控制在 55℃以下,并通过温控数显系统 8 显示出来。

如将油炸锅内的油和水排净,取出滤网,将配套设计的蒸煮锅 14 置于加热器上,则又可用于煎、炒、蒸、煮等多种烹饪功能。

2. 特点

该锅彻底改善了油质状况,去除了油烟污染,不仅提高了油炸食品的质量,而且大大降低了油料消耗,节省了能耗。

(二)压力炸锅(高压式)

压力炸锅(图 2-8)采用不锈钢制造,气、电两用,外形美观,油温、炸制时间自动控制,并具有报警装置和自动排气功能;操作安全可靠,无油烟污染。该机能炸制多种食品,如鸡、鸭、鱼、肉、糕点、蔬菜、薯类等。其中,中式食品有香酥鸡、牛排、羊肉串;西式食品有美国肯德基家乡鸡、派尼鸡及加拿大帮尼炸鸡等。主要用于中、西快餐厅,宾馆,饭店,机关,工厂食堂及个体经营。

压力炸锅比普通开启式炸锅效率高,能在短时间内将食品内部炸透。做出的食品色、香、味俱佳,营养丰富,风味独特,外酥里嫩,老少皆宜。且能炸多种食品,如鸡、鸭、鱼各种肉类,排骨、牛排和蔬菜、土豆等。温度、压力和炸制时间选定后,实现自动控制,因而操作简单。因为采用不锈钢材料制造,安全、卫生、无污染。自动滤油装置,能够使锅内油质保持清洁。操作方便,自

图 2-8 压力炸锅

控系统性能高,能源消耗低,适应范围广,可采用两种电压电源(380 V 或 220 V)工作。

允许一次炸制食品量为6～7 kg;锅内容范量为23～24 kg;可调工作温度:50～200℃;额定工作压力为 0.085 MPa(表压);工作时间为 0～20 min;供应电源为380 V,50 Hz,三相四线制;额定功率为 9 kW;外形尺寸(宽×深×高)为 460 mm×1 000 mm×1 330 mm(锅盖关闭时);机器重量为 110 kg。

三、万能蒸烤箱

万能蒸烤箱有三种烹饪方式:蒸、热空气烤和热风烤与过热蒸汽混合加工食品。充分地保持了食品的水分、养分和风味,并且热空气能充分地提高烹饪的速度,由于可以将两个或两个以上的设备功能结为一体,这样就可以节省出厨房一定的空间。因此,在目前的高星级厨房和大型供餐企业中,万能蒸烤箱获得了越来越多的重视。

从能源利用的角度看,万能蒸烤箱有利用电能与燃气的。小万能蒸烤箱需要3.9 kW的电功率、220 V 的电压,台式万能蒸烤箱最高需要75 kW,220 V 的电压。燃气型万能蒸烤箱热值的要求范围在 45 500～170 000 BTU 之间。一般能源评级决定对万能蒸烤箱的评定,要求必须符合最低烹饪效率耗费50%的电和38%天然气,同时也能满足最大闲置率为 3～6 盘。电力万能蒸烤箱星级标准式每次可节省6.270 kWh,而天然气型设备每年节省 45 MBTU。

(一)结构与工作原理

主要由箱体、蒸汽发生器、加热器、热鼓风机、安全装置、蒸汽控制系统、自动循环程序、供水装置等组成。

1. 蒸汽发生器

蒸汽发生器嵌装在蒸烤箱底部,为一电加热水的圆柱形容器,在工作时,很快能达到100℃ 的工作温度,减少了箱内蒸汽的液化。约 5 min 后,整个箱内便充满蒸汽,这时蒸汽加热才正式开始。同时其他附加热源被切断。

2. 蒸汽控制系统

为自动控制烹调时间和数量,蒸烤箱顶部设有蒸汽控制口,能使一小部分气体进出。其上安装有恒温传感器,当箱内蒸汽过多时,蒸汽便触及传感器敏感元件,并将传感帽顶起,随即蒸汽从蒸汽控制口排出,遇冷迅速液化。此时,蒸汽发生器停止工作。当箱内温度降至 100℃ 以下时,反向冷空气使传感器冷却,迅速将液化水蒸发掉,随即蒸汽发生器通电再次工作。

为防止液化水滴在食物上,蒸汽控制口处装有接水的滴盘。蒸烤箱顶部设有两个(进出)气孔。蒸制循环结束时,进气孔在冷却扇叶动作之后,将干净的空气输入箱内,使箱内温度下降。蒸汽开始冷凝,同时排气孔借助于双金属片开关被打开,少量蒸汽经该孔在冷却扇叶的作用下形成冷却流,然后快速排出。这时开箱,残余蒸汽极少。

蒸烤箱不受外部环境温差的影响,具欧洲传统高级烤箱之功能。上下层能同时加热或单独加热,开启鼓风机可使箱内的加热温度均匀。上层暴露在蒸汽中的加热器采用镶铬合金。

该蒸烤箱还配备了自动循环程序。如烤面包或肉,为保证箱内和外界的换气,必须打开进出气孔。如需箱内保持足够的蒸汽,蒸汽发生器工作时,排气孔必须关闭。为满足这两个要求,控制板上安装了两个独立的时间测试系统。时间测试系统1用来控制传统的功能系统包括上下层加热、对流循环、烘馅饼、烤面包、烧饼、烘大块食物,以及涡旋式烘烤等。时间测试系统2控制蒸汽发生,并具有间隔烹调功能。

3. 供水

供水一般有人工和自动供水系统,商业厨房中应用的大多数是自动供水系统。为防止发生不测,蒸汽发生器的下面装有自动调温器。如蒸汽发生器缺水,其温度便迅速上升,自动调温器就会自动关断蒸汽发生器的加热电源,同时打开蜂鸣器或操作面板提示操作者水容器缺水。蒸汽发生器外最低处安装一个排水泵,可将箱内积水随时排出。

4. 安全装置

蒸烤箱门上装有一个安全门锁,当箱内的压力升至20～30 mPa 时,箱门会自动打开。蒸汽发生器与供水系统的连接管路中,安装了水位开关(压力开关)。当水容器里的水超过设定水量时,其压力相应升高,水容器里的压力大于供水量压力时,将水位开关顶开,切断供水。反之,若水容器缺水,供水压力大于水容器内的压力,则水位开关又会自动打开供水。若上述功能失灵,则可迅速接通排水泵,将箱内多余的水排除;若水容器里缺水,则驱动自动调温器,会有提示。

5. 蒸汽的功能

(1)蒸烤制即蒸和烤同时进行。采用这样烹调方式,蒸汽发生器在定时器的操纵下被预先打开。当蒸汽发生器正式产生蒸汽时,箱内的对流扇开始工作,蒸汽在箱内不断循环,热量和湿气迅速均匀地传递给食物,这种方式适于加工需烹调时间较长的食物,如鸡、鸭、鱼、肉、米饭及各种硬质蔬菜。

(2)间隔蒸烤制。选用这种烹调方式,对流扇有规律地间断工作,对流和蒸汽的作用交替进行,加热系统控制着蒸汽发生器的工作时间,占全部烹调时间的25%。75%的时间用于对流加热。箱内的温度由温控器控制。间隔蒸烤用于加热冷饭菜,蒸汽可防止食物干燥。

(3)多方式蒸烤制。这种烹调方式提供了烤肉和蔬菜混合烹调的选择,即在对流烤制阶段,将被烤物(肉类)放进箱内以对流热气烤制,待食物表面焦黄后,转向蒸制并发声提示。这时,可将准备好蔬菜送进烤箱,与被烤制的肉食一起蒸制。蒸制结束时,肉、菜同时熟。

（二）使用与维护

1. 使用注意事项

1）时间和温度

经验证，即使烤箱的温度似乎很低，但它们也能达到相同一致的效果及质量。只有在烤箱里装满了东西或装了过大的东西，烹调时间才需要延长一点，预热可以帮助达到预计的时间和温度设置。

2）预热

根据烹调食物的品种和性质进行烤箱预热是必要的。让烤箱的温度达到比烹调所需温度高15～25℃，这需要一些额外时间，但这能达到完美的效果，最终节省时间。对于蒸东西，预热要在混合模式下进行，这样温度才能达到100℃以上。

3）烤盘的用法

无论哪种食品，选择适合的烤盘是最基本的。蒸东西，有孔的烤盘；烤面包/比萨/糕点，特用黑盘或有孔低边铝盘；肉、鱼等，铁制深盘；大块肉，能盛汁的并有一定容量的烤盘；真空包装的食品，格网式烤架；预热面包/比萨/肉/蔬菜，格网式烤架。

还有一些用于特殊烹饪要求的烤盘，比如炸薯条的烤盘，烤法式面包的有孔的铝制烤盘等。一般来讲，无须用高边的烤盘，建议使用多个低边烤盘来平均分配食物。对流式烤箱的功能是基于热空气的循环流动，所以当放置烤盘时，在盘子间应留有2～3 cm的空间便于空气的流动。

4）中心探温针

中心探温针的作用是无论何时都能够知道食物中心的精确温度，并且探测到每个阶段的烹饪程度。这对于蒸煮肉和鱼特别有效，在使用中要注意：将针插在食物的中心是很重要的（也就是食物的内部中心），同时要避免针的其他部分暴露在外，否则会影响温度的正确读取。每天在使用时，请注意不要将探针放在设备外面。防止关门时被夹住或夹断。

5）清洁烤箱

为了使烤箱尽可能长时间地有效工作，日常清除食物和油脂的残余物是必需的，选用适合的清洁剂达到更好的清洁效果。

不仅要清洁烤箱的内部，烤箱的密封条和烤箱的面板也都要进行清洗。至于烤盘的清洗，则有专门的要求。用较软的百洁布来清洗烤盘，在清洗以前先用热水泡一下效果更佳。勿用钢丝球、尖锐物体清洗刮洗烤盘表面。

目前有些品牌的万能蒸烤箱具有自清洗功能，其清洗根据要求进行。

2. 烤箱的简单故障及其判断

（1）炉门滴水。炉门没有正确关闭。

（2）门封条使用时间过长或门封条损坏。更换门封条。每天下班前，用湿布擦拭门封条。如果一直在烤炙食品（会产生大量油脂），那么在每批食物烤完后就要用湿布擦拭门封条。如果烤箱在一段时间内不做产品，建议内箱温度不要超过180℃。

（3）机器在使用过程中内箱有很大的噪声。空气挡板、烤盘架等没有正确固定。将内箱中的空气挡板和烤盘架正确固定。

（4）内箱炉灯不亮。卤素灯泡损坏。更换灯泡。

（5）水位过低。进水阀被关闭。打开进水阀。

（6）机器进水管连接处的滤网堵塞。检查并清洁滤网。具体步骤：关闭进水阀，拆下进水管，然后拆下进水管连接处的滤网进行清洁。装回滤网，再次连接进水管并检查是否泄漏。

（7）有水从机器底部涌出。机器没有放置水平。用水平尺校正机器水平。

（8）下水道堵塞。拆掉并清洁机器背部的下水连接（耐高温水管）。如果长时间烤炙脂肪含量很高的食品，那么滴下的脂肪会堵塞下水出口。

（9）开机后机器没有显示。外部总电源开关没有开启。打开电源总开关。

3. 特点

万能烤箱用途广泛，能烹调各种食物。蒸烤肉类食物时，不用涂油，加热过程中无需专人看管，不需翻动，不会粘住或烤焦。蒸烤制最后阶段，肉中水分不会散失，因此不会跑味。这种蒸汽烤箱加工出的食品营养成分损失比其他炊具少得多。

SelfCooking Center 万能蒸烤箱

SelfCooking Center 万能蒸烤箱是一款智能蒸烤箱。凭借智能烹饪SelfCooking Center，对花样丰富的中式厨房而言，无论是鱼、家禽、畜肉、烘焙品还是配餐，采用智能烹饪 SelfCooking Center 中专门储存的针对中式厨房的智能化的烹饪过程，随时都能通过按动按钮，将其烹制成顶级质量的佳肴。由于不再需要花费精力和时间照看烹饪，厨师们就有了时间精心处理厨房中其他更重要的事情。

智能烹饪 SelfCooking Center 不仅取代了大部分传统烹饪器具，例如蒸煮锅、炉灶或炒锅等，而且还可继工作日结束后进行全自动清洁。CleanJet 免费存在于每台智能烹饪 SelfCooking Center 中，并由此而制定了新的标准。创新的循环工作原理保证了尽善尽美的卫生处理，同时还节省了宝贵的水资源。清洁时的用水量更少，更保护环境，同时也还额外地节省了大笔开支。此外，使用智能烹饪 SelfCooking Center 还彻底消除了使用传统液体清洁剂所带来的危险。特种清洁剂片和无痕洗碗剂片不仅可确保随时获得完备的健康保护，而且操作也极为方便。由此，每天都可完全自动化地实现符合 HACCP 标准的清洁状况。由此，智能烹饪 SelfCooking Center 中的 CleanJet 达到了清洁、卫生、环保和健康保护方面的所有标准。

四、微波炉

利用微波加热的原理,对食物进行加热的设备,为微波加热设备。其中的典型代表是微波炉。微波炉与电磁灶被称为"现代厨房的标志",其热效率高、快速省事、清洁卫生之特点,是其他灶具均无法比拟的。

(一)微波炉基本结构

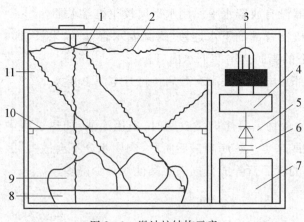

图 2-9 微波炉结构示意

1. 波形搅拌器 2. 波导管 3. 天线 4. 磁控管 5. 整流器
6. 电容器 7. 变压器 8. 托盘 9. 食物 10. 隔板 11. 炉腔

微波炉基本结构如图 2-9 所示,主要由电源变压器、微波发生器、传输波导、箱体和控制部分等组成。

1. 电源变压器

微波炉的电源变压器一般有三个绕组:初级绕组、灯丝绕组和高压绕组,有的还有功率调整绕组。工作时初级绕组上加上 220 V 交流电压,在灯丝绕组上产生 5.2 V 或 3.4 V 电压,供给磁控管灯丝。在高压绕组上产生 1 900 V 或 2 000 V 电压,再经倍压整流电路后,为磁控阴极提供一个负高压。变压器一般采用"H"级绝缘(耐热 180℃以上),使之具有较大的安全系数。

2. 微波发生器(磁控管)

磁控管是微波炉的心脏。磁控管的作用相当于一个 LC 振荡电路,产生微波。

3. 波导管

波导管是传输微波的装置。此装置是一根矩形的高导电的金属管,它的一端接磁控管天线,另一端从箱体上部输入。波导管的作用是将电磁波的能量局限在管子里,使能量不会朝各个方面无规划地散射而不能全部输送到炉腔。

4. 搅拌器

搅拌器位于波导金属管的一端,是炉腔中的微型风扇装置。搅拌器的风扇转速很慢,一般每分钟仅几十转,通过风扇的作用,把微波均匀地送到炉腔各个部位。搅拌器的旋转方向与放置食物的转盘呈相反方向转动。为配合搅拌器的工作,在波导管入口处还加装有反射板,利用它把微波反射到搅拌器上。

5. 炉腔

炉腔是食物受热的场所,也叫谐振腔。炉腔多是采用腔体式。微波炉的炉腔多是由铝合金或不锈钢板等金属制成,它是一个长体箱形,前面安装炉门,侧面或顶部开有排湿孔,顶部装有波导管及搅拌器,底面上一般都装有加热食物的支撑架(转盘)。

实际工作时,微波从不同角度上向食物反射,而当穿过食物未被吸收尽的微波能达到炉壁后,又可重新反射回来穿过食物。微波能在炉膛内的损耗是极小的,几乎全部用于加热食物,这正是微波炉效率很高的主要原因。

炉膛设计和制造的要求比较严格,为防止微波辐射对人体的伤害,要具备可靠的防护装置和密封装置。为保证微波的泄漏量在安全范围内,规定家用和工业微波加热设备和烹饪微波炉的微波泄漏量为:在距离设备 5 cm 处,微波强度≤5 mW/cm²,(2 450 MHz)和≤1 mW/cm²(915 MHz)。目前大部分国家生产的微波炉均以此作为标准。

6. 炉门

微波炉的炉门由金属框架和玻璃观察窗构成,在观察窗的玻璃夹层中必有一层金属网,起静电屏蔽作用。

为防微波泄漏,炉门采取了多重防泄漏措施:炉门和腔体有良好的金属接触,当炉门开启时,门上的联锁装置能使微波炉立即停止工作。炉门装有抗流结构(一般是深度为微波波长 1/4 的凹槽),以防止门与炉腔体长期开启或关闭后发生磨损,或由于污物、灰尘等存积表面,引起金属接触不良,使微波从接触不良的缝隙中泄漏出来。炉门与炉腔体应装有吸收微波的材料,以防止前述两种方法不致用而予以最后的补救。吸收微波的材料,目前大都是用耐高温的硅橡胶或氯丁橡胶等作黏接剂,混合进能大量吸收微波的铁氧材料制成。

7. 微波炉控制系统

一般微波炉的控制系统由定时器、双重锁闭开关、灶门安全开关、烹调继电器、热断路器等五部分组成。

(二)微波炉的使用与维护

一、微波炉的烹饪方法

1)禽肉类

用微波炉烹调鸡、鸭、鹅等禽肉食品,比用传统灶具烹调更加香嫩。由于家禽形状不规则,最好在烹调前将头和爪去掉。对于翅尖等突出部分,在烹调了 2/3 时间后,可用铝箔将其包住。可将鸡放入耐热袋或有盖蒸锅中烹调,耐热口袋不要扎紧,或在袋上扎上一排气孔,以便排气。蒸、炒鸡块时,鸡皮面朝上,用纸巾盖住。一些比较难以受热成熟的老鸡,可按 500 g 加 60 mL 左右的汤汁一起煮。鸭、鹅的脂肪比鸡多一些,烹调时间可相应缩短。一般来讲,用中度火力烹调 500 g 重的整鸡,约需 12 min,鸡块和整鸭约需 8 min。烹熟的鸡肉呈青黄色,若带粉红色,可再入炉烹约 2 min。一般家禽加热至 85～88℃就可以了。

2)畜肉类

用微波炉烹调畜肉类食品,一般应选用较瘦的肉为好。肉块最好用中高功率烹调。对于嫩肉块只需加热到 70～80℃,这时肌纤维中蛋白质完全受热变性,可以用筷

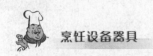

子或刀叉弄碎分开其纤维,肉就熟了,这时的肉最嫩。如不能分开则仍需再加热。决定肉的老嫩主要是肌肉中的结缔组织(筋、腱、膜)的含量。高功率微波烹调不能使老肉变嫩,但采用较低功率烹调和较长时间(包括保温、搁置)可使结缔组织中的胶原蛋白转化为可溶明胶,使老肉嫩化,此时温度为 $70\sim100℃$ 。

3)水产类

烹调 500 g 重的鲜鱼或中等大小的去壳虾,用中度火力烹调约 6 min,而烹调扇贝类海鲜,只需约 4 min。烹调好后最好放置 5 min 才揭盖(膜),这样还可减少实际烹制时间,如食品还不够熟,可再烹制约 40 s。注意:应掌握好烹调时间,水产品本来就很嫩,所以烹调时间要短,俗话"紧锅鱼",即为此理。若过度烹调,水产类食品容易干硬。烹调水产品时一定要加盖,或用塑料薄膜罩住,以保持水分。

小思考

为什么用微波炉烹调河鲜和海鲜类食品是最好不过的事?

4)蔬菜类

微波炉烹调蔬菜,加热时间短,用水量极少,从而能保持成品菜的原汁原味和营养价值。含水量高的蔬菜,烹调时不必加水;含水量少或纤维素、半纤维素多的蔬菜,应当适当在菜上洒些水。烹调新鲜蔬菜要加盖或罩上保鲜膜,可用高度火力烹调,中途要搅拌、翻转。一般菜谱中定出的烹调时间仅是参考数据,实际烹调时要根据蔬菜的新鲜度、形状、体积的不同来灵活掌握。烹调蔬菜时要烹调好后加盐,或先将盐水加在盛器中,放上蔬菜再烹调,否则蔬菜会干燥发柴,影响口感。

5)汤菜类

烹调时盛器要加盖或罩上保鲜膜。以水调制的汤可用高度火力烹调;含乳脂的汤应用中度火力烹调。为避免汤汁沸腾时溢出,盛器应两倍于汤的体积。煲猪肉汤或鸡肉汤时,应先以高度火力加热至沸,然后再用中度火力熬至肉松软。一般来说,烧开 250 g 的水,用高度火力约需 3 min。

小思考

微波炉烹调汤菜相比于普通炉灶有何特点?

6)主食类

煮米饭时,可先将大米浸泡 2 h 左右,然后放入微波炉机加热,可缩短烹调时间。微波煮饭所需水分比常规的少,不会煮成夹生饭。如觉得太硬可加些水再煮,如果觉得太烂,可打开盖子加热。在微波炉中煮水饺时,应先加热水,待水沸腾后加入生水饺再加热,待饺子浮起即可。在汤水中滴几滴油,可减少沸腾时产生的气泡。

 **小思考**

为什么用微波炉煮的米饭比普通电饭锅煮的饭更加可口？

2. 微波炉的使用注意事项

（1）用微波炉烹调菜肴时，最好使用精炼油，若用普通的食用油，则要严格控制时间，如果时间不足，易产生生油味；时间过长，则会着火。

（2）烹调时应尽量减少用盐量，以免烹调好的食物出现外熟内生、干硬发柴的现象。若必须要用盐调味时，应尽量在烹调即将结束前或结束后再用盐调味。

（3）对于浓烈的调味品，比如大蒜、辣椒、酒等调味品，应在烹调前少放，最好是烹调中后期阶段放入。

（4）用微波炉烹制菜肴时，水分蒸发少，所以用水量要适度，这样才能保证菜肴的色泽和营养成分。

（5）烹制鸡蛋、栗子、牡蛎等带壳食物时，应先将原料片出裂缝或拍破，以防爆裂、喷溅。

（6）烹制含高糖、高脂肪的食品时，要严格控制加热时间，宜短不宜长，否则会把食物烧焦。

（7）由于微波炉对边缘加热较快，所以厚的食物应尽量排在碟的边缘，小而薄的食物排在碟的中心，并在碟的中央留空，这样的烹调效果好。

（8）通常采用圆而浅的器皿加热速度较快。

（9）烹调的食物较多时，必须进行搅拌，才能保证加热均匀。

（10）不可用金属器皿，可用玻璃、塑胶和瓷器，但都必须耐热。一些有颜色或花纹的器皿，受热后颜料中的重金属转到食物上，有损健康，还是选用标明"微波炉适用"的器皿为佳。

（11）为使热力平均分布及避免蒸干水分，要用保鲜纸或胶盖覆盖食物，但大多数塑胶受高热后会熔化，而胶料附在食物上，也会损害身体，所以须使用标明"微波炉适用"的胶盖和保鲜纸，而且最好不要接触到食物。

（12）切勿损坏微波炉门上的透明网及胶边，以免微波外泄。

（13）去壳熟蛋、薯仔及其他类似的食物，须把外皮或薄膜刺穿，让蒸气释出，以免发生爆炸。

（14）食物宜大小均匀，以圆形排列，较厚部分向外，能更有效吸收微波。

（15）经常保持炉壁干爽卫生。

3. 微波炉的性能和特点

1）加热均匀，控制方便

微波具有较强的穿透能力，能达到物体内部，使其受热均匀，不会发生外焦里生

的情况。微波发生器在接通电源后便能立即产生交变电场并进行加热,一断电就立即停止加热,因此能方便地进行瞬时控制。

2)营养破坏少

能最大限度地保留食物中的维生素,保持食品原来的颜色和水分。如煮青豌豆可保持100%的维生素C,而一般炉灶仅能保持36.7%左右。此外,微波还具有低温杀菌作用。

3)加热快,热效率高

由于食品的热传导性通常都比较低,采用一般加热方法使物体内、外温度趋于一致需较长时间。采用微波加热则能使物体表、里皆直接受热,所以加热速度快、效率高。

4)清洁、方便

用微波炉烹调食品过程中,没有汁水流出,不会使厨房气温升高,而且对放在餐具内的食物直接加热,省去了一般加热方法转装食物的麻烦。

5)微波加热缺点

缺点是食物表面不能形成一种金黄色焦层,缺乏烧烤风味。另外,由于热处理时间短,缺乏高温长时间下生成的风味成分,在风味上难以跟传统烹器做出的菜肴相比。但带有烤制功能的新型微波炉,在一定程度上解决了食品色泽问题,并拓宽了微波食品范围。

 ## 形形色色的微波炉产品

国内外微波炉品种不胜枚举。限于篇幅,仅摘其中的一部分。

1. 美国

1)热化机型多功能微波炉　它将微波加热、辐射加热(使食品表面水分蒸发)和感应加热(使食品色泽改变和对食品进行烘烤)等方式结合起来。

2)全自动微波炉　美国Raytheon公司开发。能自动称量食品,确定该食品所需的烹调温度、功率和时间等。

3)带有视听装置的多功能微波炉　美国一家厨具公司生产。这种微波炉上装有一台5英寸的彩色电视机和一台微型收音机。

4)装有气体传感器的微波炉　美国推出根据传感器检测气体的多少来决定食品的烤制温度,并据此进行火力控制。

2. 日本

1)MRO-L85型微波炉　采用热风加热器和上加热器的通电时间控制以及热风扇的转速控制。此三者组合,实现了食品和蔬菜的二段烤制(上段和下段)。

2) EMO-MX1型微波炉　其特点是：采用多路喷射式加热；具有专用键控制解冻和加热；具有微波炉和电灶的双重功能,配有3只烤盘。

3) NE-N15型微波炉　技术特点是：微波烤制和电热烤制,采用自动或手动转换控制；采用液晶显示,烤室内采用了抗菌加工处理和除臭工艺。最高输出功率600 W。

4) 组合式微波炉　日本东芝公司生产。磁控管采用逆变器作电源,输出功率700 W。可利用热风循环使微波炉温度达到300℃,相当于烤箱温度,具有烤面包的功能。同时,也能进行快速烹调、自动解冻和煮饭等。

5) "菜谱先生"　只用简单的按钮操作就可将菜谱输入液晶显示屏上,故别出心裁地将这种产品命名为"菜谱先生"。这种微波炉可在液晶显示屏上提供32种供选择的菜谱、菜谱程序和所需材料。

3. 韩国

1) 声控微波炉　使用者只要下打开炉门的指令,炉门就会自动开启,炉内的圆盘自动滑出；下达关炉门的指令,圆盘又自动撤回炉内,炉门自动关闭。

2) 多重微波炉　采用获得世界专利的多重微波技术,从多个方向发射微波。相比单一微波,会给食品更均匀地加热,不会出现冷热不均或生熟不同的现象。

4. 德国

1) 带电脑扫描的RE-SEI型多功能微波炉　装有12只传感器,可对食品的重量、高度、形状和温度进行检测。电脑根据这些信息,能自动选择四种工作方式：解冻、加热、烧烤和对流。电脑还对食品的种类扫描认定,自行选定加工方法和烹调时间。

2) 带负载传感器的微波炉　用传感器控制烤制功率的大小。显示装置的组成包括传感器、天线接收装置、用来限制信号范围的信号过滤元件、传感信号变换器。

5. 英国

1) 智能微波炉　在微波炉内装有一只温度传感器,通过它与中枢网络相连接。这样就可以按照食品水分的多少、温度的高低,来改变加热的程度,监视食品在加热过程中的变化,以确定加热的时间、控制温度和电源开关,获得最佳的烹调效果。

2) 组合式模糊控制微波炉　英国某公司推出。它可在极低温度下精确控制加热温度,有8种不同的烹调功能,使用3个交替的能量档,特别适用于需要几个不同烹调阶段的食品。

6. 中国

会说话的微波炉　具有独特的语言提示功能,用户只要在语言提示下便可完成各种烹调功能。

第三节 分子烹饪及其设备

一、分子烹饪概述

（一）分子烹饪发展概述

1980年，化学家 Herve This 在做苏芙蕾时，发现鸡蛋的放置数量和次序对苏芙蕾的质量会有一定影响，以科学角度诠释食物的美食革命就此拉开大幕。5年后他碰到了物理学家 Nicolas Kurti，两人正式将这门学科定名为"分子烹饪学"或"分子美食学"（gastronom moleculaire）。

什么是分子美食学？听起来很玄，其实要理解分子烹饪学，中国古老的棉花糖就是最好的例证。将原本属于颗粒状固态物体的蔗糖通过离心力制作成极其纤细的糖丝，看上去就像是一大团绵软而雪白的棉花。"蔗糖晶体的分子原本有着非常整齐的排列方式，一旦进入棉花糖制作机，机器中心温度很高的加热腔释放出来的热量会打破晶体的排列，从而使晶体变成糖浆而加热腔中有一些比颗粒蔗糖尺寸还小的孔，当糖在加热腔中高速旋转的时候，离心力将糖浆从小孔中喷射到周围。由于液态物质遇冷凝固的速度和它的体积有关，体积越小凝固越快。因此从小孔中喷射出来的糖浆就凝固成糖丝，不会粘连在一起。"运用化学理论，将食物的分子结构重组，它可以让马铃薯以泡沫状出现，让荔枝变成鱼子酱状，据说有鱼子酱的口感、荔枝的味道，当然，分子厨艺并不像你想象中那么神秘，却的确有着震撼人心的魔力。分子烹饪学的各种先进技术，为我们提供了更多种的烹调的可能性，让人们从日复一日简单的食物中解脱出来，而最重要的是有些时候它可以满足我们心灵的需要，"这个技术终将回归到人们的内心，唤醒那些美好的味觉记忆"。

分子美食学定义：分子美食学也称分子美食，简单说就是用科学的方式去理解食材分子的物理、化学特性，然后创出"精确"的美食。这是一种超越了目前我们的认知和想象，可以让食物不再单单只是食物，而是成为视觉、味觉，甚至触觉的新感官刺激的烹调概念的产物。

厨师的代表作芒果鱼子酱，是用液态氮将芒果浓汁急冻并包裹在胶囊内，看上去宛若真正的鲑鱼子，一咬之下，饱满的芒果汁水充满整个口腔。同样的戏法也被频繁地使用在荔枝或者其他果汁上面。又或者是一些如同冷空气般的巧克力或者液态的水蜜桃。这些菜虽然不如平日里的食物那样让人充满饱实感，却屡次得到了米其林餐厅评选侦探们的热爱和惊叹，也引得无数食评家的喝彩。那些去过分子美食餐厅的食客如此评价："倒不是说它味道有多好，也不是每道菜都有美妙绝伦的效果，甚至有时还会被奇形怪味吓一跳，但依然会在最初折服于视觉的极端享受中。"

（二）分子美食加工手段

1. 真空低温加热法

在 60℃ 左右,通过真空低温慢煮的方法烹饪食品。例如,真空低温慢煮蔬菜,使其细滑鲜嫩。也可在 40℃ 左右,通过真空低温油浸鱼类,使鱼肉具有豆腐一样的嫩度。又如,"将牛排和调味料一并放进真空袋里抽成真空状态,然后在 60℃ 的恒温下'烤'数小时。这样得到的牛排就会鲜嫩无比,而且每一寸都像是大块烤牛肉那粉色"。在 64℃ 恒温时加热鸡蛋,蛋清和蛋黄能够同时凝固,可以得到松软、光滑、嫩度恰到好处的鸡蛋,而且蛋清的质地好像发酵过的布丁;蛋黄这时则光滑、致密,恰好处于固态和液态的临界点。另外,将肉类原料放到 53～60℃ 的真空条件下烹煮 10 h,肉品也可与豆腐一样鲜嫩。

2. 液氮法

液氮能使食材瞬间达到极低温度。在超低温状态下,肉质可以改变结构,发生物理变化,使其口感、质感、造型发生变化。有一种外观类似巧克力棒,但吃在嘴里却是鹅肝滋味的分子菜,就是将肥嫩的鹅肝酱使用液态氮混入白兰地酒的香气成分而制成的,吃时再配上甜而不腻的葡萄,其风味令人叫绝。台湾一个厨师把牛肉放入液氮瓶中剧烈冷冻,取出再放入蒸烤炉中,以低温蒸烤,肉的嫩度提高了 1 倍以上。

3. 胶囊法

该法是将食材制成液体、气体或酱状,包裹于细小的胶囊之中,人们食用时,胶囊破裂,才知道吃的是什么。例如鹅肝胶囊,就是鹅肝酱的胶囊形状物由一层薄膜包裹,若刺穿薄膜即可看见内层液体,其形态大约可维持 1 h。

4. 风味配对法

风味配对学说是分子烹饪最经典的学说之一,将含有相同挥发性分子的不同食材搭配在一起,可以刺激鼻腔中的同类感应细胞,获得满意的风味。

5. 泡沫法

其方法之一:先把食物制成液体,再加入卵磷脂,并用搅拌器打成泡沫。品尝泡沫时不只是舌尖或唇边某一触点的味觉享受,而是能在入口瞬间使口腔内溢满香气,犹如体验了气态食材的爆炸与挥发之感。其方法之二:用一个能抽真空的密封罐使气体和粉末充分混合,可以将任何食物制成细密的泡沫,然后再烘烤成蛋糕。其方法之三:将各种汁状物加入凝胶或琼脂,用真空管使其膨化也可制作成泡沫。

6. 分解法

通过速冻、真空慢煮等方式将食物的形态改变,从而得到它的核心味道,进入口中时可能只是一道轻触即无的烟雾,但它带来的感受可能跟红烧肉差不多。有的口感是吃鸡不见鸡,吃到的只是一堆有着纯正鸡鲜味的泡沫。

7. 其他方法

使用大功率激光烘烤寿司内部,同时保持外部的鲜嫩,另外还用激光烘烤面包,使其外软里脆。一些水果如桃、苹果、梨细胞之间会有一层空气,经过真空抽气机的处理把水果细胞间的空气抽出,并重新注入新的口味,如清新的香槟加一些香草味。

这样会使水果完全改变本身的味道和颜色。使用真空旋转蒸馏器甚至可以提取到具有芳香泥土味道的成分,并把它加到生蚝里。有一名厨师就发明了一道带有泥土芳香的生蚝菜肴。用注射器往热馅饼中注入白兰地,既可使馅饼具有白兰地的风味,又可避免破坏馅饼皮。使用微过滤的手段,可以把水果的果汁颜色滤掉,使其看起来像一杯清新可口的香槟,入口才知是一杯被过滤掉色素的西红柿汁。

总之,分子烹饪的方法有很多,而且新的方法还在不断产生中。可以预料,随着研究的深入,未来还会有更奇妙的分子烹饪方法出现。

二、分子烹饪设备简介

分子烹饪设备包括分子烹饪过程中所用到的各种设备,如旋转蒸发器、搅拌机、粉碎机、冰泥机、干法机、真空包装机等,其大体可分为食材加工设备、烹饪设备、冷加工设备及烹饪器具。本书拟对其作一般性的介绍。

(一)食材加工设备

1.真空腌制机

真空腌制机(图2-10)可以将食物快速腌渍入味,它是专门为快速腌制和浸泡各种食物而设计的。在浸泡过程中,该设备能使食物彻底吸收腌料,与普通腌制法根本的区别在于食品本身不会被破坏反而会更入味。这种真空浸泡法能够快速而直接传送味觉元素浸入食物中,但食物的外形结构不会变化。用这种方法腌制肉、鱼和蔬菜,效果都很好。

图2-10 真空腌制机

将食物和腌料(汤汁)同时装入桶中,桶内真空后慢慢旋转,食物将充分吸收腌料。此设备内置了真空器,正因如此,食物的纤维组织缓慢而舒缓地扩展,从而使表面细胞张开,由于桶缓慢转动,食品也跟随慢慢旋转,使腌料(汤汁)充分浸入食品内。待这一过程结束,该过程中产生的空气通过一个特殊的真空管排出,随后食物表面细胞关闭,腌料(汤汁)与食物融为一体。

真空腌制机优点:几分钟就可以腌制好,不需要干燥处理。食物烘烤时不会掉出汁液或减轻重量。食物不易糊,会更细嫩。腌制后运用低温慢煮法烹饪效果更佳!

2.脱水机

脱水机是专业的食品脱水机,能快速而便捷给所有种类的食品脱水。本机器是21世纪高科技产物,能够生产出高质量的脱水食品,既美味又营养,不使用任何防腐剂或染料。易于使用,可以根据触摸控制屏和显示器来选择不同温度。

3.旋转蒸发器

旋转蒸发器是一部为厨房新技术专门设计的新机器,利用蒸馏技术并使用真空泵低温下烹饪食品，能够蒸发任何种类的产品，包括液体或固体。玻璃罐总是保持湿润状态，这样可以捕捉到最细微和最纯粹的口味。它的应用极其广泛，甚至可以用于提取饮酒以此来获得完美烧酒，还可以减少烹饪过程中的氧化，更可以把液体渗透到固体中。

玻璃罐总是保持湿润状态，这样可以捕捉到最细微和最纯粹的口味，只要把原料放进长得像灯泡的玻璃罐中，启动装置，让玻璃罐旋转起来，然后用热水对它加热，在真空泵的作用下，很快就有水分从食物里面渗出来，变成蒸汽，跑到冷凝器里，最后您会发现左边的玻璃瓶里多了一些液体。香精、精油就是这样获得的。做菜时将由上法获得的"液体"喷在食物的表面或渗入食物中，食物就有该"液体"的味道。现在您就明白了，吃的是黄瓜条，却有很浓郁的大虾味道是怎么会事啦。

(二) 分子烹饪制熟设备

1. 真空低温烹饪机

真空低温烹饪机(图 2-11)具有以下特点：

高标准、符合卫生要求的不锈钢容器；人性化的外观设计；直观的温度数字显示；数字控制系统使温度控制更加精确；温度调控简单，恒温器能够制造出一个恒温的水槽并使整个容器保持完全相同的温度；完全符合低温慢煮的新理论。恒温器的特点在于它能用来烹饪各种真空包装的产品——蓄类、鱼类、禽类、蔬菜类等等，还能对传统烹饪技术下的食品进行巴氏消毒，并对真空食品进行热加工。

低温慢煮优点：最低限度地减少水分和重量的流失；保留食物鲜香的原味；保留食物的颜色；减少食盐的使用，或者完全可以不用；保留食物的营养成分；不需要油或只需要极少的油；保证每次烹饪的结果都是一样的。

图 2-11　真空低温烹饪机

图 2-12　万能料理机

2. Thermomix(TM31)万能料理机

Thermomix TM31 万能料理机(图 2-12)是 Vorwerk 公司在厨房设备上的一项大革新设计，运用 TM31 万能料理机可以做出多变化的料理，是分子美食重要的粗加

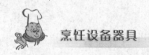

工及细加工设备。它可以在非常短的时间内,通过简单操作,就可以做出健康美味的料理及饮品。

它是全世界最小的无油烟厨房,几乎可以做厨房全部的事情,而且超乎您想象的快,它不仅可以蒸、煮、炒、磨、切、打、揉外,还能称重。从来没有任何一个厨房用具集如此多项的功能于一机。快速容易处理的优点让 Thermomix TM31 万能料理机成为厨房中必备的设备,有了它可以让料理更方便,是厨房不可缺的好助手。享有"世界最小厨房"、"厨房机器人"、"厨房的宾士"等美誉。

（三）制冷设备

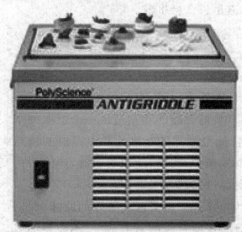

图 2-13 低温反扒机

1. 低温反扒机

美国 Polyscience 公司生产制作冷食的低温扒机(图 2-13)可以在很短的时间内将食物或汤汁速冻,反扒机表面温度能达到－34℃,可以现场表演制作各种冷食或作为高档食物的冷食自助餐台。

2. 万能冰沙机

万能冰沙机能够帮助厨师们创造出各种口味,包括甜味和咸味的冰淇淋。这是一种特殊的食品处理器,能制成泥状或冻粉状的食品,而无需除霜。更令人惊讶的是:在几秒钟内冰淇淋机就能打出可以涂抹的奶油、馅类、浓缩汤、蔬菜汤、冰淇淋或水果冰糕,并保留其天然风味。

（四）分子烹饪器具

1. 鱼子盒

鱼子盒(caviar maker)由很多针孔、一个针管组成。它使一次性制作 100 颗左右的人工鱼子成为可能,特别是小的鱼子,其外形见图 2-14。

图 2-14 鱼子盒

图 2-15 红外温度计

2. 红外温度计

红外温度计(IR therometer)能够快速而准确地测量食物的温度,与传统的厨房温度计相比,它不用插入食物,十分方便,是真空低温烹饪的必需品,其外形见图 2-15。

3. 烟枪

烟枪(smoker)可以使食物在短短的 1 min 内达到烟熏的效果,而且不同的烟粉可以产生不同的口味,比如说木香或鱼香(图 2-16)。

图 2-16　烟枪

图 2-17　意面管

4. 意面管

意面管(spaghetti kit)可以使含有胶化剂的液体形成意大利面条状,增添食物的趣味感,由非面条口味的面条带给食客惊喜(图 2-17)。

5. 虹吸瓶

虹吸瓶(syphon)即是改良的奶油瓶,它既可以处理冷的液体,也可以处理热的液体,载入二氧化碳,能使含黏化剂或是稳定剂的液体快速形成慕斯、泡沫等形态(图 2-18)。

图 2-18　虹吸瓶

图 2-19　勺子称

图 2-20　杜瓦瓶

6. 勺子秤

勺子秤(spoon scale)主要用于精密测量,可以精确到零点几克,是称量分子料理原料必不可少的工具(图 2-19)。

7. 杜瓦瓶

杜瓦瓶(dewar)是双层的保温容器,具有热隔离和冷隔离的双重功能,是装载分子料理中常用到的液态氮的专业容器(图 2-20)。

 小结

本章对烹饪加热制熟设备作了介绍。

人类对于炉灶的应用是伴随着对火的应用而诞生的。早期的烹饪设备仅为简单的炉灶。整个炉灶的发展是伴随着人类对于加热设备的要求而发展的,如热负荷的要求,热效率的要求,环保、安全、卫生、经济的要求等。

烹饪加热设备的分类方法有很多,目前在厨房中得到应用的烹饪加热设备从能源转化的角度可分为燃气热设备与电热设备。其中,随着燃气种类的不同、燃烧方式的不同,燃气热设备的应用方式也是不尽相同的。电热设备是将电能转化为热能的设备,随着转化方式的不同,电热设备在使用方面也都各有不同的特点。

分子烹饪是近年来较新的烹饪方式,该方式的诞生很好地说明了"工欲善其事,必先利其器"的古训。

 问题

80

1. 一般燃气热设备的结构有哪些?
2. 试述燃气的燃烧方式。
3. 燃气热设备有何特点?
4. 简述燃气热设备的一般维护方法。
5. 油炸锅有哪几种? 各有何特点?
6. 简述电磁灶的使用与维护方法。
7. 简述万能蒸烤箱的基本工作原理。
8. 微波炉的使用有何要求?
9. 分子烹饪的方法有哪几种?

 案例

1. 大连:煤气泄漏不知情一点火爆炸

2010 年 12 月 22 日近 9 时,大连市沙河口区南沙街与南平街交会处,一家饭店厨房内传出巨响。饭店工作人员称,可能是灶头处煤气泄漏,后厨一名工人没注意点火时引起。

消防人员赶到后抢出了三大一小共 4 个煤气罐。厨房中两米多长的排烟罩被强大的气流震落,饭店前面,与厨房相距近 10 米的一扇大落地窗,也被气流鼓破,约半厘米厚的玻璃碎了一地。饭店的一名工作人员称,事发时工人们都没有上班,只有一名后厨的人过来准备当天需要的食材。从事发后厨房内的物品等情况判断,应该是灶头处煤气泄漏,这名工人可能没有注意到,结果点火时发生了意外。但只"轰"的那么一下,煤气罐等都没问题。这名工人非常幸运没有受伤,事故中也没有伤到其他人。

2. 电磁炉辐射危险:1 100万台仅一半达标

据2006年10月8日中国小家电商务网报道,质量技术监督部门的工作人员说,我国目前尚未制定极低频电磁场类产品的安全标准;对电磁炉的电磁辐射也没有强制性的国家标准。国家日用电器质量监督检验中心曾对电磁炉产品进行全行业摸底,按照非强制的国家标准,达标率仅达到50%。

 思考题

1. 如何选择和使用烹饪加热设备才能保证安全?

第三章 烹饪制冷设备

学习目标

学完本章,你应该能够:

(1) 了解人工制冷的方法;

(2) 掌握目前在厨房得到实际应用的厨房制冷设备的基本结构及原理、使用和维护要领;

(3) 理解在烹饪工作过程中对于相应制冷设备的应用。

关键概念

制冷　压缩式制冷　制冷储存设备　制冷加工设备　制冷展示设备

由于食品表面附着的微生物和食品内部所含酶的作用,食品的色、香、味、形和营养价值在常温条件下将发生变化,直至完全腐败变质不可食用。为此,可通过降低温度的方法来抑制微生物的繁殖和减弱酶的活性,既通过人工的方法创造一个低温环境,从而让食品在此环境中能较长时间保存而不至于发生变质。这就需要一个能够保持低温环境的设备——冷加工设备。

此外,厨房中的冷加工设备不仅能够储藏食品,而且还能够根据需要改善食品的质地,满足食品生产的需要,如利用速冻的方法可嫩化牛肉的质地。冷加工设备的出现,还使得餐饮产品中出现了新品——冷食品,如冷饮、冰淇淋等。

冷加工设备的种类很多,但其核心,都是通过制冷原理来实现低温环境的,因此,本章首先了解人工的制冷原理,再着重介绍厨房中典型的冷加工设备。

第一节　概　述

一、基本概念

（一）制冷的发展

1. 古代用冷

我国古代的劳动人民早在 3 000 多年前就已经懂得利用天然冷源，即在冬季采集天然的冰贮藏在冰窖中，到夏季再取出来使用。如《诗经·国风·七月》就有"二之日凿冰冲冲，三之日纳于凌阴"的诗句。在商代，中国就已有隆冬取冰储藏至夏日使用的做法。周代，官府还设立了专管取冰用冰的官员，称之为"凌人"，储冰的冰窖，当时称"凌阴"。周代出土的冰鉴，可用作冰缸，冰镇多种饮料，算是最古老的冰箱。战国时代，《楚辞·招魂》："挫糟冰饮，酎清凉兮!"意为冰镇的糯米酒，喝起来清香凉爽啊!秦汉，更进一步。《艺文志》载："大秦国有王宫殿，水晶为柱拱，称水晶宫。内实以冰，遇夏开放。"为我国空气调节之始。魏晋时代，曹植《大暑赋》道："和素冰于幽馆，气水结而为露。"到唐代时，长安街头已有出售冰制冷饮和冷食的商贩。《唐摭言》："蒯人为商，卖冰于市。"杜甫诗赞曰："青青高槐叶，采掇付中厨……始齿冰冷如雪，劝人投此珠。"在南宋时，中国已掌握用硝石放入冰水作为制冷剂，以奶为原料，边搅拌边冷凝制作"冰酪"的方法，元世祖忽必烈曾禁止宫廷以外的人制作冰酪。一般认为冰酪是现代冰淇淋的最早起源。我国沿海渔民，冰藏鱼类，为"冰鲜船"。直到 13 世纪，意大利马可·波罗来中国，才把我国制冷之法带回意大利，逐渐传遍欧洲。

古代的埃及和希腊很早也有利用冰的记载。从埃及人的约 2 500 年前的壁画可以发现，当时古埃及人就已想到，将清水存于浅盘中，天冷通风时，由蒸发吸热，使盘内剩余水结冰，这可以说是较早的人工制冰。

可见，人们追求对食品冷加工的想法和方法古已有之。不过，上述的方法都不可以称为制冷。

2. 现代制冷

现代的制冷技术是 18 世纪后期发展起来的。1755 年爱丁堡的化学教师库仑利用乙醚蒸发使水结冰。他的学生布拉克从本质上解释了融化和气化现象，提出了潜热的概念，并发明了冰量热器，标志着现代制冷技术的开始。

1834 年发明家波尔金斯造出了第一台以乙醚为工质的蒸气压缩式制冷机，并正式申请了英国第 6662 号专利。这是后来所有蒸气压缩式制冷机的雏形，但使用的工质是乙醚，容易燃烧。到 1875 年卡利和林德用氨作制冷剂，从此蒸气压缩式制冷机开始占有统治地位。同年，法国的帕尔提发现了温差电效应，可惜的是当时没有得到重视和应用。一直到后来，半导体技术的发展，才利用此效应制成了电子

冷藏箱。

在此期间,利用空气绝热膨胀会显著降低空气温度的现象开始用于制冷。1844年,医生高里用封闭循环的空气制冷机为患者建立了一座空调站,空气制冷机使他一举成名。威廉·西门斯在空气制冷机中引入了回热器,提高了制冷机的性能。1859年,卡列发明了氨水吸收式制冷系统,申请了原理专利。1910年左右,马利斯·莱兰克发明了蒸气喷射式制冷系统。

新的降低温度方法的发明,扩大了低温的范围,并进入了超低温领域。德贝和焦克分别在1926年和1927年提出了用顺磁绝热退磁的方法获取低温,由库提和西蒙等提出的核子绝热去磁的方法可将温度降至更低。

(二)基本概念

1. 显热

物质在吸热或放热过程中,其形态不变而温度却发生了变化,这种热称为显热。显热可以通过温度计测量其温度的变化,也可以由人体直接感觉到。

如将水从20℃加热到100℃之前,水的状态保持液体状态,这段升温所吸收的热量称为显热。

2. 潜热

物质在吸热或放热过程中,其温度不变,而形态却发生了变化,这种热称为潜热。由于温度不变,潜热无法用温度计测量,人体也无法感知。

如对100℃的水在1 atm下继续加热,则其会从液态水变成水蒸汽,但温度却保持不变,在此过程中,所吸收的热量称为潜热。

一般而言,潜热远大于显热。

3. 蒸发和沸腾

物质从液态变为气态的现象,称为气化。气化有两种方法,即蒸发和沸腾,两者的共同之处是都是吸热过程。液体表面的气化现象叫做蒸发,蒸发可在任何温度下进行。而沸腾是一种液体表面和内部同时进行气化的现象。任何一种液体,只有在一定温度下才能沸腾,沸腾时的温度称为沸点。不同的液体各有一定的沸点。沸点与压力有关,压力增大,沸点升高,反之亦然。

4. 冷凝

物质从气态变为液态的现象,称为冷凝或液化。气体的冷凝或液化过程,一般称为放热过程。

5. 饱和蒸汽、饱和压力、饱和温度

当液体在密闭容器内受热,从液体中气化出的分子在液体上空作无规则的热运动。这些分子由于它们相互之间,以及它们和器壁的碰撞,其中一部分又回到液体中去。当同一时间内,从液体里气化出的分子数等于回到液体中的分子数,即气化速度等于液化速度的时候,此时容器内的蒸汽称为饱和蒸汽,相应的压力和温度称为饱和压力和饱和温度。

6. 过冷和过热

在某一压力下，温度比相对应的饱和温度低的液体叫过冷液体，饱和温度与过冷液体的温度差叫过冷度。

在某一压力下的饱和液体和饱和蒸汽混合物叫湿蒸汽。

在某一压力下的饱和液体全部气化为蒸汽，此时的蒸汽称为饱和干蒸汽。

在某一压力下温度高于饱和干蒸汽的蒸汽叫过热蒸汽，过热蒸汽的温度与饱和温度之差称为过热度。

小思考

在1 atm下，20℃的水的过冷度是多少？ 在1 atm下，120℃的水蒸气的过热度是多少？

7. 制冷

用人工的方法制造一个低温环境，从而达到并维持该温度低于环境温度称为制冷。

小思考

在东北农村，冬季时农民将食物放在室外，然后可以长时间保存，这种方法是否属于制冷？

二、人工制冷方法

人工制冷的方法，总体而言，可分为物理的和化学的两大类。所谓物理的方法，即在制冷的过程中，没有新物质的产生，仅有物质状态的变化。人类最早的利用冰融化产生冷环境的方法，如史籍记载的大秦国的水晶宫，即为物理制冷。而化学的方法，不仅有物质状态的变化，而且有新物质的产生。

（一）物理制冷

1. 利用相变的方式制冷

物质有三态，当物质从固态变为液态，从液态变为气态时候，一般都要吸收潜热，利用吸收潜热的过程，完成制冷。

1）压缩式和吸收式制冷

目前厨房制冷设备中常用的压缩式制冷和吸收式制冷，都是利用制冷剂从液态变为气态要吸收潜热的特性完成制冷效果的。

2）干冰制冷

利用固体二氧化碳（干冰）升华为气体时从周围吸收大量的潜热来实现制冷。这

种方法可实现低温或超低温。

2. 气体膨胀吸热而制冷

利用高压气体膨胀吸热而产生低温的特点实现制冷。它只适于空调系统及0℃以上的低温水系统。

3. 磁热制冷

早在1907年郎杰斐（P. Langevin）就注意到：顺磁体绝热去磁过程中，其温度会降低。从机理上说，固体磁性物质（磁性离子构成的系统）在受磁场作用磁化时，系统的磁有序度加强（磁熵减小），对外放出热量；再将其去磁，则磁有序度下降（磁熵增大），又要从外界吸收热量。这种磁性离子系统在磁场施加与除去过程中所出现的热现象称为磁热效应。1927年德贝（Debye）和焦克（Giauque）预言了可以利用此效应制冷。1933年焦克实现了绝热去磁制冷。从此，在极低温领域（mK级至16K范围）磁制冷发挥了很大作用。现在低温磁制冷技术比较成熟。美国、日本、法国均研制出多种低温磁制冷冰箱，为各种科学研究创造极低温条件。例如用于卫星、宇宙飞船等航天器的参数检测和数据处理系统中，磁制冷还用在氦液化制冷机上。而高温区磁制冷尚处于研究阶段。但是，由于磁制冷不用压缩机、噪声小、小型、量轻等优点，进一步扩大其高温制冷应用很有诱惑力，目前十分重视高温磁制冷的开发。

4. 热电制冷

热电制冷，又称为半导体制冷，或温差电制冷。它的制冷原理是利用温差电效应：将半导体接到电路中时，在半导体的不同接点处，会产生吸热和放热的不同效果，利用吸热的效果，可完成制冷过程。

（二）化学制冷

化学制冷主要是利用冰和盐类的混合物溶解于水需吸收溶解热而产生的制冷效果。这种方法可获得0℃以下的低温。

 各种新式冰箱

气体制冷冰箱

美国洛斯·阿垃莫斯国家实验室研制成功的这种冰箱，不需要压缩机和制冷液，简化了冰箱结构，大大降低了成本。它采用受压发热、膨胀吸热制冷原理。结构内装有一个充满氦等惰性气体的圆桶，桶的一端密封，另一端是电磁振动装置。该装置由振动膜、膜盒、音圈、磁铁等组成。像喇叭一样，通电后磁铁上的音圈带动振动膜振动，使桶内气体压缩和膨胀，热量经桶外的散热片散发，达到制冷效果。这对传统冰箱将是一个重大改进。

不用氟利昂的蒸气冰箱

这种不用电、不用氟利昂、没有运动部件的固体吸附式蒸气冰箱由湖南大学研制成功。固体吸附式冰箱是用固体物质作吸附剂,以氨为制冷剂,利用低品位热源或余热加热固体吸附剂。通过吸附和脱附制冷剂达到制冷目的。该冰箱无运动部件,一般不需维修。

能变换颜色的电冰箱

美国新推出的这种电冰箱,其新颖之处在于左右两门外框采取卡式设计,因此,两扇门的面板可随时更换,一台乳白色冰箱,在短短几分钟内即可换上黑面板或木纹板,面貌顿时改观。这种冰箱能适应不同色调的室内装饰,满足了当前消费者追求室内变化的心理要求。

微型电冰箱

美国市场上最近出售一种超小型电冰箱。冰箱高度仅 23 cm,厚 24 cm,宽 23 cm,只有一本大辞典大小,是目前世界上体积最小的电冰箱。这种冰箱可装 12 罐啤酒或 4 罐橙汁,或其他体积相仿的东西,如糖果、饼干、水果、面包等食品。这种小冰箱还可用作保温瓶,它能保持温度在 55℃,即使在冬天,也可以喝到温汽水、温啤酒等。

吸收扩散式冰箱

由广西测量仪器厂研制生产的这种冰箱,可在市电低的情况下制冷,除了用电作能源外,还可用柴油、煤油、煤气、沼气、太阳能等作能源。

袖珍冰箱

日本厂商设计出袖珍冰箱,每台净重仅 2 000 g,可同时放置两罐汽水。这种冰箱所占的空间极小,可放在床头上。

间断用电的电冰箱

日本最近研制成一种间断用电的豪华型四门电冰箱,它不需 24 h 连续用电,可按电冰箱内所贮食品的多少、负荷的轻重间断用电,自动调节冰箱内的温度,节电效果明显。

带透明玻璃门的冰箱

丹麦得贝公司的冰箱采用带透明玻璃门结构,不开门便可视及冰箱内贮存物品的现状,有效地喊少了开门次数和开门时间,有利于节能。

左右开门的电冰箱

日本最近生产的这种电冰箱,冷冻室向左开门,冷藏室向右开门,但不能上下两门同时打开。这样能有效地防止箱内冷气大量外泄,节省电能。这种冰箱具有 -55℃ 的速冻功能,并带有防腐除臭装置。

提包式软壳冰箱

美国新近生产了一种提包式软壳冰箱,该冰箱有四层绝缘结构和一个磁性

87

第三章　烹饪制冷设备

Peng Ren She Bei Qi Ju

密封垫,可冷藏肉食 3.6 kg,36 h 内不解冻。

透明型高功能电冰箱

日本松下公司最近生产出比其他冰箱更高一筹的冷冻、保鲜新型电冰箱,内部设有可产生透明冰块的自动制冰机,柜门采用液晶调光板制成,从外面可看到冰箱内的物品。

多种自动化功能电冰箱

德国最新出品的这种豪华型电冰箱,带有电子除霜系统,包括有预选和实际内部温度显示,预定冷冻时间显示和温度调节器,除霜开关,定量选择器,以及供用户测试用的故障诊断系统。外接箱内温度的模拟显示器能精确显示摄氏度。音响报警系统可在箱内温度超过标准、箱门没有关好和自动除霜时发出信号。

深冷电冰箱

日本三洋公司最近推出一型特低温电冰箱,它带有深度冷冻的冷冻室,可将食品保持在—30℃以下,使酶不再起作用,蛋白质和脂肪也不致变味变质。这种电冰箱的冷冻室和冷藏室功能独立,采用台压缩机、个冷凝器和个风扇的独特制冷方式,以达到—30~—50℃ 的深冷目的。

带自动制冰机的电冰箱

日本生产的这种冰箱内装有给水槽、给水泵、制冷盒和贮冷盒,每日能自动制冰,或每天结冰块。

快速冷藏和快速解冻的电冰箱

这种由日本东芝公司研制的多门电冰箱安装了变频控制装置,使压缩机和专用电风扇可高速旋转,冻冰时间比普通电冰箱缩短。快速解冻功能由加热器和快速电风扇吹出一定温度和一定流速的空气来实现。快速冷藏和快速解冻,在同一箱内,用同一台风扇进行。

不用电的冰箱

瑞士研制的这种冰箱既无电动机,又无压缩机,是利用氨气工作的。

配有热水器的电冰箱

由德国出品的冰箱,在后壁安装了特殊的热交换装置和贮存器,用以收集冰箱的再生源来加热冷水。

太阳能冰箱

英国制造的利用太阳能进行光电转换的冰箱。沙特阿拉伯利亚得的一所大学,安装了一台太阳能电冰箱。它由一个容积约 60 L 的冷冻室和一个容积 60 L 的冷藏室组成。冰箱所需电能来自 4 个总面积为 1 m^2、功率为 100 W 的太阳能电池组,并备有两个蓄电池作为蓄能装置,以保证夜间与阴天持续工作。在室温下,冰箱制冷温度可保持—30℃。

自动解冻电冰箱

这种冰箱的低温室一年四季均可保持在零摄氏度下状态,内有自动解冻装置,可使冷冻后的食物很快解冻,便于加工制作。

不解冻电冰箱

法国制造的这种冰箱在停电或冰箱出故障时,不会很快解冻,内装有一种无毒化学物质,它在一时呈固态,当冰箱停电或出故障内部温度上升时,该化学物质即开始融化,使冰箱能继续保冷。

鼓风式家用电冰箱

美国的这种产品,其冷冻装置采用微型冷冻鼓风的风道设计方式,可产生低温冷风,迅速将食物温度降至很低,配上附件后,还可用作雪糕制造机。

手提式音响冰箱

在台湾问世的这种冰箱不仅使人们有冰凉的饮料享用,还有美妙的音乐享受。

磁冰箱

一种制冷效率比现在的电冰箱高一倍的磁冰箱是利用磁热效应制冷,不用氟利昂,具有节能、耐用、重量轻、容量大等优点,美、日、法三国已有试制品。

三、压缩式制冷原理

目前厨房制冷设备的制冷方式,绝大部分是压缩式制冷。为此,需了解压缩式制冷原理。

(一)制冷剂

制冷剂是用来实现压缩式制冷效果的工作物质,它在冷凝器中放出热量变成液态,在蒸发器里吸收热量变为气态,通过制冷剂周而复始的状态变化,不断吸收被冷却物体的热量,实现热量的转移,达到制冷的目的。制冷剂在制冷过程中发生的状态变化是物理变化,没有化学变化,所以只要制冷系统没有泄露,制冷剂将可以长期循环使用。

1. 制冷剂的演变

1834 年的波尔金斯发明了世界上第一台封闭式蒸发压缩冷冻系统,获得英国专利号。他使用的第一代制冷剂便是乙醚。波尔金斯的助手约翰·黑格对这套设备进行了改造并试换一种特殊的制冷剂——生橡胶,那是从天然橡胶分解蒸馏后得到的挥发性溶液。乙醚、甲醚作为主要制冷剂的地位延续到 19 世纪 60 年代便逐渐被氨所取代。

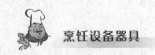

　　氨作为制冷剂是1869年首次应用于美国新奥尔良一家酿造厂的冷冻设备中,设计者是两位法国人。最初没有氨气来源,只能使用氨水,而水分易对制冷系统造成损害,故早期的制冷设备不得不采用一些临时性的应急手段,如用生石灰和氢氧化钠对氨剂进行干燥处理。直接适用于制冷设备应用的氨剂直到年才由克利夫兰的麦克米兰公司推出,不久,许多制造商都竞相生产无水氨。氨剂的应用在1900年左右达到高峰而后其市场日渐萎缩。

　　氨属于高压制冷剂,不宜在热带地域工作,而乙醚则为低压制冷剂,其设备很易渗入空气致使系统失效。为克服上述缺陷,瑞典人劳·皮克特于年开发使用一种新型制冷剂——二氧化硫,其工作压力适中,既适于热带环境,又能防止空气渗入系统,同时成本低廉,似乎是一种理想的制冷剂。然而后来的实践证明,二氧化硫只适于小型系统,在大型设备中制冷效率低,而氨剂虽然微量控制较为困难,不适于小型系统,但在大型设备中的制冷能力则非其莫属,因而,二氧化硫始终未能完全取代氨的地位。

　　第一次世界大战之后,随着家用冰箱的发展,二氧化硫在美国得到了广泛应用。第一台以二氧化硫为制冷剂的小型家用电冰箱是由弗雷德·沃尔夫研制的。其父曾是美国早期开发大型氨剂制冷设备的先驱之一。小沃尔夫没有沿袭父辈的老路,而是看准了小型制冷系统,特别是家用冰箱的市场前景。可惜的是沃尔夫的设备仅生产了数百台便寿终正寝。二氧化硫在早期应用中出现了一系列始料不及的困难,比如,二氧化硫与湿气水分会直接发生反应产生亚硫酸滞阻压缩机。安休化学公司认识到湿气的危害,便着手生产无水的二氧化硫。这种干剂也未能从根本上解决问题,压缩机阀口的焦化作用仍导致设备积敷炭化物质而污垢堆凝。另一棘手的事实是,在迄止当时所用的各类制冷剂中,二氧化硫最具毒性,即使在空气中出现低浓度的泄露,也会使人呛嗓刺眼无法忍受,自动夺路求生,正因如此,也极少致人死命。令人啼笑皆非的是,这种麻烦反而被厂商用来宣传其产品的安全性。广告宣称,万一泄露,二氧化硫的刺激足以使人从睡梦中惊醒,自觉逃离危险。尽管存在一些问题,二氧化硫仍被广泛应用至20世纪40年代,某些设备50年代还在销售,听装的该类制冷剂甚至到70年代仍未在市场上绝迹。

　　几乎与二氧化硫同期,还有一种“知名度”颇高的制冷剂,它造成的严重后果曾使制冷工业的声誉蒙受了巨大损失,这就是甲基氯亦称氯甲烷。它最初是作为外科截肢手术的麻醉剂而用于法国战场,1878年以后被法国人用作制冷剂,主要流行于欧洲,1910年以后被美国公司接受。由于对其物理、化学及热力学性质尚缺乏足够的了解,所以迟至1918年才获准进入商业市场,1922年以后大量应用于家用和小型制冷设备中。

　　氯甲烷的安全性是其主要的弱点,它不仅易燃,而且有毒,若被人吸嗅,轻者麻醉昏迷,重则致命。它的味道清甜,这恰是危险所在,因为一旦泄露,它不能像二氧化硫那样促人警醒,往往在无意识中过量中毒,因此造成的伤亡事故时有发生,这类报道经常用触目惊心的标题配以大幅照片见诸报端及医学杂志。制冷工业的对立竞争行业亦推波助澜，煽动舆论，甚至游说政客，企图通过地方立法限制制冷剂的应用。

在这种压力下，美国当时最大的家用冰箱制造商夫利吉代尔公司断言若想走出困境，就必须拥有全新的制冷剂。其标准是，无毒、不易燃、不爆炸、不腐蚀、不降低润滑油作用、沸点和凝固温度低、工业压力适中。公司要求通用电机研究实验室来开发这种理想的制冷剂，由托马斯·米吉雷为首的研究小组基本实现了上述目标，这一成果就是含氯氟烃(CFC)，又称"氟利昂"。

氟利昂家族诞生的第一个成员是二氯氟甲烷(CFCs21)，随后又有几种氟利昂制冷剂问世，其中最适于商业应用的是二氯二氟甲烷(CFCs12)。

以今天的眼光看，用氟利昂迅速取代其他老型制冷剂似乎是顺理成章，势在必行。然而实际上，这一代换过程却困难重重，非常缓慢。初期的研制 1928 年就已成功，可是延迟到 2 年后亚特兰大全美化学年会上才公之于众。1929 年，夫利吉代尔公司首家建成生产厂，规定在 1931 年秋以前将所有使用二氧化硫的家用制冷设备换用氟利昂，不过半年，所有氟利昂又被迫中止使用。在 30 年代中期，远不如二氧化硫畅销，全美各家用制冷设备厂商中只有两家完全使用，另有两家仅在新型号中部分使用，其余所有制造商均仍使用别的制冷剂，主要是二氧化硫。事实上，氟利昂的商业广告迟至年代才为人所熟知。障碍来自内外两方面，仅从本身应用而言，先期存在诸多问题。一是渗透性强，极易泄露，原本密封良好的二氧化硫设备换入后大都泄露严重。二是缺乏有效的检漏手段。二氧化硫的检漏方法是，嗅到异味后，用浸泡氨水的擦具在所怀疑部位抹拭若接触到泄露的二氧化硫，擦具便会冒出白烟，而这一套对付氟利昂则全然无效，氟利昂既无味，也不与氨水擦具发生反应。三是在系统中，水分会造成膨胀阀处结冰俗称"冰塞"，影响和破坏机组制冷。四是与油有很强的溶合性，难以分离的润滑油易在蒸发器中积凝，损害制冷功能。

经过不断改进，铝质密封系统、专用橡胶件、卤素灯检漏、干燥过滤器等类一系列新器件和新手段的出现，使上述问题在 20 世纪 40 年代初都已得到较好的解决。氟利昂应用的崎岖道路刚刚铺平，又被第二次世界大战的阴影所笼罩。战争期间，氟利昂的民品和商业供应基本中断，厂商大都转产战场设备必需的化学产品。CFCs 的严重短缺导致制冷工业对二氧化硫的过分依赖，甚至昔日名声不佳的氯甲烷，此时亦再度大量启用。

战后，终于步入黄金时代，它在制冷剂领域独领风骚已达半个世纪的今天，其未来的命运亦见端倪。鉴于它对大气臭氧层的破坏性作用，有必要对其过量应用进行严格限制，氟利昂时代行将成为历史。

但是，当 1974 年 Molina 和 Rowland 指出含氯卤代烃对臭氧层的巨大破坏作用之后，CFCs 制冷剂对环境的负面影响(臭氧层损耗和温室效应)才引起了人们的日益关注。在科学研究证明了地球臭氧层变薄的事实后，国际社会于 1987 年 9 月签署了《关于消耗臭氧层物质的蒙特利尔议定书》，以控制 CFCs。CFCs 物质如 CFCs11,

CFCs12 为第一批受禁物质,在发达国家 1996 年就终止了生产。随后,1992 年的《哥本哈根修正案》对 HCFCs、HBFCs 与溴甲烷等第二类受控物质制定了逐步淘汰时间表,规定发达国家在 2030 年前全面禁止使用 HCFCs 制冷剂,发展中国家可以延后 10 年。随着全球环境问题的日益严峻,很多国家都将 HCFCs22 的禁用期提前,如瑞典等北欧国家在 1998 年 1 月 1 日起就已禁止 HCFCs22 在新的设备中使用,其他欧洲国家和美国、日本等发达国家也将 HCFCs22 的禁用期提前到 2010 年以前。姑且不论加快 HCFCs22 的替代进程是否明智,制冷剂由此进入了环保节能时代。20 世纪 90 年代以后发展的具有环保特性的 HFCs 和天然制冷剂成为新一阶段制冷剂的主流,如 HFC134a,HC600a 和 HC290 等,然而这些制冷剂仍没有完全满足理想制冷剂在臭氧层破坏潜能(ODP)、全球变暖潜能(GWP)、可燃性、毒性这四个方面的要求。通过对可能的替代物质大范围的筛选,学术界已经达成共识,就是没有一种纯质流体完全满足上述四个方面的要求,它们至少会有一种危害性,所以选择什么样的制冷剂作为替代工质应该根据具体的环境、政策、应用条件等情况综合考虑。目前替代工质的发展趋向有两个:一个是 HFCs;另一个是天然工质如氨、丙烷、CO_2 和水等。

2. 制冷剂的发展趋向

目前,国际上对于冰箱制冷剂 CFC12 的替代主要采用三种技术方案:一种是以美国、日本为代表的,采用美国杜邦公司提出的 HFC134a 替代 CFC12;一种是以德国等欧洲国家为代表的,采用 HC600a(异丁烷)替代 CFC12;另一种是采用西安交通大学提出的 HFC152a/HCFC22 混合工质制冷剂替代 CFC12。其他的替代制冷剂还有美国杜邦的 MP39(即 R401A)、清华大学的 THR01 等。上述三种主要方案各有优缺点。

HC600a 为烃类天然工质,环境优势比较明显。尽管 HC600a 具有较高的体积比,但其临界温度(135℃)也较高,可以在较高的冷凝温度下运行而没有严重的效率损失,这使得其所需的冷凝器尺寸可以在家用限制以内,故被家用冰箱广泛采用。另外,HC600a 的价格比较便宜,具有较高的制冷效率、与水不发生化学反应、与铜质管材和矿物润滑油完全兼容等优点。然而,采用 HC600a 替代方案的缺点也很明显,由于其容积制冷量小,冰箱系统及主要配件需要重新设计,生产线需要改造,并且由于其具有可燃性,可能产生易燃、易爆等安全问题,故生产及维修需要高标准的防火要求等。目前,采用 HC600a 为制冷剂的家用产品的安全运行记录是非常好的,在我国《臭氧耗损物质国家替代方案》和《中国制冷工业 CFCs 替代逐步淘汰战略研究》中也都把 HC600a 作为 CFC12 的主要替代品之一。

美国等国家由于其政策法规的特点,导致各大厂商非常注重安全问题,故仍然坚持使用性能不是特别好但却更加安全可靠的 HFC134a 作为替代制冷剂。HFC134a 的 ODP 值为 0,其蒸气压曲线和 CFC12 的比较接近,而且 HFC134a 的换热性能比 CFC12 的好。然而,HFC134a 在物性方面却有许多弱点,如潜热小、不溶于矿物油以及分子体积小等,这使得替代过程复杂,而且耗资巨大,需开发专用压缩机、冷冻油、换热器等,还要相应调节制冷系统和改造生产线。另外,尽管 HFC134a 具有与 CFC12 相似的热力学性质,但是实际的运行效果却并不十分令人满意,尤其是应用在较低温度时的制冷能力较低。此外,HFC134a 的 GWP 值相对过高以及比 CFC12 更耗能,使其应用前景受到影响,已被列入《京都议定书》温室气体清单。国际社会已公认,HFC134a 也只是一种过渡性替代制冷剂。

混合工质 HFC152a/HCFC22 的综合性能比较令人满意,它具有如下特点:相对于 CFC12,其环保性能优越,对臭氧层的破坏和温室效应均很小;良好的物理、化学性质,如良好的化学惰性和热稳定性,沸点与 CFC12 的相似,与油脂有良好的亲和性,表面张力亦不高,更加良好的灌注式替代性能;制冷循环性能优异,是过渡性替代方案中较理想的一种;替代代价小,实际可行性好,无毒性,可燃性很弱,商品供应充足,比 HFC134a 便宜得多,可实现灌注式替代,且对原有 CFC12 冰箱生产线的改造程度低。

当然,混合制冷剂 HFC152a/HCFC22 由于组分的原因也有如下主要缺点:因含有 HCFC22,按照修订后的《蒙特利尔议定书》,它在我国还可以有 20～30 年的使用期,故仅可作为一种过渡性的替代物;尚有微弱的可燃性,但研究表明,与目前欧洲使用的异丁烷(R600a)相比,其可燃性很微弱,不会在家用电器使用过程中发生安全问题,仅需对生产车间的通风、防火等方面采取适当的措施即可。

 知识链接

所谓的无氟制冷剂

很多人,都喜欢把用 R134a 做制冷剂叫做无氟。但是实际上它的制冷剂就是氟利昂 HFCR134a,所以不能叫无氟。氟利昂是饱和碳氢化合物被卤族元素替代的衍生物,也叫卤代烃物质。这个"烃"就是取碳和氢的字的各一半。表示碳氢化合物。人们把含氯而不含氢的氟利昂制冷剂叫做 CFC,像 R12(CF_2Cl_2)、R11($CFCl_3$)等。这些制冷剂对臭氧层的破坏作用最严重。把含氯又含氢的氟利昂制冷剂叫做 HCFC,如 R22(HCF_2Cl)。这种制冷剂对臭氧的破坏作用较弱。把含氟而无氯的氟利昂制冷剂叫做 HFC,如 R134a。这种制冷剂对臭氧无破坏作用。

实际上对臭氧破坏的元凶是氯而不是氟。不含氯的氟利昂制冷剂还是允许使用的。

(二)蒸气压缩式制冷原理

实际利用的就是液体蒸发吸热的原理,一种液体不断蒸发,就能从周围环境不断吸收热量,使周围环境的温度降低。制冷设备利用在低温下就能沸腾气化的物质(常压下的低沸点物质),在低温下沸腾气化,吸收大量热量实现零下几摄氏度或几十摄氏度低温,这些低沸点物质即是制冷剂。

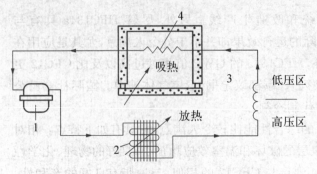

图 3-1 压缩式制冷循环原理图示
1. 压缩机 2. 冷凝器 3. 毛细管 4. 蒸发器

如图 3-1 是最简单的压缩式制冷循环原理,它由压缩机、冷凝器、膨胀阀(毛细管)、蒸发器四个部分组成,并用管子将四部分连通。制冷剂在此系统中经历蒸发、压缩、冷凝和膨胀四个过程。

1. 蒸发过程

由于压缩机的作用,蒸发器内气压很低,从膨胀阀(毛细管)进入蒸发器的液态制冷剂即迅速强烈沸腾气化,从周围环境大量吸收潜热和显热,变成低温低压低过热气态制冷剂。

2. 压缩过程

低温低压低过热气态制冷剂进入压缩机,经压缩后,温度和压力急剧升高。所以从压缩机排出的气体就变成了高过热度的高温高压气态制冷剂,进入冷凝器。

3. 冷凝过程

在冷凝器内,高温高压的气态制冷剂向温度较低的周围环境(水或空气)散发热量。由于制冷剂蒸气放热而冷却成接近室温的高压液态制冷剂。

4. 膨胀过程

高压液态制冷剂通过膨胀阀(毛细管)的膨胀作用,使液体的压力迅速下降,成为低温低压湿蒸气,然后再进入蒸发器重复上述的蒸发过程。

 小思考

制冷主要是利用制冷剂蒸发吸收潜热的过程,那么为什么还要有其他三个过程?

(三)压缩式制冷系统的主要设备

压缩式制冷系统的主要设备由压缩机、冷凝器、毛细管和蒸发器组成。

1. 压缩机

压缩机是制冷系统的心脏。它由电动机带动,通过机械做功来增加管道内气态制冷剂的压力,使它通过冷凝器后转化为液态,并在密闭的制冷系统中流动,完成制冷循环。厨用冷加工设备中主要使用的是全封闭压缩机。

所谓全封闭压缩机,就是将压缩机与电动机共同装在一个封闭的壳体内,壳体是由上、下两部分焊接而成,不能拆卸。在壳体上焊有排气管、吸气管和一根用于抽空制冷剂用的细铜管。这种压缩机具有结构紧凑、体积较小、重量较轻、震动小、噪声低以及不泄露等优点。小型压缩机从运动机构区分,有往复活塞式和旋转式。我国生产的厨用冷加工设备大多采用往复活塞式,旋转式使用较少。

2. 冷凝器

在制冷系统中,冷凝器是一个制冷剂向系统外放热的热交换器。从压缩机来的高温高压的气态制冷剂进入冷凝器后,将热量传递给周围介质——水或空气,而其自身因受冷却凝结为液体。

冷凝器按其冷却方式分为三种类型:水冷式、空气冷却式和蒸发式。在厨用冷加工设备中,一般采用的是空气冷却式冷凝器,制冷剂放出的热量被空气带走。常用冷凝器结构形式如图 3-2 所示。

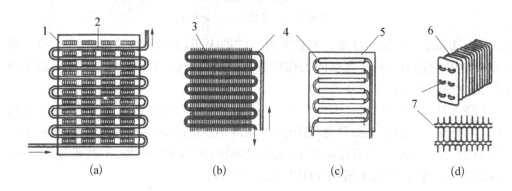

图 3-2　常见冷凝器结构形式

（a）百叶窗式　（b）丝管式　（c）内藏式　（d）翅片盘管式
1. 散热片　2. 冷凝管　3. 散热用钢丝　4,7. 制冷剂管　5. 散热片　6. 散热翅片

小思考

电冰箱作为制冷设备,可以用作室内降温设备吗? 如在密闭室内打开电冰箱的门,其房间温度会如何?

3. 蒸发器

在制冷系统中,蒸发器是一个从系统外吸热的热交换器。在蒸发器中,制冷剂液体在较低温度下沸腾,转变为蒸气;同时,通过传热间壁吸收被冷却介质的热量而使其温度降低。蒸发器在降低空气温度的同时,将空气中的水分凝结出来,这就是霜。

根据被冷却介质的种类和状态(空气、水、其他液体等),为获得良好的传热效果,蒸发器被设计成各式各样。按照被冷却介质的特性,蒸发器可分为冷却液体载冷剂和冷却空气载冷剂。厨用冷加工设备中使用的是冷却空气载冷剂的蒸发器,即制冷剂全部在制冷系统管内流动,空气在管外流动。常用蒸发器的结构形式如图 3-3 所示。

4. 节流装置

制冷中的节流是指液态的制冷剂通过管道中特设的"狭孔"(即膨胀阀或毛细管)

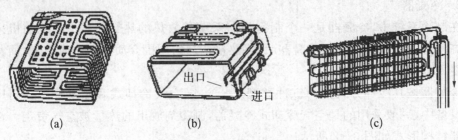

图3-3 常见蒸发器结构形式

(a) 吹胀式 (b) 管板式 (c) 翘片式

时压力降低而发生膨胀的过程。调整节流"孔"的大小,就能控制制冷剂进入蒸发器流量的多少,直接关系到蒸发器的工作状态和制冷设备的制冷效率。在厨用制冷设备中,通常使用膨胀阀作为节流装置。

毛细管是一根孔径很小(内径0.6～2 mm,外径2～3 mm),长度在1～5 m之间的细长的紫铜管。由于毛细管的孔径很小,制冷剂在里面流动的阻力很大,起到节流和降压的作用。毛细管具有结构简单、无运动零件、不易发生故障、不需调节等特点,在小型制冷设备(如家用冰箱)中应用广泛。

 小思考

当制冷剂中混有水时,制冷系统容易发生冰堵,最可能的位置是什么地方?

(四)压缩式制冷系统的辅助器件

为了确保制冷系统能够经济而高效地安全运转,在压缩式制冷装置中,还包括一些辅助器件。对于厨用制冷设备而言,辅助器件主要有电磁阀、干燥过滤器、温度控制器、储液器、油分离器等。

1. 电磁阀

电磁阀是用电产生的磁力来控制阀门的开与关,控制制冷系统供液管路的自动接通和切断。小型冷藏设备中多使用直接式电磁阀。

电磁阀一般安装在节流阀和冷凝器之间,位置尽量靠近节流阀,因为节流阀只是一个节流器具,本身不能关严,而电磁阀可以关严,可以切断供液管路。电磁阀和压缩机同时开动和停止,压缩机停机后,电磁阀立即关闭,停止供液,从而避免压缩机停机后大量制冷剂液体进入蒸发器中,造成再次开机时,压缩机发生液体冲缸故障。

2. 干燥过滤器

干燥过滤器装在冷凝器的出口端,它的作用是在制冷剂进入节流阀前对其进行过滤,除去制冷剂中的水分和固体杂质,一方面避免水分的存在导致的冰堵和管路的腐蚀,同时也避免固体杂质导致的脏堵或进入压缩机汽缸造成事故。

干燥过滤器的结构如图 3-4 所示,它由外壳、过滤网和干燥剂等组成。过滤网由黄铜丝网制成,网孔的大小约 0.20 mm,常用的干燥剂有分子筛、硅胶等。

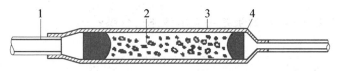

图 3-4 干燥过滤器

1. 管子　2. 干燥剂　3. 圆筒　4. 过滤网

3. 温度控制器

温度控制器简称温控器,它的作用是自动控制电冰箱压缩机的开与停,即在电冰箱内温度降低到预定值后,自动停止压缩机;电冰箱温度重新升高到预定值时,又自动启动压缩机制冷,以使电冰箱内的温度保持在一定的范围内。

温控器的种类较多,常用的有压力式温控器(感温泡)和热敏电阻式两种。此外,也有采用自动风门,调节进入冷风的风量而实现温度控制。图 3-5 为压力式温控器结构:感温元件通常做成管状(感温管),里面充有感温剂。电冰箱蒸发器内温度变化时,感温管内的压力也随之升降变化,膜盒上的金属膜片随压力的变化而产生伸缩位移,推动开关机构切断或接通压缩机的电源。主弹簧的拉力用来和膜片的压力相平衡。当蒸发器温度降低,感温剂产生的压力小于弹簧力时,电触点臂下端借弹簧力的作用向右移动,使触点断开,压缩机随即停机。压缩机停机后,蒸发器的温度将逐渐上升,致使感温剂产生的压力也相应升高。当此压力大于弹簧力时,传动膜片向外伸胀,推动触点臂下端向左移动,使触点重新闭合,压缩机启动而开始制冷,使蒸发器的温度又逐渐下降。如此周而复始地工作,即可达到控制电冰箱内温度的目的。

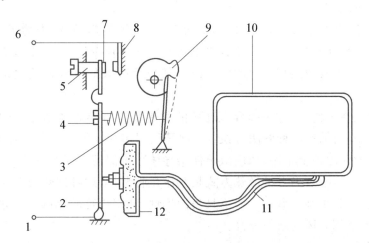

图 3-5 压力式温控器

1. 接线端　2. 膜片　3. 弹簧　4. 温度范围调节螺钉　5. 温差调节螺钉　6. 接线端
7. 动触点　8. 静触点　9. 温度调节凸轮　10. 蒸发器　11. 感温管　12. 膜盒

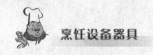

电冰箱工作的时候,压缩机是一直不停地运行吗?

四、热电制冷

传统的蒸气压缩式制冷设备已有上百年的历史,而新型的热电冰箱以其无噪声、无污染、使用方便逐渐被人们所认识。

（一）热电制冷工作原理

热电制冷利用了热电效应（即帕尔帖效应）的制冷原理。1834 年法国物理学家帕尔帖在铜丝的两头各接一根铋丝,在将两根铋丝分别接到直流电源的正负极上,通电后,发现一个接头变热,另一个接头变冷。这说明两种不同材料组成的电回路在有直流电通过时,两个接头处分别发生了吸、放热现象。半导体材料具有较高的热电势可以成功地用来做成小型热电制冷器,被广泛应用于各种半导体冰箱的生产中。

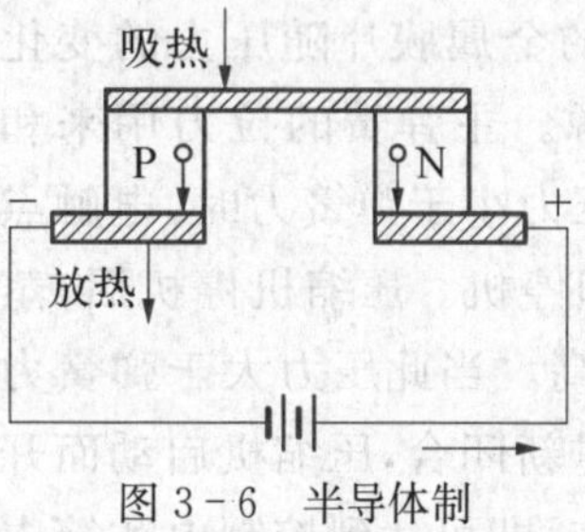

如图 3-6 所示 N 型半导体和 P 型半导体构成的热电偶制冷元件,用铜板和铜导线将 N 型半导体和 P 型半导体连接成一个回路,铜板和铜导线只起导电的作用。此时,一个接点变热,一个接点变冷。如果电流方向反向,那么结点处的冷热作用互易,电流大小则决定其放热和吸热量的大小。

图 3-6 半导体制冷原理

（二）热电冰箱

在热电冰箱中,主要由以下几个部分组成：箱体绝热层、箱内的吸热装置、箱外的散热装置、处于吸热装置和放热装置之间的半导体制冷片、开关电源装置。吸热装置、半导体制冷片及放热装置之间的合理连接以及高效的电源系统也是半导体冰箱设计的关键所在。

热电冰箱在工作时,应选择合理高效的散热装置将半导体制冷片的热面热量散到环境空气中,目前有两种解决方案：一种是利用翅片加风扇强制对流散热,这在车载便携式半导体冰箱上采用,风扇散热使半导体冰箱保留了便携的优点,但由于风扇的运转而带来了噪声;另一种散热方式是利用热管散热,这种散热方式主要在小型冷藏箱中采用,这类小型冷藏箱一般不具备便携性,利用热管散热可以使冰箱做到绝对静音,并且效率相对风扇散热要高。

（三）热电制冷特点

采用热电制冷可以有效避免传统冰箱采用氟利昂或其他化学制剂对环境的污染问题;同时,半导体制冷是一种固体制冷方式,与通常压缩机制冷系统相比,没有机械转动部分,无需制冷剂,无噪声,无污染,体积小,可小型化、微型化,可靠性高,寿命长,可电流反向加热,易于恒温。但是,热电制冷的产冷量一般很小,所以不宜大规模和大制冷量使用,适宜于微型制冷领域或有特殊要求的用冷场所。

国际、国内市场上的应用热电制冷技术的产品日渐丰富起来,如饮水机(冷热两用型)、小型冷藏箱,便携式汽车旅游冰箱,冷热两用杯,高档名贵酒类陈藏柜,女性用的化妆盒等等。

第二节　常用烹饪制冷设备

在厨房中,常见的烹饪制冷设备主要有电冰箱、冷柜、冷饮机、冰淇淋机、冷库、冷藏操作台、保鲜房等。这些设备的制冷原理基本以蒸气压缩式制冷为主,通过创造一个低温环境,从而达到对食品储存、加工及展示目的。

一、制冷储存设备(商用电冰箱)

制冷储存设备是指这类制冷设备主要是着重于食品原料的储存和保鲜目的,当然,这也是厨房制冷设备最早的要求。目前,该类设备主要是电冰箱、冷库、冷藏工作台等。

其温度控制一般是三种:冷库,专门保藏厨房缓用的冻品,冷藏调味品,温度多在−18～25℃之间;冷冻冰箱,专门保藏厨房急用冻品,温度多在0～−10℃之间;冷藏冰箱,专门保藏厨房急用鲜品原料及蔬菜、水果等,温度多在4～−5℃之间。

餐饮冷藏面积的需要量如表3−1所示。

表3−1　餐饮冷藏面积的需要量

日就餐人数/人	冷藏面积需要量/m²	日就餐人数/人	冷藏面积需要量/m²
75～150	0.6～1	250～350	1.5～2
150～250	1～1.5	350～500	2～3

电冰箱是厨房内使用最多的一类制冷设备,下面我们介绍电冰箱的类型、主要结构以及使用与维护。

(一)(商用)电冰箱的类型

电冰箱根据应用对象可分为家用和商用两大类。商用电冰箱的类型繁多,通常是按用途分类,如冷藏柜、冷冻柜、冷藏冷冻柜、陈列柜以及低温冰箱等,一般容积为500～3 000 L,人可以进入的小型组合式活动冷库的容积为7 000 L以上。商用冰箱的结构形式主要有立式前开门、卧式上开门、陈列式售货柜等。

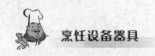

 知识链接

冷藏与冷冻的区别

电冰箱是冷藏箱、冷冻箱或它们的组合的统称。冷藏箱的温度保持在0～10℃之间,用来冷藏蔬菜、水果、禽蛋和乳制品等,达到保鲜的目的。为使用方便,在冷藏箱内用蒸发器单独围成一个冷冻室,可以制造少量冰块或冷冻物品。

冷冻箱内温度保持在—18℃以下,用于长期存放肉类、水产品而不会导致腐败变质。新型的冰箱常将冷冻室分隔成多格抽屉,方便物品的分类存放,也能避免开门时大量热量进入箱内,降低制冷效率。

1. 立式冷藏冷冻柜

为了便于取放货物,立式冷藏冷冻柜的高度一般不超过2 m,深度不大于0.8 m,采用立式前开门结构,有二门至六门等多种。规格大小,根据环境和生产需要而设。立式冷柜采用1～1.5 mm厚的钢板或不锈钢板制成箱体,内、外壳都冲压焊接成形,再用保温材料填充在夹层中间。近年来,随着生产工艺和设计水平的提高,立式冰柜大都采用全封闭压缩机组和强制对流冷却方式,替代过去的开启式压缩机组和自然对流式蒸发冷却,为了增大冰箱的有效容积,通常将制冷机组置于冰箱顶部。如图3-7所示。

立式冷柜的冷凝器采用风冷和水冷两种方式,风冷式冷凝器就是利用冷却风扇向冷凝器吹风,使之强制冷却;水冷式冷凝器就是将冷凝器密封在水套内,通过水的循环热交换作用,将制冷剂冷却。水冷式冷凝器的冷却效率较高,但需单独外结一套水冷却装置,多用于大型厨房冷柜中。

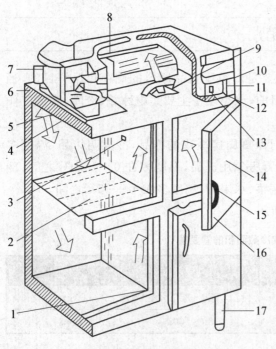

图3-7 四门冰箱结构

1. 排水孔 2. 搁架 3. 灯 4. 冷凝器 5. 保温层 6. 压缩机 7. 风扇 8. 蒸发器 9. 风扇 10. 化霜指示灯 11. 温控灯 12. 门灯 13. 温度计 14. 箱门 15. 门封条 16. 门锁 17. 箱脚

这种结构的特点是有效容积大,占地面积小,货物存取方便。

强制对流冷却方式

电冰箱的冷却方式按冷空气传热方式可分为空气自然对流冷却和强制对流冷却。自然对流冷却的冰箱也称直冷式电冰箱。冷冻室由蒸发器直接围成,食品直接与蒸发器进行热量交换被冷却降温,所以叫做"直冷式"。其箱内空气循环是依靠冷、热空气的密度不同,使空气在箱内实现自然对流。这类冰箱结构简单、价格低廉、耗电少,但冷冻室易结霜且化霜麻烦。

强制对流冷却的电冰箱也称间冷式电冰箱,为了使蒸发器能迅速吸收热量制冷,电冰箱里装有小风扇,将被蒸发器吸收了热量的冷风吹入冷冻室和冷藏室,形成强制对流循环,使食品冷却或冷冻。因食品不是直接与蒸发器进行热量交换,而是间接冷却的,所以称为"间冷式"。冷藏室和冷冻室的冷风量可通过手动或自动风门进行调节,商用冰箱的蒸发器大都装于箱体顶部(见图3-7)或外侧。间冷式冰箱具有如下特点。

食品由强制对流的冷风冷却,空气中的水分都被冻结在温度很低的蒸发器表面,因而食品表面不会结霜,故又称无霜型电冰箱。

水分集中于蒸发器表面,当霜层较厚实,由于阻碍冷风的对流,因而会使箱内温度升高。所以,必须配备自动化霜装置,一般每昼夜至少自动除霜一次。这种自动化霜装置不需人工管理,使用方便,最适于沿海高湿地区使用。

由于箱内的冷气采用强迫对流方式,因此各部分温度比较均匀。

由于增加风扇和除霜电热装置,因此耗电量要比直冷式冰箱增加15%左右。

箱内冷空气对流的风速较高,使食品干缩较快。

2. 卧式冷柜

卧式冷柜的结构如图3-8所示,这种冷藏设备采用上开门结构(开门方式分上开、折叠和推拉玻璃门多种形式),既方便存取食品,减少热空气侵入柜内,又利于节能。

卧式冷柜的外壳采用金属喷涂工艺,内胆用铝、不锈钢板或压花板灌注发泡隔热材料。其制冷方式多采用直接冷却式,蒸发器用铝或铜管盘成,水平贴压在柜内壁发泡保温层内,构成单一的大容积冷冻室。卧式冷柜的冷凝器的敷设方式有三种:一种是悬挂明装冷凝器,设在柜底或背箱板,靠空气自然对流散热;另一

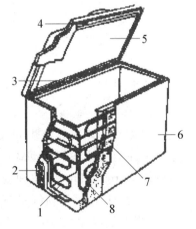

图3-8 卧式冷柜结构

1. 盘管式蒸发器 2. 压缩机
3. 除露管 4. 密封条 5. 自调
式箱盖 6. 外壳 7. 冷凝器
8. 泡沫塑料隔热层

种采用内置式冷凝器,紧贴压在柜外板内壁,靠空气围绕柜外板自然对流散热;再一种是外置式风冷凝器,它与风扇电机组合在一起固定在柜底一侧,依靠风扇强制循环吹风散热。卧式冷柜冷冻温度较低,一般在−15℃(所谓低温冷冻柜,温度在−3℃),有效容积在 100～500 L 之间,能满足肉类、冷饮、乳制品的储存,已被餐饮业广泛使用。

 知识链接

电冰箱与电冰柜(冷柜)的称谓

电冰柜不同于电冰箱,又区别于冷藏库,其特点在于具有较大的冷冻室,而且速冻深冷,弥补了一般电冰箱冷冻室小,无速冻深冷功能的缺陷。一般认为电冰箱是以冷藏为主、以冷冻为辅的制冷设备,主要用于制备冷食冷饮和冷藏水果及其保鲜。而电冰柜则是以冷冻为主,以冷藏为辅,俗称冷柜,用于生、熟食品冷冻冷藏及保鲜。通常认为冷冻室超过整个冷冻、冷藏箱的 2/5 的产品称为冷柜。

我国对电冰柜的型号作了如下规定:

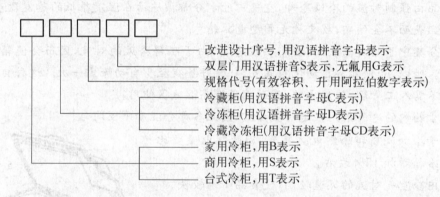

改进设计序号,用汉语拼音字母表示
双层门用汉语拼音S表示,无氟用G表示
规格代号(有效容积、升用阿拉伯数字表示)
冷藏柜(用汉语拼音字母C表示)
冷冻柜(用汉语拼音字母D表示)
冷藏冷冻柜(用汉语拼音字母CD表示)
家用冷柜,用B表示
商用冷柜,用S表示
台式冷柜,用T表示

例如,BD−158SB 表示有效容积为 158 L、第二次改进型的双层门冷柜。

3. 小型冷库

根据冷库内有效容积的大小,通常将容积在 6～10 m³ 之间的冷库称为小型冷库,小型冷库有固定式和活动式两种结构,厨房中以活动式为多见。按冷库的容积可分为 6 m³,9 m³,13 m³ 等几种规格。按库内温度可分为:冷藏间(也叫风房),温度在 2～7℃ 之间,可用于新鲜果蔬、水果及半成品原料的储藏;预冷间,温度在 0～2℃ 之间,可降低食品温度,用于食品的解冻及涨发后原料的存放;冷冻间(也叫冻房),温度在 −12～−18℃ 之间,可用于已冻结食品的储藏,比如对虾的储藏。速冻间,温度在 −24～−28℃ 之间,可使食品快速冷冻。

1) 固定式冷库

小型冷库的全套制冷系统如压缩机、冷凝器、蒸发器和膨胀阀等均由工厂提供,而冷库的绝热防潮围护则采用土建式结构,通常由用户自己按照说明书建造。由于土建式结构的主要耗冷在于建筑物围护的传热,因此冷库的墙、地板和库顶均应有保温防潮层。

2) 组合式冷库

组合式冷库又称活动式、可拆式冷库。冷库全套设备由工厂提供,其中库体由预制成形的高质量的保温板拼装而成,库板之间采用闭锁钩盒连接。建库时,只需在现有室内坚实地基上,按照厂家提供的图纸,就能很快将冷库建成。

组合式冷库具有质量轻、结构紧凑、保温性能好、安装迅速等特点,可实现-30℃的冷冻要求,可用于长期、大量存放食品原料。组合式冷库通常采用全封闭压缩机组,利用对环境影响较小的 R22 或其他新型制冷剂,体积小、噪声小、安全可靠、自动化程度高、适用范围广,在大型餐饮企业广泛应用。如图 3-9 是组合式冷库的组装以及外形。

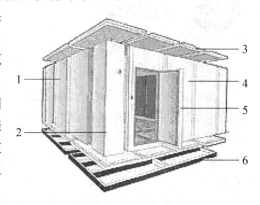

图 3-9 组合式冷库示意

1. 脚板 2. 墙板 3. 顶板 4. 门框
5. 库门 6. 底板

(二)电冰箱的使用与维护

1. 电冰箱的搬运与放置

1) 电冰箱的搬运

正确搬运电冰箱应由箱底抬起,箱体尽量与地面垂直,移动时与水平面夹角应不小于45°,严禁横抬平放,防止压缩机内悬挂弹簧脱落损坏,或机内润滑油进入系统造成严重故障。平地短距离移位时,应将箱体向后倾斜,前脚离地推移,也可以其一脚为轴,左右扭转步进移动。

2) 电冰箱的放置

(1)电冰箱与相邻物品间应留一定空间,以利通风散热。

(2)电冰箱应放置在不受阳光直晒并远离热源的地方。

(3)不要放在潮气重或易溅水的地方。

(4)不要放在各种挥发性、腐蚀性及易燃性物品的场所。

(5)不要放置在太冷能够结冰的环境中。

(6)冰箱应放置于坚实、平整的地面上,以利于减小噪声。

(7)电冰箱搬动后,静置 30 min 后方可接通电源。

2. 电冰箱的使用与维护

1) 电冰箱的使用

(1)电源电压不能过低。

若电源电压过低,会使电动机难以启动。低电压运行时,压缩机的启动比正常情况下的电流大 6~8 倍。时间一长,就会烧毁电动机。电动机启动困难时,会发出一

种难听的噪声。此时应立即拔掉电源插头,待电压恢复正常后使用。电源的运行电压一般在5％上下波动。

（2）严禁冰箱内久不除霜。

冰箱工作一段时间后,冷冻室内外会结霜,影响蒸发器的吸热。当霜层厚度超过5 mm时,就需除霜。并且霜层不仅影响冰箱的换热,而且霜中含有各种食品气味,时间长了,会使冰箱产生异味。

 知识链接

冰 箱 除 霜

蒸气压缩式制冷系统中,蒸发器在降低环境温度的同时,还能将空气中的水分凝结出来,在蒸发器表面形成霜层。一般直冷式电冰箱、冰柜是蒸发器通过箱壁直接与箱内空气进行热量交换,因此会在箱壁上结霜,当霜层厚度超过5 mm时,均需进行人工除霜。除霜不及时,会降低电冰箱制冷效率,甚至使压缩机长时间运转而影响使用寿命。

具有半自动除霜装置的冰箱,在温控器上装有除霜按钮,需要除霜时,按下温控器上的除霜按钮,温控器即不再对电冰箱温度起监控作用。随着箱内温度的逐渐升高,蒸发器上的霜层渐渐融化,到化霜完毕时,除霜按钮会自动弹起,压缩机随之开始重新制冷。

没有半自动除霜装置的冰箱,除霜时只能拔掉电源插头,停止制冷,让其霜层自然融化,或打开箱门加速融化。抽屉式冷冻室除霜可将抽屉抽出,在每个隔层上放一盘热水加快化霜。电冰箱除霜后应用软布擦干霜水,全面清理污物,再开机制冷运转。

无霜电冰箱由于蒸发器设在冰箱夹层中,因此冷冻室和冷藏室的箱壁上都没有霜,霜全部集中在蒸发器表面上,通过全自动化霜系统自动除霜,无需人工操作。

（3）热食品达到常温后才能放入冰箱内。

直接将热食品放入冰箱,会使箱内温度骤然升高,造成压缩机的长时间运转,不仅费电,而且热蒸汽还会使结霜速度加快。

（4）冰箱在运行中,不得频繁切断电源。

压缩机正在运转时突然停电,接着又立即来电或人为地将电源插头拔下又插上,会使压缩机在重负荷下强行启动而严重超载,极易造成压缩机内机械与电机的损坏。

 **小思考**

有些人说,为了冰箱省电,可以在箱内温度下降后,将电源插头拔掉,该做法科学否?

（5）严禁硬捣冰箱内的冻结物品。

冷冻室内的物品往往会冻结在室壁上，取用时不得用刀、铲等硬捣。若硬捣则极易损坏制冷管道。而冰箱的制冷管道系统长达数十米，其中有些管子外径只有1.2 mm。若管道破损、开裂都易使制冷剂泄露或使电气系统出现故障。

正确的做法是：对于易冻结物品，应用铁架放置。发生冻结现象时，如不急用可通过化霜获得。如急用可用温水毛巾局部加热，将冻结部位化开。

（6）运行中的冰箱应尽量减少开门次数。

频繁开门或开箱门的时间过长，箱门关闭不严，会使箱内冷空气大量逸出，造成压缩机运转时间过长。

（7）食品冷冻冷藏前应进行包装。

食品包装后，可以避免与氧气的接触，降低氧化速度；延长保质期；可以防止水分的挥发，保持食品的鲜度；可以防止食品风味的挥发和其他异味的污染；此外，食品分袋包装，可以方便存取，提高冷冻质量。

（8）电冰箱放置食物有讲究。

冰箱中食品存放不能太满，最好留有 1/3 的空间，有利于制冷空气的合理循环。食品放于柜内的格架上时，不严紧贴柜内壁，避免冻结于内壁和腐蚀蒸发器。乳酸菌饮料或调味料注意不用放置于门边，防止对门封边的腐蚀破坏。

能冷冻储藏的要冷冻储藏。对需要在电冰箱中存放较长时间可以长期冷冻的食品，如肉、鱼和虾等食品，放入冷冻室储藏，不要放入冷藏室内以防变质。

按照"四隔离"（生与熟隔离，成品与半成品隔离，食品与药物、杂物隔离，食品与天然冰隔离）的要求规范操作；生熟食品分开存放，并有明显标记；所有贮存的熟食成品要加盖或包装，并不得与冰块接触，避免冰箱、冰柜中的冷凝水或溶水滴在熟食上造成交叉污染。

储藏带有内脏的食品，如鸡、鸭和鱼类等，必须先把内脏除去，以免内脏腐烂变质而污染其他食品，发生异味。

（9）冰箱不是保险箱。

冰箱不是保险箱，一方面意味着冰箱并不能杀灭细菌；另一方面有些食物也不宜放入冰箱。

冰箱低温只能降低细菌生长繁殖的速度，但不可能彻底杀灭细菌。日积月累，冰箱里会藏有大量的嗜冷型细菌及霉菌。吃了冰箱里不新鲜或者被污染的食品，很容易引起多种疾病，而一些餐馆也将生熟混放，食品二次污染，会出现恶心、呕吐、腹痛、腹泻等中毒症状。不同的食物在冰箱内可以保存的时间是不一样的。

有些食物也不宜放入冰箱，像一些热带水果如芒果、香蕉，常放在室内阴凉处储存就行了。放入冰箱，反而会让它们遇冷变质。而像饮品、奶制品这些液态食物，根据包装的储藏要求来储存即可，没有必要非放到冰箱里存放。有人为了延长储存的时间，可能会将腌制品放入冰箱，其实这样做适得其反。因为腌制品在制作过程中均

加入了一定量的食盐,氯化钠的含量较高,盐的高渗透作用使绝大部分细菌死亡,从而使腌制食品有更长的保存时间,无需用冰箱保存。若将其存入冰箱,尤其是含脂肪高的肉类腌制品,由于冰箱内温度较低,而腌制品中残留的水分极易冻结成冰,这样就促进了脂肪的氧化,而这种氧化具有自催化性质,氧化的速度加快,脂肪会很快酸败,致使腌制品质量明显下降,反而缩短了储存期。储存腌制品只需将其挂在避光通风的地方,达到防止脂肪氧化酸败的目的即可。茶叶放在冰箱中一定要保证其密封性,因为茶叶本身就有吸附作用,如果密封不好,就容易吸潮,易与冰箱里的其他食物发生串味,导致茶叶纯正的香味消失。

(10)冰箱温控器的使用。

由于存放食品不同,使用季节不同,电冰箱内的温度必须能够调节和控制,这是由温控器来完成的。温控器的结构不同,调节方法各不相同。通常情况下,温控器用不同符号、数字或文字表示箱内温度高低的调节,调节至强冷状态,表示电冰箱制冷能力加强(或压缩机不停机),箱内温度低。电冰箱、冰柜温控器夏季应开低档冬季开高档。

原因是:在夏季,环境温度达30℃,冷冻室内温度若打在强档(4,5),达-18℃以下,内外温度差大,因此箱内温度每下降1℃都很困难,再则,通过箱体保温层和门封冷气散失也会加快,这样开机时间很长而停机时间很短。这样会导致压缩机在高温下长时间运转,既耗电又易损坏压缩机。若此时改在打弱档(2,3档),就会发现开机时间明显变短,又减少了压缩机磨损,延长了使用寿命。所以夏季高温时就将温控调至弱档。当冬季环境温度较低时,若仍将温控器调至弱档,因此时内外温差小,将会出现压缩机不易启动,单制冷系统的冰箱还可能出现冷冻室化冻的现象。

(11)电冰箱温度补偿开关的使用。

当环境温度较低时,如果不打开温度补偿开关使用,压缩机的工作次数明显减少,开机时间短,停机时间长,造成冷冻室温度偏高,冷冻食品不能完全冻结,因此,必须打开温度补偿开关。打开温度补偿开关并不影响冰箱的使用寿命。当冬季过去,环境温度升高,环境温度高于20℃时,将温度补偿开关关闭,这样,可以避免压缩机频繁启动,节约用电。

2)电冰箱的维护

为了电冰箱的使用寿命和食品卫生,不仅要正确使用电冰箱,而且要对电冰箱进行正确的维护。电冰箱的维护内容包括冰箱的化霜、清洁和消毒等工作。

(1)冰箱的清洁、消毒。

冰箱因长期存放食品又不经常清洗,就会滋生许多细菌,会污染了存放在里面的食品。一般给冰箱消毒至少每月一次,特别是夏季更应该勤清洗。清洗时可用肥皂水或3‰的漂白粉澄清液擦拭冰箱的内壁;也可以先用清洁热水先擦拭冰箱内壁及附件,再喷一些含洗必泰或戊二醛、二氧化氯等对人体基本无毒的成分消毒剂,然后密闭半小时后再打开通风,待干燥后即可使用;还有就是也可以用酒精消毒。消毒时不要忽略了冰箱门的密封条,因为冰箱的密封条上的微生物多达十几种,很容易传染到食品,导致人体各种疾病的发生。

（2）冰箱的除臭。

电冰箱、冰柜使用一段时间后,箱内容易产生异味。这主要是因为储存食物的残渣和残液长时间留在箱内,发生腐败变质,蛋白质分解发霉造成的,尤其是存放鱼、虾等海产品更容易产生难闻的气味。

产生异味主要来自冷藏室,冷冻室除霜化冻时有时也会产生异味。对冷藏室发出的异味,可直接放入除味剂或电子除臭器等消除。也可以停机对冷藏室进行彻底清洗。对冷冻室中的异味,要切断电源,打开箱门,除霜并清洗干净后,用除味剂或电子除臭器清除。如果没有除味剂等,可将电冰箱内胆及附件擦洗干净后,放入半杯白酒(最好是碘酒),关上箱门,不通电源,经 24 h 后,即可将异味消除。

3. 冷库的管理

1）冷藏库的管理

（1）每天定期检查记录冷库温度变化情况,确保冷藏库温度在 0~10℃ 范围内。若发现温度有偏差,应及时报告厨师长和工程部联系。

（2）冷藏库存放厨房用烹饪原料、调料及盛器,不得存入其他杂物,员工私人物品一律不得存放。

（3）区别库存原料、调料不同物品种类、性质、固定位置,分类存放,并严格遵守下列保存时间。

① 新鲜鱼虾、肉、禽、蔬菜存放不得超过 3 天。

② 新鲜鸡蛋存放不得超过 2 周。

③ 奶制品、半成品存放不得超过 2 天。

（4）冷藏半成品及剩余食品均需用保鲜袋或保鲜膜包好后,写上日期放入食品盘,再分类放置在货架上。冷藏库底部和靠近冷却管道的地方以及冷藏库的门口温度较低,宜放置奶、肉、禽、水产品类食品。

（5）大件物品单独存放,小件及零散物品置盘、筐内存放。所有物品必须放在货架上,并至少离地面 25 cm,离墙面 5 cm。食品的堆放要留有空隙,便于冷气流通。特别是在蒸发器附近要留有一定的空间,不要堆放食品。

（6）加强对冷藏品计划管理,坚持"先存放,先取用"的原则,交替存货和取用。严格把握入库量,每日入库量应不超过总库容量的一定量。

（7）每天对冷藏库进行清洁整理,定期检查食品及原料质量,并定期对冷藏库进行清理、消毒,预防和杜绝鼠、虫侵害,保持其卫生整洁。

（8）控制有权进入冷藏库的人员数量,计划、集中领货,减少库门开启次数,由专人每周二、周五盘点库存情况,报告厨师长。

2）冷冻库的管理

（1）每天定期检查记录冷库温度变化情况,确保冷藏库温度在 -15℃ 以下。若

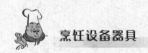

发现温度有偏差,应及时报告厨师长和工程部联系。

(2) 冷藏库存放厨房备用食品、原料及盛器,不得存入其他杂物,员工私人物品一律不得存放。

(3) 坚持冷冻食品、原料必须在冰冻状态下才能进入冷库,严禁已经解冻的食品及原料进入冷冻库。

(4) 大件物品单独存放,小件及零散物品置盘、筐内存放。所有物品必须放在货架上,并至少离地面25 cm,离墙面5 cm。食品的堆放要留有空隙,便于冷气流通。特别是在蒸发器附近要留有一定的空间,不要堆放食品。

(5) 加强对冷冻品计划管理,坚持"先存放,先取用"的原则,交替存货和取用。严格把握入库量,每日入库量应不超过总库容量的一定量。

(6) 每天对冷冻库进行清洁整理,定期检查食品及原料质量,并定期对冷藏库进行清理、消毒,预防和杜绝鼠、虫侵害,保持其卫生整洁。

(7) 控制有权进入冷藏库的人员数量,计划、集中领货,减少库门开启次数,由专人每周盘点库存情况,报告厨师长。

3) 设备管理

制冷机组周围不能堆放杂物,制冷压缩机组周围不要堆放杂物,蒸发器前不得堆放物品,以免影响制冷效果。

制冷机组上的冷凝器风机是吸风散热(风向朝压缩机方向吹),经常观察风机的转向是否正确(三相电源的改变会改变风机的转向),风机转向不正确会导致制冷下降,缩短制冷机的使用寿命。

4) 维护

(1) 定期观察和清洁。

小型冷库通常会采用外置风冷冷凝器,容易导致灰尘堆积,影响冷凝器的散热。最好定期清扫冷凝器上的灰尘,保持散热效果。清洁灰尘时,刷子应顺着铝片换热器的方向清扫,注意不要影响叶片位置,防止气流无法通过影响散热。

定期观察控制柜运转情况或观察温度表变化情况,定期观察蒸发器融霜情况。

(2) 冷库的除霉杀菌和消毒。

冷库内存放的烹饪原料都含有丰富的蛋白质、脂肪和碳水化合物,适合耐低温的霉菌和细菌的生长繁殖。为了保证烹饪原料的冷藏质量,应定期对冷库进行除霉杀菌和消毒。

冷库可选用酸类消毒剂,如过氧乙酸、漂白粉等,采用熏蒸法、加热蒸发法、粉刷箱壁等方法,对冷库进行消毒;也可采用紫外线或臭氧发生器对冷库进行消毒。

 小思考

为什么某些卫生管理部门要求比较大的餐饮单位设置专兼职的冷藏管理员

岗位？

在人们的饮食活动中,有一些饮食产品的加工或获得直接与制冷设备相关,这类制冷设备可归类为制冷加工设备,典型的如制冰机、冷饮机、冰淇淋机等。这些设备都是利用前述的制冷原理(主要是压缩式制冷原理),制造一个低温环境,在低温环境中生产出人们所需要的饮食产品。

（一）制冰机

商业制冰机广泛地应用于商业和饮食业,可制造出形状各异的冰,有板状冰、薄片冰、方块冰、管冰以及棒状冰等。由于冰的形状各异,制冰机的制冰方式和结构也有所不同。但总的来说,商业制冰机可大致分为片冰机和块冰机两类。常用的商业块冰机有热切式和冰模式,小型块冰机常采用热切式,而小型片冰机则常采用螺旋剥离式。块冰一般用于饮食业中勾兑冷饮和酒,片冰一般用于食品的保鲜。相比较而言,前者产量一般较小,后者产量一般较大。由于使用流动的水制冰,商业制冰机制出的冰晶莹透明。

商业制冰机主要由制冷系统、制冰部件、供水系统以及控制系统组成。

1. 制冰部件和制冰方式

按制冰机制冰部件的结构形式分为冰模式制冰机、平板式制冰机、棒式制冰机、螺旋剥削式制冰机。

1）冰模式制冰机

冰模式制冰机制冰部件的基本形状为一立方槽体,按脱冰方式和脱冰方向来分又可分为封闭冰模式制冰机、敞开冰模式制冰机和垂直冰模式制冰机。其制冰的过程和冰的特点各有不同。

封闭冰模式制冰过程使水不易混入空气,从而形成透明的冰块,而且几乎 100% 地除去杂质。

敞开冰模式制冰机与封闭式冰模制冰机相比较,由于制冰室下方为开放式的,制冰室间相互独立,制成的冰块不会粘连。冰块的下面无尖角,比较美观,适宜于冰酒。

垂直冰模式制冰机水泵的能耗较低,且制成的冰形像板状巧克力一样美观。

2）平板式制冰机

平板式制冰机的制冰部件为一板状结构,按最终制出的冰体形状和制冰面的数量来分又可分为热切式制冰机、碎冰式制冰机和双板式制冰机。

热切式制冰机结构比较简单,制造成本较低,使用和维修方便,而且外形较小但冰块形状不如冰模式制冰机制出的冰块规则,而且制冰过程中水容易流进储冰槽。

碎冰式制冰机产量较大,一般适宜于用冰量比较大的场合。制出的冰一般用于新鲜肉的保鲜和运输过程中保冷。

双板式制冰机一般都要有碎冰机配合使用。这种制冰机产量可以从每天 10 kg 到每天 20 t,使用也非常广泛,工业用冰大多使用这种形式的冰。由于有碎冰过程,产生的冰粉使碎冰不会挤伤食品,又能与食品充分接触,保鲜效果很好。还可用于饮料的冷却过程。

3)棒式制冰机

棒式制冰机必须维持一定的水面高度,方能使制冰脱冰过程顺利进行。另外,已变冷的制冰剩水可用于再次制冰用水,因此,这种制冰机是一种节能型制冰机。

4)螺旋剥削式制冰机

这种制冰机是一种节水型制冰机,成冰快、效率高,冰片薄且硬,不会损伤食品表面,故常用于鱼和肉的冷却保存。

2. 制冰机的制冷系统

除了螺旋剥削式制冰机与一般制冷系统一样外,在其他形式的商业制冰机的制冷系统中,制冷剂走两路,一路是专供制冰用的;另一路是脱冰用的。脱冰时,脱冰电磁阀打开,使高温高压制冷剂蒸气进入蒸发器凝结放热帮助脱冰。

另外,一般在制冰机的制冷系统中需设置气液分离器,目的是将制冷剂的蒸气与液体分离,防止液态制冷剂进入压缩机而产生"液击"故障。在收冰循环时压缩机排出的高温高压制冷剂蒸气直接进入蒸发器而将使部分制冷剂蒸气液化,设置了液气分离器,即可使液态与气态的制冷剂分离。另外,在制冰循环中制冰开始与结束时,蒸发器的热负荷差异很大。这样在制冰循环后期进入回气管的制冷剂蒸气中也会含有液态成分。

为了提高制冰机的制冷能力,系统中除了毛细管与低压回气管构成气-液热交换器以外,毛细管还缠绕在液气分离器的下部也构成热交换器,这样可以减少节流过程中制冷剂的气化,使毛细管中出口处制冷剂的干度下降,增加了流入蒸发器的可供气化吸热的液态制冷剂量,故可起到提高制冷系数的作用。

3. 制冰机的水系统

制冰机供水系统与其制冷系统一样重要,并必须与制冷系统协调配合,才能保证制冰机的正常运行:当制冰机工作时,供水电磁阀打开,供水一般经过制冰部件流入贮水槽,贮水槽注入规定的水量后,供水电磁阀关闭,供水停止,开始制冰运转。水泵将贮水槽的水泵入制冰机上部的散水盘内,水由盘底的散水孔流向制冰面,未冻结的水再流回水槽。此时由于部分水结冰,导致贮水槽内的水位下降,当水位低于规定的位置时,浮标开关闭合,制冰结束。

在制冰过程中,矿物质在水槽底部沉积使制冰水浑浊亦会导致成冰质量的下降。因此,及时地、充分地排水是非常必要的。制冰机中经常采用以下三种排水方法:全排水方式,每次制冰周期后,将余水全部排掉;稀释方式,供水量远远大于制冰后的水量,使余水稀释;底部排水方式,每次制冰后将余水排净。无论是哪一种方式,都将增大制冰机的耗水量,同时使制冰水槽中水的温度升高,使制冰的负荷增加,制冰机能耗增大。另外,水在制冰过程中,矿物质离子会沉积在制冰板表面、水位开关以及水泵等处,将影响制冰机的正常运行的同时,水中的氯离子会腐蚀金属表面。为避免这些现象的发生,在制冰机中设置软水器和过滤器,水系统材料尽可能选用不锈钢或新型树脂材料。

4. 制冰机的电气控制系统

商业制冰机大多为全自动制冰机,能自动控制水的供给、水的冻结及脱冰过程,并能在储满冰时自动关闭制冷循环。冰的制造过程由一系列传感器和自动开关来控制,比如用浮球阀和电磁阀来控制水的供给。而脱水方式可采用电热元件加热、温水加热、制冷剂高压气加热和机械剥离等方法,由温度控制器控制脱冰过程的始终。

整个制冰周期由制冰阶段和脱冰阶段组成,每个阶段时间的长短由定时器控制。制冰时间还可由插入蒸发器制冰部件中的冰块大小温控器控制,若将其调在温度较低的位置,则总的制冰周期就长。这样冰块可结得厚一些,质量较好;反之,冰块就结得较薄,中间有凹坑,质量较差。很明显,机器一天的制冰量与水温高低及环境温度高低有着密切的关系,这种关系可以由实验确定。这样就可以根据不同的环境温度与水温调整制冰周期的长短。

在一般情况下,压缩机一经启动便自动连续运转,进行制冰。若贮冰室内的冰块增加到一定高度时,温度传感器使冰面温控器动作。切断整个电路,压缩机也停止工作,直到贮冰室中冰块高度降低,压缩机才重新运转制冰。

另外,有的制冰机在制冷系统中设置冷凝压力控制开关。当环境温度较低时,将使高压侧的压力降低,此时压力控制开关的常闭触点断开,风扇电机停止转动而使冷凝器处于自然通风状态,这样既保证了足够的冷凝压力,又可提高制冰机的经济性。

5. 制冰机的使用与维护

(1)制冰机应安装在远离热源、无太阳直接照射、通风良好之处,环境温度不应超过35℃,以防止环境温度过高导致冷凝器散热不良,影响制冰效果。安装制冰机的地面应坚实平整,制冰机必须保持水平,否则会导致不脱冰及运行时产生噪声。

(2)制冰机背部和左右侧面间隙不小于30 cm,顶部间隙不小于60 cm。

(3)制冰机应使用独立电源,专线供电并配有熔断器及漏电保护开关,而且要可靠接地。

(4)制冰机用水要符合国家饮用水标准,并加装水过滤装置,过滤水中杂质,以免堵塞水管,污染水槽和冰模,并影响制冰性能。

(5)清洗制冰机时应关掉电源,严禁用水管直接对准机身冲洗,应用中性洗涤剂擦洗,严禁用酸性、碱性等腐蚀性溶剂清洗。

(6)制冰机必须每两个月旋开进水软管管头,清洗进水阀滤网,避免水中砂泥杂质堵塞进水口,而引起进水量变小,导致不制冰。

(7)制冰机必须每两个月清扫冷凝器表面灰尘,冷凝散热不良会引起压缩机部件损坏。清扫时,使用吸尘器、小毛刷等清洗冷凝表面油尘,不能使用尖锐金属工具

清扫,以免损坏冷凝器。

(8) 制冰机的水管、水槽、储冰箱及保护胶片要每两个月清洗一次。

(9) 制冰机不使用时,应清洗干净,并用电吹风吹干冰模及箱内水分,放在无腐蚀气体及通风干燥的地方,避免露天存放。

(二)冷饮机

1. 冷饮和冷饮机概述

产生冷饮的方法一共有两种:冰冷法和机冷法。

冰冷法,即将饮料与冰直接接触,使冰块迅速溶解而降温获得冷饮的一种方法。冰在制作和运输过程中,大肠杆菌和各种细菌污染严重,另外,冰溶解于水后,温度迅速回升,使冷饮温度不均。因此,此种方法已被卫生部门禁止。

机冷法,即用机器制作冷饮的方法,即为冷饮机。冷饮机一般在空调的状况下工作,获得的冷饮温度一般为 10℃±3℃。

冷饮机的形式按冷凝器可分为风冷和水冷两种。按蒸发器的形式可分为浸渍式、搅拌式、喷射式;为了强化传热,还有翅片式蒸发器和卧式壳管式蒸发器。

2. 喷射式冷饮机

目前市场上常见的是喷射式结构,它可对啤酒、牛奶、咖啡、果汁和可乐等各种饮料进行冷加工,可长期保持饮料清洁卫生、清凉可口,是夏季防暑降温的理想设备。

如图 3-10 是喷射式冷饮机的结构示意图,它主要由机身、制冷系统、循环喷射泵和贮液、出液罐四大部分组成。

当冷饮机工作时,液态制冷剂不断在筒形蒸发器内气化吸热;同时,微型水泵将饮料液液体从液罐底部吸入导管,再将饮料液体送到上部,将饮料液喷洒在筒形蒸发器顶面上,促使饮料液体在贮液罐内不断地循环,得到冷却。当饮料冷却达到调定的温度时,温控器切断电路,冷饮机停止工作。

(三)冰淇淋机

1. 冰淇淋及冰淇淋机概述

1)冰淇淋

冰淇淋(icecream),是以饮用水、牛奶、奶粉、奶油(或植物油脂)、食糖等为主要原料,加入适量食品添加剂,经混合、灭菌、均质、老化、凝冻、硬化等工艺而制成的体积膨胀的冷

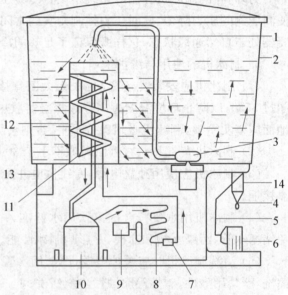

图 3-10 喷射式冷饮机结构

1. 喷淋管 2. 透明液罐 3. 微型水泵 4. 放水嘴
5. 自闭推杆 6. 水杯 7. 干燥过滤器 8. 冷凝器
9. 风扇 10. 压缩机 11. 蒸发盘管 12. 筒形
蒸发器 13. 温控器 14. 自闭水阀

冻食品,冰淇淋口感细腻、柔滑、清凉,是一种高档的发泡雪糕。

冰淇凌目前分成两大种类:一个是硬冰淇凌,由美国人创造,主要是在工厂加工,冷冻后到店内销售,因此从外形就能看出比较坚硬,内部冰的颗粒较粗,也称为美式冰激凌。包括哈根达斯在内的超市销售的冰激凌多属该种类。另一种是软式冰淇凌(Gelato)。软质冰淇淋,是指冰淇淋料凝冻后,不经灌装、成形、硬化过程而直接销售的冰淇淋,其中心温度约为—5℃,一般凝冻时间在 3 min 左右,冰结晶含量为40%~50%。与硬质冰淇淋相比较,软冰淇淋的生产具有投资小、占地面积小、经济效益高的优点,且现产现销,可以根据消费者的需要随时调整花色品种。软质冰淇淋主要供饮冰室、咖啡馆等饮食业堂吃用。随着麦当劳、肯德基进入中国,软冰淇淋在各大中城市已普遍受到人们的欢迎,尤其是青少年对口感滑爽、风味香醇的软冰淇淋倍加青睐。

 知识链接

冰 淇 淋 由 来

关于冰淇淋(icecream,又名冰激凌、甜筒等)的起源有多种说法。在中国很久以前就开始食用的"冰酪"(或称"冻奶",英文"frozen milk",现称冰淇淋,英文"icecream")。真正用奶油配制冰淇淋始于我国,据说是马可波罗从中国带到西方去的。公元 1295 年,在中国元朝任官职的马可·波罗从中国把一种用水果和雪加上牛奶的冰食品配方带回意大利,于是欧洲的冷饮才有了新的突破。

宋人杨万里对"冰酪"情有独钟,有诗为证:"似腻还成爽,如凝又似飘。玉来盘底碎,雪向日冰消。"

就西方来说,传说公元前 4 世纪左右,亚历山大大帝远征埃及时,将阿尔卑斯山的冬雪保存下来,将水果或果汁用其冷冻后食用,从而增强了士兵的士气。还有记载显示,巴勒斯坦人利用洞穴或峡谷中的冰雪驱除炎热。

西方还有一种说法是公元前334年,马其顿国王亚历山大率领他的军队开进波斯(现在伊朗)。在伊朗由于遇到酷暑,一些士兵纷纷中暑,使部队的战斗力大大削弱。"这可怎么办呢? 有了,你们快到高山上弄些雪来!"士兵们把果汁、葡萄汁掺到雪里搅拌,然后大口大口地吃起来。"太舒服啦!"后来罗马皇帝尼禄在盛暑难熬时,也学着亚历山大发明的方法让仆人从附近的高山上取回冰雪,加入蜂蜜和果汁,用来驱热解渴。 这为冰淇淋的配制开了先河。

2) 冰淇淋机概述

生产冰淇淋的机器也分为硬冰淇淋机和软冰淇淋机,一般而言,硬冰淇淋机的价格一般都比软冰淇淋价格低。

硬冰淇淋机一般分为台式硬冰淇淋机、流动式硬冰淇淋机、自动式硬冰淇淋机、

手炒硬冰淇淋机。

软冰淇淋机有多种形式,包括落地式、货柜式软冰淇淋机,双色或三色软冰淇淋机,牛奶冰淇淋机,低膨胀率软冰淇淋凝冻机,间歇式和连续式软冰淇淋机。这种设备在美国、德国、意大利发展比较早。

2. 软冰淇淋机

一台软冰淇淋机的核心部件主要有原料缸及其制冷系统、冷冻缸及其制冷系统、搅拌刮刀架、输送装置以及控制系统构成。本文拟介绍一双制冷系统软冰淇淋机。

1)基本结构与工作原理

其系统基本构成如图 3-11 所示,它的工作流程为:

原料缸→奶浆空气泵→冷冻缸→冷冻缸内的刮刀→斟出口

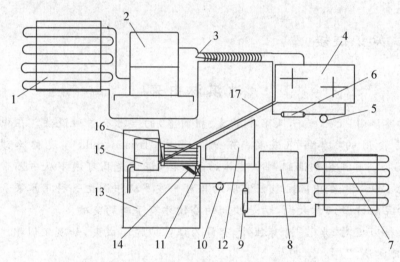

图 3-11 双制冷系统软冰淇淋机结构

1,7. 冷凝器 2,8. 压缩机 3. 回热器 4. 冷冻缸 5,10. 主毛细管 6,9. 干燥过滤器 11. 原料缸蒸发器 12. 副毛细管 13. 原料缸 14. 风扇 15. 奶浆/空气混合泵 16. 电动机 17. 奶浆输水管

原料缸用于对冰淇淋原料进行混合并暂时贮存所形成的奶浆。运行时通过热敏电阻控制制冷系统的运转,将原料缸的温度控制在 $-0.5℃$~$6.5℃$之间。输送装置的关键设备是奶浆/空气混合泵,它将奶浆输送至冷冻缸,其运转由压力开关控制。一般,空气和液体奶浆按各自的通路同时进入混合区,随后通过输送管道进入冷冻缸。贮存奶浆的原料缸的制冷系统中,制冷剂在干燥过滤器出口处分为两路,一路经主毛细管 10 进入原料缸蒸发器;另一路经副毛细管 12 进入奶浆输送管外壁与管道内,与奶浆进行热交换,将进入冷冻缸的奶浆进行预冷,使其温度保持在 4℃ 左右,确保产品品质和食品安全。

冷冻缸的内壁面即是其工作表面,奶浆和空气经搅拌后膨化,在冷冻缸内壁面上被冷却形成奶昔。经过 7~11 min 之后,当产品达到所需的黏稠度,由螺旋形刮刀刮下送到斟出口,通过拉下斟出手柄即可以斟出产品。产品的标准温度为 -7~$-8℃$。有的机器具有双冷冻缸,如 Taylor 8757 型圣代机。一般根据销量决定开启单缸或双缸。

冷冻缸内的搅拌刮刀架由搅拌电机通过减速箱、传动轴驱动,用于搅拌奶浆,使奶浆与空气充分混合,螺旋形刮刀同时刮下缸壁上形成的小冰晶并将形成的奶昔推向冷冻门。

软冰淇淋由产品的成形度和黏稠度来判定,冷冻缸制冷系统通过搅拌电机的电流控制。当搅拌电机的电流达到设定值时,制冷系统压缩机停止工作,同时搅拌电机也停止工作。

2) 使用中的故障分析与排除

软冰淇淋机在日常的营运中,由于操作不当等原因会出现各种故障,较为常见的故障现象有冻缸、冷冻缸四壁被刮伤、软冰淇淋不能成形或成形不理想、原料缸温度下降缓慢等,有时也会出现压力控制组件短路起火等恶性故障。

(1) 奶浆/空气混合泵压力控制开关短路。

输送装置中的核心设备是奶浆/空气混合泵,也称抽料泵,其作用是将奶浆从原料缸输送到冷冻缸中。奶浆的压力通过压力薄膜传到压力开关(工作电压 220 V)上。如果压力薄膜破损或老化,一侧的奶浆会直接渗过压力薄膜进入压力开关,导致压力开关电源短路引起电火花,严重时会导致整台软冰淇淋机起火。

为防止出现压力开关短路引起起火的恶性事故,应定期(3 个月)检查、更换压力薄膜或破损的压力开关。

(2) 冻缸故障分析及其排除。

发生冻缸时冷冻缸内的搅拌轴被冰冻住,不能转动,无法舀出产品。

冻缸主要是冷冻缸内结冰引起。冷冻缸内如有多余的水分,会形成一层冰膜覆盖在缸内壁。为了从冷冻缸壁上刮下冰冻的产品,刮刀刃必须保持锋利。而冰膜的存在会对刮刀造成损伤。如果冰膜较薄,刮刀勉强可以转动,但是会使塑料刮刀很快磨钝,制成的产品偏软。冰膜较厚时,刮刀被冻住而无法转动,形成冻缸。

冻缸故障一般发生在软冰淇淋机待机 30 min 之后再次使用时。故障现象是搅拌电机皮带轮与无法转动的三角带相互摩擦会发出啸叫声,同时无法舀出产品;5 s 后电机过载保护器启动,机器停止工作。如果多次发生冻缸,传动系统将多次被冲击,轻者造成减速器平键和联轴器断裂,重者会使变速器损坏和刮刀架组件变形。刮刀架变形后,如不发现继续使用有可能刮伤甚至刮穿冷冻缸,造成极大的损失。分析发生冻缸故障的原因,主要有以下四点。

排气充填时间太短。机器在使用之前需要消毒水清洗,使用奶浆/空气混合泵将消毒水抽到冷冻缸内,让刮刀搅拌 5 min 然后压下舀出手柄,放掉消毒水,之后抽奶浆,用奶浆冲掉缸内残余的水和空气,然后关闭排气口。这个过程即为排气充填过程。如果安装人员在排气充填时不遵守规范,没有排尽缸内残留部分消毒水和空气就关闭舀出口并压下排气充填杆,使用时便会发生冻缸。

奶浆制作不正确。按照标准 1 kg 奶粉和 3.5 L 水混合,并充分搅拌 5 min。但在

实际制作中,操作人员经常会因为时间紧,在奶粉和水没有充分溶合时就匆匆装入机器使用。这时,因搅拌不均匀游离于奶粉之外的水就会在冷冻缸结冰。

奶浆输送装置的问题。可能出现三方面的问题:一是泵的吸料管太短或开裂会使过量的空气被抽入冷冻缸内,空气中的水分会被冷冻成冰;二是如果泵内的密封圈没有按规定定期更换,磨损后也会使过量的空气进入,从而导致冻缸;三是压力开关烧坏,抽料泵不运转,冷冻缸内只有空气没有奶浆,空气中的水分很快结冰形成冻缸。

液位探针故障。原料缸奶浆的高度由 3 根金属探针探测后反馈给电脑板。如果缸内有大量泡沫或大量使用回奶,探针就会出现探测失误,在奶浆液位低于标准时抽料泵仍然工作,过量空气被抽入冷冻缸形成冻缸。

针对以上冻缸故障产生的原因,应严格操作规程,要求工作人员在排气充填完成后,要放掉 2 标准杯奶浆;调配奶浆时应充分搅拌 5 min 以上;经常观察奶浆存量并及时添加。定期(3 个月)更换吸料管、密封圈等易耗品。

(3) 软冰淇淋不能成形或成形不理想。

软冰淇淋机使用中常会出现斟出产品过软,以致不能成形或成形不理想。软冰淇淋产品的温度在 −7～−8℃ 黏稠度最佳,成形最好。这个温度由冷冻缸制冷系统实现,而冷冻缸制冷系统是否工作则由搅拌电机的电流控制。对于 Taylor8757 型软冰淇淋机,当控制电流达到 1.8 A 时,制冷压缩机和搅拌电机都停止工作。

在排除奶浆配比不当、产品黏稠度设置太软、斟出速度过快这些操作方面的原因后,就要检查是不是机组的机械故障。首先,要检查冷冻缸内的刮刀是否损坏。刮刀磨损严重或损坏,不能将冷冻缸壁面处达到温度标准的产品刮下,使得斟出物太软。其次,软冰淇淋机制冷系统中一般采用风冷冷凝器,如果受安装空间的限制,机组周围没有足够的散热空间,或者冷凝器上积灰太厚,都会降低冷凝器的换热效果,甚至导致制冷压缩机停机。需定期检查刮刀的磨损情况,并及时更换。机组应严格按照安装要求进行安装,保持足够的散热空间,冷凝器应尽可能处在通风良好的位置,并定期对冷凝器进行清扫。

(4) 原料缸温度下降缓慢。

原料缸温度由热敏电阻控制,在机器不营运时控制在 −2.2～1.1℃,营运时控制在 −0.5～6.5℃ 之间。如果原料缸温度达到营运时标准温度需用较长的时间,而制冷系统运转正常,则要检查原料缸蒸发器表面的结霜情况。

原料缸制冷系统的蒸发温度低于 0℃,系统运转时蒸发器表面结霜,当霜层较厚时,蒸发器翅片间隙减小甚至被堵塞,蒸发器进出风温差增大,风量减少,造成原料缸温度下降缓慢。一般,对蒸发器进行定时融霜即可解决该问题。然而,在营运高峰时,为应对客流无法对原料缸蒸发器进行定时融霜。这时,在不改变制冷系统的设计条件下,在原料缸蒸发器处增加一个风扇,可有效改善原料缸的降温条件。测试表明,在餐厅温度维持 25℃ 基本不变的前提下,未增加风扇时,原料缸降温用时 3 h,蒸发器进出风温差 12℃；增加风扇后，降温用时 1.5 h，进出风温差为 7℃。

3）清洗

冰淇淋机的清洗消毒十分重要。每台软冰淇淋机生产操作结束后，必须进行卫生保养和清洗，其顺序如下。

（1）切断冻缸的制冷剂，启动搅打器，清除机内剩余产品。

（2）用 2 夸脱（1 夸脱＝1.137 L）自来水冲洗凝冻机。

（3）使用专用氯液洗剂，配制 2 加仑热的清洗溶液。

（4）去料斗盖和配料管子，用加仑清洗溶液灌注配料斗。在溶液流入凝冻机滚筒之前，彻底刷洗配料斗和进料管。

（5）搅打器运转 30 min 后取出，用热水冲洗。

（6）打开凝冻机门，用剩余的洗液刷洗零配件，然后重新安装好凝冻机。

（7）在开始使用凝冻机前，用 200 mg/kg 氯液消毒，再用清水洗涤，彻底排水，但不要用热水冲洗。

三、制冷展示设备

利用制冷设备，将待销售的食品、水果、蔬菜等在公共场所进行展示，从而起到不仅可以提高销量，而且可以装饰环境的作用。这类的设备主要有展示柜、恒温展示鱼缸、冰鲜展示台等。

（一）展示柜

展示柜按放置方式分有立式和卧式两种，其结构特点与工作原理基本相同。柜内的温度一般在 2～5℃，多用于储存水果、糕点、冷菜、酒水及食品展示等，该类设备在自助餐厅较为多见。

1. 基本结构

展示柜基本结构如图 3-12 所示，由制冷系统、送风系统及货架等辅助器件构成。

2. 安装与调试

1）柜体安装

（1）冷藏柜应放置于平整的地面上，地脚螺栓要调整触地，防止振动产生噪声。

（2）避免日光直射，远离发热

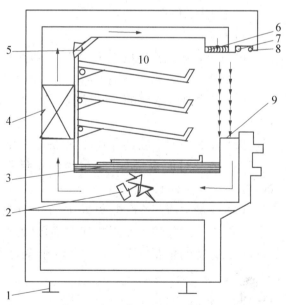

图 3-12　冷藏展示柜结构示意

1. 地脚螺栓　2. 蒸发器风机　3. 货斗　4. 蒸发器
5. 镜子　6. 风幕出口　7. 日光灯　8. 夜间保鲜幕帘
9. 风幕进口　10. 搁架

体,确保冷藏柜周围风速小于 0.3 m/s,不要使冷藏柜靠近风扇或置于通风较强的地方,以免破坏展示柜风幕,影响制冷效果。

2)电气安装

(1)展示柜的电源插座应单独配置符合规格的控制开关和熔断器,不允许多个电源插座混合使用。

(2)冷藏展示柜必须可靠接地,防止触电。

3. 使用与维护

(1)清洗展示柜时,严禁使用有害溶剂,严禁在展示柜工作时直接冲洗柜体。

(2)外接电源电压确保波动不大于10%,最好使用稳压器。

(3)每月定期清扫冷凝器上的灰尘,防止风道堵塞,以保持冷凝效果,清扫时,务必在关停压缩机后进行,以免电扇伤人。

(4)为使柜体周围干燥,融霜水应排入排水沟内,若无排水沟应备接水器皿,每天至少排放一次,潮湿季节按实际情况而定。

(二)恒温展示鱼缸

1. 功能特点

恒温展示鱼缸按放养种类不同可分为海鲜、贝类和淡水鱼缸,水温可根据鱼、虾、贝类等的生活习性在5~30℃范围内调整。恒温鱼缸由电脑控制器、制冷系统、水循环系统及水质过滤系统组成,水温可调可控,水经过连续过滤消毒,清澈不变质,从而保证活鲜长期正常生长。

2. 使用与维护

1)使用

可对鱼缸设定温度的上下限值,并可对化霜时间和周期进行调整。

2)维护

(1)注意观察水泵的工作情况。若水泵有故障就停止制冷,否则易将系统冻结损坏。

(2)注意观察水温,以防过冷过热造成活鲜死亡。

(3)要及时加水,使过滤箱的水位保持一定高度,以防水泵因缺水运行造成故障。

(4)应经常清扫冷凝器灰尘,以保证节能和制冷效果。

(5)缸内的鱼的密度要适宜,否则会造成死亡。

(6)存养的鱼及贝类一定要清洗干净,否则会影响水的使用时间。

 小结

本章对人工制冷和厨房内的制冷设备进行了介绍。

人类制冷的历史久远,但现代意义上的制冷技术应用则是 18 世纪以后的事情,由于对应用和环境的要求,人类的制冷技术及所涉及的制冷剂都发生了很大变化,现代人工制冷的方法可分为物理和化学两种。其中得到重要应用的是压缩式制冷和半导体制冷技术。

烹饪制冷设备从其应用功能上,可分为制冷储存设备、制冷加工设备和制冷展示设备。在制冷储存设备中,最重要的是商业冰箱,对其正确的使用和维护不仅关系到烹饪生产的正常运转和成本控制,而且关系到饮食的卫生健康。在制冷加工设备中,由于软冰淇淋的盛行,软冰淇淋机开始越来越受到饮食行业的重视和应用。制冷展示设备不仅可以储存原料,而且可以美化环境,帮助促销,因此,对其了解也是必要的。

 问题

1. 试述制冷的含义。
2. 如何将半导体冰箱变成保温箱?
3. 讨论制冷剂的发展趋势。
4. 试述压缩式制冷循环原理。
5. 如何避免和消除冰箱异味?
6. 试述各类制冰机的应用特点。
7. 试述冰淇淋机的清洁工作顺序。
8. 制冷设备在使用方面有哪些共性要求?

 案例

1. 宝应县餐饮经营单位冰箱冰柜卫生状况调查

为了解宝应县餐饮经营单位冰箱、冰柜卫生基本情况,预防食物中毒事件发生,保障饮食安全,宝应县疾病预防控制中心于 2008 年 5～9 月对宝应县城区餐饮经营单位的冰箱冰柜卫生状况进行了调查。

结果是:冰箱、冰柜一般卫生状况较差,主要卫生问题是:冰箱、冰柜中存放食品过多过满,结霜过厚,直接影响到冷藏效果;冰箱、冰柜不定期除霜和清洗、消毒,油渍、污渍很多;将冰箱当作食品"保险箱",隔市、隔夜的熟食从冰箱、冰柜中取出后不经回锅加热而直接出售等。冰箱、冰柜的污染率较高,大肠菌群检出率为 47.73%,其中冰箱的大肠菌群检出率为 60.42%,冰柜为 44.19%。

2. 山西夏县饮食行业冰箱冰柜卫生状况调查

2005 年 7 月,山西夏县卫生局卫生监督所对饮食行业中的冰箱冰柜卫生状况进行了调查。结果此次调查 10 户使用的冰箱、冰柜,其中冰箱 10 台,冰柜 3 台。一般卫生状况均较差,主要是不能定期清洗消毒,生熟不分、乱放杂物和有污物等。2 台冰箱中检出了大肠菌群,阳性率为 20%,冰柜中未检出大肠菌群。

 思考题

    1. 冰箱如何正确的使用才能确保食品的安全卫生?

第四章 烹饪器具与材料

学习目标

学完本章,你应该能够:

(1) 了解烹饪器具的种类和发展演变;

(2) 了解目前在厨房中具体的各种烹饪器具;

(3) 了解烹饪器具的材料的特性;

(4) 掌握常用烹饪器具的选用和维护。

关键概念

烹饪器具　　餐饮器具　　烹调器具　　器具材料

在厨房生产中,除了可利用一些设备完成烹饪工艺操作外,由于历史传统的传承性和科技手段的局限性,还不可避免地需要人工来完成一些必要的工作,而这时就需要利用所谓的烹调器具来完成。此外,由于菜肴的盛装和消耗通过餐饮器具实现,是烹饪工作的末端体现(犹如食品生产之后的食品包装),因此,烹饪器具就包括了餐饮器具和烹调器具两大部分,即烹饪器具主要是指用以实现厨房生产和餐饮活动中使用的各种手工操作器具的总称。

第一节 概 述

烹饪器具种类繁多、历史悠久,是构成饮食文化的重要的组成部分。本节对烹饪器具的大类和历史演变进行介绍。

一、烹饪器具的分类

烹饪器具的分类方法很多,根据活动的主体可分为餐饮器具和烹调器具两大

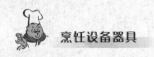

部分。

　　餐饮器具简称餐具,是人们进餐时使用的食具、茶具、酒具和其他辅助用具的统称。其主要有助食器具(如筷子、刀、叉、匙、汤勺、饭瓢等)、盛食器具(如碗、盘、碟、汤盆、火锅等)、饮用器具(如杯、壶等)和备食器具(如桌、椅、台布、餐巾、筷架、勺架、餐具柜、食橱、乘案等)四类。

　　烹调器具简称炊具,是在厨房进行原料的洗涤、加工、切制、调配、烹制和贮存等过程中使用的各种器具的总称,包括烹制用具(如各种锅、煲、铲、勺)、切割用具(刀具、砧板)、作业用具(瓢、盆、钵、罐、缸)等。

　　按不同的地域有中餐烹饪器具和西餐烹饪器具之分。当然,随着饮食文化的交融,两者之间也有交集。

　　若根据历史特点可分为古代烹饪器具和现代烹饪器具;若根据材质的不同,可分为陶、瓷、搪瓷、玻璃、塑料、竹木等非金属材料和钢铁、不锈钢、铝、铝合金、银、金、铜、复合金属等金属材料制成的各类烹饪器具;如若按其形态来划分,有锅、铲、勺、碗、盘、碟、盅、杯、壶、筷、匙、叉、缸、盆、桶、罐、盒、刀、砧、案、笼、柜、架,等等。

　　烹饪器具具有悠久的发展历史,每一种器具从其使用的装饰手段到图案,都蕴含着深厚的文化内涵,反映了特定历史时代的文化特征。而且各种器具在地域、民族、文化与生活方面的特性存在差异,这是烹饪器具复杂的主要原因。随着新材料、新工艺和新技术的发展应用,烹饪器具也不断推陈出新,种类和规格更加繁多,如新近出现的分子烹饪器具。

二、烹饪器具的发展历史

(一) 中餐烹饪器具发展历史

烹饪器具分为餐具和炊具,则其发展历史也可从这两方面加以阐述。

1. 中餐餐具的发展历史

餐具中包括助食器具、盛食器具、饮用器具、备食器具四类。其中饮用器具包括酒具和茶具,而酒和茶在人类的饮食活动中更多地体现着地方特色和传统文化,为此,将其单独进行介绍。

1) 中餐餐具的发展演变

　　早在原始社会,人们为了进食的需要发明了许多烹饪和饮食的器物,逐渐改变了用手抓食的习惯。进入文明社会之后,食用餐具开始成为文明礼仪的象征,人们在饮食过程中更为讲究餐具的不同用途,这样就形成了最古老的食器格局。

　　上古时期,畜牧业与狩猎在社会经济中还占有相当大的比重,肉类食品的消费量一直居高不下,人们把肉食视为主餐。为适应食肉的需要我国先民们发明了"鼎",这便是专门用来煮肉的炊具。肉煮熟之后,就需要相应的餐具来保证进口入腹了。最早的餐具乃是刀和俎。俎是一块长方形的小板,人们把肉从鼎里捞出来,放在俎上,然后用刀割着吃。通常情况下，就餐的人是一人一俎，每人要自切自吃。然而用刀割肉固然便利，但入口之际却隐存危险，所以古人又制作出一种专用餐具——匕。匕的形状类似后代的勺和匙，但一般为尖形，勺头部位的边刃仍然锋利，这样便于插肉和割切。在很长的一段时间内，人们常以刀匕并举、刀俎并举，作为餐具的代名词。俎一般为木板，偶尔也用铜板。匕的用料较为广泛，可以是木制、骨制，也可以用金属制成。就餐时，人手一俎、一刀、一匕，便可构成最原始的食器组合。

春秋战国时期，刀、匕、俎等餐具还在流行，但由于农业经济的发展、粮食逐渐成为我国居民的主食，食肉者越来越少，所以，这一套食器慢慢成为富裕人家的用具，普通百姓只吃五谷，难尝肉食，自然不再使用刀、俎了。唯独"匕"，一来可以插割肉食，二来能够舀食米饭和喝汤，因此继续保留在千家万户之中，成为进食的主要餐具。

自从农业发展之后为了食用谷物，人们开始制作相应的餐具，这便是古书上常说的"簋"和"簠"。最早的簋和簠都用竹木制成，比较简陋可以盛米饭。人们用匕或勺从器中直接食用。簋和簠的差别在于，簋为圆形，类似大碗簋；簠为方形，有盖，合上盖为一器，打开盖就成了两个器皿。人们发明冶炼金属之后，使用青铜铸造的簋和簠便多了起来，但是小民百姓还只能继续使用木制品或竹编品。

古人在食用谷物之际，还要吃菜喝汤，这样，用竹木制编的簋和簠就无法胜任了，为此，餐具中的"盘"便应运而生。值得注意的是，古代很早就有"碗"，但碗只用来喝水或喝酒，一般不用来吃饭或喝汤。古代的盘子可大可小、可深可浅，用来吃菜喝汤，再好不过了。所以，自从盘子问世之后，一直是我国人民主要的饮食用具，从未受到冷落。战国以后，簋和簠逐渐退出了饮食领域，这两种餐具的饮食功能便被盘子全部承担了。唐朝诗人李绅在《悯农》一诗中所说"谁知盘中餐，粒粒皆辛苦"，便是指用盘子吃饭。

先秦之际，我国人民就发明了筷子，当时也叫"箸"。然而，汉代以前，使用筷子的情况并不多见，《礼记·曲礼上》说"羹之有菜者用梜"，梜即筷子。意思是说，如果羹汤中有菜，这时候才使用筷子去夹捞。通常情况下，人们只使用"匕"来吃饭。汉代以后，筷子开始风靡于世，成为我国居民最爱使用的进食器物，同时成为中华餐具的杰出代表，表现出华夏饮食的特色与优势。

古代人制作餐具，用料甚为讲究。早在上古时期就有骨制品、木制品、竹制品、陶制品和青铜制品之分。就"盘"而言，有陶盘、铜盘和木盘。木制餐具极为流行，为了更好地装饰这类器皿，我国先民们发明了漆器工艺，即在木制品上涂上五色斑驳的天然漆，使之光色美丽夺目。1978年，浙江出土了一件精美的木胎漆碗，距今已有7 000年的历史了。可见我国先民们为了改善自己的饮食条件，创造出多么文明和精美的餐具。从商周到两汉，漆器成为餐具中的大宗物件。

魏晋之后，瓷器渐露头角，逐渐占据餐具界的首领地位。到唐朝时，几乎家家都用瓷器做餐具。与此同步，餐具的形状和式样也有了较大的变动。木制品、竹制品和骨制品的餐具都屈居从属地位，只有竹木制成的筷子保持不变，而尖形的"匕"则演变

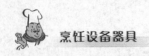
成圆头、长柄的瓷匙，至于刀、俎之类的原始餐具则全部退出饮食案台。继之而来，瓷盘、瓷碗、瓷匙、筷子构成了盛唐时期餐具的主要格局。

从宋朝到明朝，我国餐具主要还是沿着唐代餐具的格局向前发展，主要变化在于"碗"的兴起。由于瓷制品的普遍利用，瓷碗开始显示出独有的魅力，它圆形可爱，起落适手，与筷子相配合，既可形成最简易且又最舒适的进餐模式。所以，宋代以后，人们多使用碗来吃饭、吃菜和喝汤，至于喝水、喝酒、喝药，也照样离不开碗。明朝时，宴席上菜全部用碗，根据宴会规格，有所谓八大碗、六大碗、四大碗之分。至于盘子，仍为餐具之主，有大盘、中盘、小盘的区别。由此推演，小于盘子的器皿又称作"碟"。到清朝初叶，盘碟之类的餐具主要用来盛菜，而碗则偏重于盛饭和盛汤，这种配置，直到现代仍然未变。

2）中国酒具的发展演变

我国古代的酒具有独特的风格和特色，在不同的朝代，出现过不同型制的酒具，这是古代酒文明的一个重要标志。酒具显示了酿酒业的发展程度，也反映着古人的饮酒习惯。

（1）新石器时期的陶制酒具。

早在新石器时代的遗址中，我们就发现了许多陶制酒具，这说明当时的酿酒已发展到了相当的水平。最早的陶制酒具有尊、罍、盉、斝、壶、杯等数种。这些陶制酒具，到商周时期，随着冶炼技术的发明又变成青铜制品。

"尊"是盛酒备饮的容器。上古时期，人们曾把盛酒的器皿统称为尊，后来才仅指敞口、鼓腹、高圈足的专用酒具。到商代时，开始出现青铜制作的尊，一直沿用到西周初期。古人宴款贵客时，往往不用酒杯相劝，而是直接将一个酒尊送到贵客面前，以示敬意，至今留有"尊敬"的词语。

"罍"（音"雷"）也是一种盛酒器，有方形和圆形两种：方形罍宽肩，两耳，有盖；圆形罍大腹，圈足，有两耳。这两种罍一般在一侧的下部都设有一个穿系用的鼻钮。罍从新石器时代一直沿用到西周时期。《诗经·周南·卷耳》有云"我姑酌彼金罍"。方形罍多为商代酒具，圆形罍则商代和西周都用。

"盉"（音"和"）是一种调酒器皿。古时典礼，喝酒必须一干而尽，不会喝酒的人，就用白水在盉中掺酒，名曰"玄酒"。盉的形状较多，一般是深腹、圈口、有盖，前有流（容器的吐水口），后有鋬（把手），下有三足或四足，盖和鋬之间有链相连接。盉亦作温酒器，温酒后倾入杯、爵之中，然后饮用。青铜制作的盉盛行于商代后期和西周初期。

"斝"（音"甲"）是一种温酒器，也是饮酒器，形状像后来的爵，但较大，有三足，两柱，一鋬，圈口、平底、无流及尾。斝主要盛行于商代，到西周中期已不多见。

（2）商周时期的青铜酒具。

商、周两代是青铜器的鼎盛时期，这时期的酒具明显增多。盛酒器除了尊、罍之外，还出现了彝、瓿、卣、觥、缶；温酒器有鐎；饮酒器有爵、角、觚、觯。

"彝"(音"仪")通称"方彝",高方身,带盖,盖上有钮。主要盛行于商朝和西周,春秋前期仍有个别留存。

"瓿"(音"布")有青铜制品,也有陶制品。敛口,圆腹,圈足,像后代的坛子,盛行于商至战国。

"卣"(音"友"),椭圆口,深腹,圈足,有盖和提梁,有时制作成各种兽形,变化较多,盛行于商代和西周。古文献和铜器铭文中常有"秬鬯一卣"的词语,秬鬯是古代祭祀时用的一种香酒,卣是专门盛这种香酒的酒具。

"觥"(音"弓")是盛酒器,也可作为饮酒器,有的觥内附有小勺,用以酌酒。觥一般为椭圆形腹或方形腹,圈足或四足,有流和把手,有盖,盖做成带角的兽头形,或做成长鼻上卷的象头形。觥盛行于商代和西周前期。《诗经·周南·卷耳》有云"我姑酌彼兕觥"。

"缶"(音"否")为陶器,圆身,大腹,有盖,肩上有环。《说文解字》云"缶,瓦器,所以盛酒浆,秦人鼓之以节歌"。缶盛行于春秋战国,是陶制品中最常用的盛酒器。

"镳"(音"焦")是一种温酒器,也叫"镳盉"。其形状似盉,圆腹、小口、底部有三足。与盉不同的是,盉有把手,而镳为提梁,并有连环将提梁与盖衔接。

"爵"是饮酒器,也可温酒。圆腹,前有倾酒的流,后有尾,旁有鋬,口上有两柱,下有三个尖高足。《易经·中孚》有云,"我有好爵,吾与尔靡之"。爵盛行于商和西周,尤以商代最多,春秋战国时已少见。

"角"形状似爵,作用与爵一样,只是前后都是尾,无两柱,一部分有盖,盛行于商和西周初期。

"觚"(音"姑")是饮酒器,亦可盛酒,大致相当于后世的酒杯。长身、侈口,口和底部都呈喇叭状,主要盛行于商和西周。商代前期的觚较商代后期的觚要粗一些。

"觯"(音"志")是饮酒器,圆腹,侈口,圈足,或有盖,形似尊而较小。《礼记·礼器》记载"宗庙之祭,尊者举觯,卑者举角。"看来,觯是身份高的人所用的酒杯。

商周时代,饮酒一般要使用"勺",用勺把酒从盛酒器中舀出来,倾入饮酒器中,然后饮用,俗称"酌酒"。温酒器都有足,可以直接放在炉上加热,热后或直接饮用或注入饮酒器中。

图4-1所示为十五种古代青铜器。

(3)汉晋时期的酒具。

汉晋时期,酒具有了明显的变化,商周时期的各种青铜酒具已不多见,继而代之的有樽、卮、壶、杯,其制作材料也趋向多样化,出现了铜器、银器、金器、玉器制作的各种酒具。

"樽"(音"尊"),通称"酒樽",是汉代流行起来的一种盛酒或温酒的器具。温酒樽一般为圆形,直壁,有盖,腹较深,有兽衔环耳,下有三兽足。盛酒樽一般为鼓腹,圆底,下有三足,有的在腹壁上设三个铺首衔环。樽从汉代起一直用到南宋,以铜

图 4-1 古代青铜器

青铜角、青铜斝、青铜瓿、青铜提梁卣、青铜师趛鬲、执把兽头盉、西周青铜盘、铜嵌银丝盉、镶红铜龙纹罍、铜出戟花觚、铜饕餮龙纹尊、饕餮纹纹瓿、青铜豆、西周甗、商末铜鼎

(从左至右,从上到下)

制品居多。《孔融别传》有"座中客常满,樽中酒不空"。在古代,樽还被制成各种动物模样。

"卮"(音"织")是圆状带有把手、盖和三个小短足的杯子,属于饮酒器,战国时已流行,一直用到宋朝。

"壶"是盛酒器,"杯"是饮酒器,早在新石器时代就有陶制品的出现,其使用历史最为久远,使用期也最长。《诗经》中就有"清酒百壶"的吟咏。壶和杯的制型历代不一,一般说来,壶为大腹小口,有圆形、方形、扁形,汉代时称圆形壶为"钟",方形壶为"钫"。杯一般有把手,圈足。壶和杯的用途很广,可以盛酒,可以盛水。壶和杯广泛应用于酒席中,壶盛酒,杯饮酒,直到今天依然如此。

(4)唐宋以后的酒具。

唐宋时期,酒具还有瓶、榼、盏、碗等。有金属制品,也有瓷器制品,瓷器在酒类器具中占有重要地位。

"瓶"多为瓷制,长身,细颈,小口,用以盛酒。"盏"是浅而小的杯子,唐宋以后,酒的度数升高,人们开始使用小容积的饮酒器,因而盏受到欢迎。

"碗"是大口小底的饮酒器,也可饮水,战国以后,多有流行。唐朝时,用碗饮酒已很普遍,以后各朝均用碗饮酒。

唐代时出现了一种新型酒具——注子,又称扁提,其形状似今日之酒壶,有喙,有把手,有盖,肩上有拴系用的纽榫。注子既能盛酒,又可注酒于杯,使用极为广泛。注子出现后,逐渐取代了以前惯用的樽、勺等器具,成为酒席间不可缺少的酒具。到了宋代,又出现了与注子配套的"注碗",碗内盛热水,再把注子放其中,用以温酒。唐朝还有一种船形的饮酒器,通称"酒船",使用也相当广泛。

自魏晋之后,逐渐出现了以金、银、玉、玛瑙、琉璃、犀角等贵重材料制作的酒具,上面提到的玉碗、银榼、银杯、琉璃卮等,都属于贵重酒具。有些酒具还具有独特的形状和命名,工艺精巧,价值连城。

总之,我国酒具的发展和演变,充分反映古代制作工艺的高水平和饮食生活的高标准。同时也说明,古人饮酒时始终充满偏爱的心理,以致对酒具也保持着高格调的追求。

3)中国茶具的发展演变

中国茶艺经过几千年的发展已成为一门精湛的技艺和文化。在茶艺活动中讲究精茶、真水、活火、妙器,茶具在茶艺活动中占有很重要的位置。正所谓好茶配妙器,妙器泡好茶。作为茶的祖国,自然茶类繁多,不同的茶类使用不同的茶具,因此,茶具琳琅满目,数不胜数。茶文化的发展带动了茶具的发展,不同时期的茶具烙上了不同时代的烙印。

(1)汉晋时期的茶具。

到了汉朝饮茶较为普遍,茶叶成为商品,推进了茶具的发展。这个时期的茶具有:青瓷钵、陶炉、铜镀、青瓷罐、陶臼等,青瓷钵用于饮茶,陶炉用于煮茶,铜镀用于

盛茶汤,青瓷罐用于贮藏茶叶,陶臼用于研茶。

晋朝造瓷业进一步发展,主要烧制青瓷,瓷质茶具占主要份额。主要茶具有:青瓷锼(盛茶汤的器具)、青瓷孔罐(烘焙茶叶的器具)、青瓷盖盒(贮存茶叶的盒子)。

(2)唐代茶具。

唐朝是我国历史上经济和文化最繁荣的时期,由于政治清明,文治武功,涌现了一大批文学家和诗人。陆羽《茶经》问世,文人雅士、僧人道士倡导饮茶,推动了茶叶生产、茶文化以及茶具的发展,唐代茶具的一个特点是多而复杂。陆羽在《茶经》中介绍了饮茶必备器具24件,可见古人对饮茶是非常讲究的。饮茶不但是一种物质享受,而且追求一种精神意境。唐代生产的是蒸青团茶,煎煮前应碾碎成末,因此把茶具分为:瓷茶碾(碾碎茶叶用)、漆盒(贮存碾好的茶末)、煮茶贮茶用具(铜锼、火箸、铜则)、铜壶、瓷壶(点茶用具)、饮茶器具(瓷托盏、瓷碗、银碗、银杯、玉石杯)等。

(3)宋代茶具。

宋代不但饮茶之风盛行,还流行"斗茶",即比试茶艺高低。主要原因是宋代城市经济发达,丰富的物质生活刺激了人们对茶艺进一步探索,茶艺成为一门娱乐艺术。因此,与之相适应的茶具也发生了一些变化。

宋代茶具主要有:黑釉纹盏(全器内外壁涂黑釉,盏内釉乌黑晶亮),这种茶盏其唇沿下有折凹,是注水的标准线,如茶汤泛起,则高出标准线,汤花退去,水痕即在标准线处呈现,这是为适应宋代"斗茶"以"水痕"为标准的需要而设计制作的。

青白釉盏,这是当时流行的一种茶盏。铜炉用于煎茶烹茶;银匙,银质匙状,属烹煮茶器。

(4)明清时期的茶具。

明清时期,茶叶生产发生了变革,炒青散茶代替了蒸青团茶,在思想和审美观方面崇尚避繁就简,俭朴实用,回归自然。茶具不再崇金贵银,而是以瓷质为时尚。

由于明代泡饮茶叶的方式发生变化,主要是用沸水冲泡茶叶,于是就出现了茶壶,这个时期出现的紫砂器是用含铁、硅较高的陶土在火温高于1 000℃的高温下烧制,其质地比一般陶器密度大,因里外均不挂釉,又具有一定的透气性,泡茶时能使茶的色、香、味发挥得最好,受到文人雅士的喜好和赏识。

论紫砂茶具,首推江苏宜兴,宜兴紫砂壶有极高的艺术价值与实用价值,制作工艺独特,造型千姿百态,匠心独具,古朴凝重,是具有收藏价值的陶器工业品。在明清时期出现了一批紫砂巨匠,他们凭自己的灵感和高超的技艺,创造紫砂稀世珍品,丰富了我国的茶文化。

瓷器茶具以江西景德镇出产的最好,其出产的白瓷茶具有质地精致细密,有丝绸光泽,体胎轻薄,明净如镜,造型精巧别致,中外驰名。明代的景德镇,已发展成为驰名世界的瓷都,有"明朝至精至美之瓷,莫不出于景德镇"之说。朱元璋于洪武二十四年(1391)下诏废团茶,推广炒青散茶,由洪武皇帝亲自开创的茗饮之风很快在全国普及开来。新的品饮方式,推动了景德镇瓷器茶具的迅速发展。

总之，中国茶具的发展趋势是由粗到精、由繁到简，它体现着时代的文化、经济、技术水平和审美观点。茶具的演变成为茶文化发展的一部分，也是历史的必然。

2. 中式炊具的发展演变

人类饮食文化的正式确立始于熟食的出现，火的利用使人类进入熟食阶段，但人类最初并没有什么严格意义上的灶具和炊具，那时候的生产、生活水平低下，他们往往只能就地取材。

人类最早的灶具，就是一个火堆，或是火坑、火塘。直至人类发明了特定的容器之后，这时才有了用多块石块围拢起来的"灶"。以后逐渐有了高出地面的土灶，又有了陶灶、铜铁炉灶、砖灶等等。

1）材质的演变

而人类最早使用的炊具则取材各异，树皮、竹子，甚至是动物的皮和胃都可以用来做"锅"。中国北方一些古老民族，用桦树皮"锅"煮水做饭；在南方一些地区，人们用竹筒做"锅"，装入谷物和水后放在火上烧烤。在此之前，我们的祖先最初是利用石头的导热性来做熟食物。《艺文类聚·食物部》引《古史考》："神农时，民食谷，释米加烧石上而食之。"这就是所谓的石炙法。同时还有石烹法，即将烧石不断投入盛水和食物的容器中，使之煮熟。由于受原始游牧生活习惯的影响，加上当时蔬菜栽培技术的落后，中国肉食的食用早于粮食。早在公元前三四千年的马家浜文化遗址中，就出土了一件陶炙子：长方框，中有三条箅孔，应当是古人烤鱼、烤肉时所用。烤、熏等食法，是食物与火直接接触，而谷物、蔬菜等，不宜于直接在火上烧，要想吃熟食就必须有炊具。就现有文献和出土文物看，最早的烹饪器具为石制、陶制，后来人们掌握了采矿冶炼技术，就开始使用铜器。铁的熔点高，需要更高的冶炼技术，因此铁制器具的出现最晚。

2）古代典型炊具的演变

鼎、镬、鬲、釜、甗等都是古代的典型烹饪器具，它们的形制、用途不尽相同，存在时期也不一样。下面就这几种烹饪器具进行简单分析。

（1）鼎。

鼎原是古人创造的一种烹食器，体型较大的多用来煮肉，较小的则用以盛肉。《说文·鼎部》："鼎，三足两耳，和五味之宝器也。"《论衡》曰："烹肉于鼎，皆欲其气味调得也。"早在新石器时代，鼎已经出现，距今 8 000 年的河南新郑裴里岗文化遗址曾出土三足陶鼎。鼎的形制一般为圆腹、立耳、三足，少数为方形、四足，有的或者有盖。因为鼎的形制较大，鼎耳便是为穿杠或搭钩以方便抬举所设。而加盖可以更好地聚集鼎内热气，加快肉熟的速度。

青铜鼎是在新石器时代陶鼎的基础上发展而来的。进入奴隶社会以后，鼎成为青铜礼器中的"重器"，为奴隶主阶级所专有。不同的鼎有不同的用场，而且各级鼎的盛放物品也各有规定，从而形成了一套用鼎制度。

据研究发现，鼎大致分为三类：镬鼎、设食鼎、羞鼎。

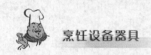

第一类镬鼎在殷商时期已经出现,殷墟小屯村遗址就曾出土过。镬是用以煮牲及鱼、腊肉的大鼎。

第二类是设食鼎,或曰正鼎,顾名思义,其主要功用是盛放镬鼎内煮熟的肉食。"周既熟,乃胃于鼎,齐多少之量。"春秋时期蔡侯墓出土的这类鼎自铭为"鼎升",有学者因此称其为升鼎。

第三类是羞鼎,又称陪鼎。羞就是滋味鲜美的调味羹。它是用牲及禽兽肉为主料制成的。镬肉及盛到设食鼎内的肉是没有滋味的,所以食用时还要以羞鼎内的羞味调和裹汁。

(2)鬲。

鬲作为炊具用来煮粥或烧水。鬲早在新石器时代已经普遍使用,在新石器时代遗址的河南陕县三里桥就出土有陶鬲。青铜鬲最早出现在商代早期,大口,袋形腹,其下有三个较短的锥形足。袋形腹的作用主要是为了扩大受火面积,较快地煮熟食物;但它的缺点也很明显,如果用以煮粥,则空心的足是难以清洗干净的。正因如此,有人认为鬲并非用于炊粥,而只是一种烧水器。从商代晚期开始鬲的袋腹逐渐蜕化,西周中期以后,形体变为横宽式,档部分界宽绰。鬲的形制变化表明,古人已经意识到鬲的袋腹在炊粥时的不便之处,并着力改进使之更实用。到战国晚期,青铜鬲便从礼器和生活用器的行列中渐渐消失了。这从另一方面表明了鬲作为炊具存在较大的缺陷,随着社会的进步,劣者必被淘汰。

(3)釜。

釜是古代民间使用最广的烹饪器,用途与鬲相似,用来煮粥、做羹、烧水。河南陕县庙底沟新石器文化遗址中出土的陶釜,小沿、尖底。在没有正式灶火的时代,釜的尖底可以更好地适用于只有几块石头围起来的"灶"。河姆渡文化遗址所出土的陶釜,形制多样,有鼓腹、扁腹、筒腹等,口更大,卷沿。釜上常置甑以蒸饭,大口更易使腹内的蒸气上升到甑中。后来有了铜釜、铁釜,其形态发展日趋鼓圆,如陕县后川出土战国时期的配套铁釜、铁甑,南昌出土了东汉时期的带铁支架的铁釜。釜的形制由之前的张腹、鼓腹、扁腹、筒腹逐渐演变为鼓回形体,反映出了古人在探索以改善烹饪器形来提高烹煮效率中所做的努力。到了汉代,釜有了支架或环耳,这样既能更好地适应各种地形,又便于调节火力、控制烹食程度。汉代以后的铜釜多有衔环双耳。

(4)甗。

古代釜甗配套使用延续了数千年,甗的上部为甑,用于盛米;下为鬲,用以煮水,蒸汽通过中间的箅孔,将甑内的米蒸熟,上下合为一体称为甗。新石器时代的陶甗,甑部较大,鬲部较小,唯山东胶县三里河出土的陶甗相反。青铜甗在商代早期已有铸造,但为数甚少。到商代晚期至西周中期,已经较多,特别是西周末春秋初,甗是绝大多数殉葬铜礼器的墓中的必有之物。

春秋早期以后,生活中的实用甗几乎全是分体,扁上带有钮或耳的形体居多。这样的分体甗与浑体相比，使用起来较为灵活，可以随需要增减鬲中的水量，更易控制蒸煮速度。但随着灶火的普及，尤其是台式灶的盛行，鬲足变得多余，更为实用的釜取而代之，釜甑相配而用流传了几千年。中国古代陶制炊具见图4-2。

古代烹饪器具不仅反映了中国烹食文化的发展，还反映出有关礼制的情况，同时也反映了中国几千年前的手工业水平。从烹饪器的演变发展，可以看出古代烹食文化发展的一个重要侧面。

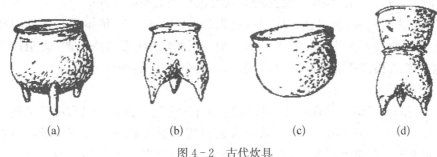

(a)   (b)   (c)   (d)

图4-2　古代炊具

(a)陶鼎　(b)陶鬲　(c)陶釜　(d)陶甑

(二)西餐烹饪器具发展的历史

西餐常是一个笼统的概念，许多人认为西餐是中餐以外的所有菜肴。其实西餐是我国人民对欧美各国菜肴的总称，常指欧洲、北美和大洋洲各国的菜肴。

在西餐的饮食文化中，同样也包括酒文化、茶文化，相比于中餐，其还包括咖啡文化。

据有关史料记载，早在公元前5世纪，在古希腊的西西里岛上，就出现了高度的烹饪文化。在当时就很讲究烹调方法，煎、炸、烤、焖、蒸、煮、炙、熏等烹调方法均已出现，同时技术高超的名厨师很受社会的尊敬。西餐中厨房的菜刀，最早可追溯到石器时代。

但在当时尽管烹饪文化有了相当的发展，但人们的用餐方法仍是抓食为主，大约在13世纪以前，欧洲人在吃东西时还都全用手指头。在使用手指头进食时，还有一定的规矩：罗马人以用手指头的多寡来区分身份，平民是五指齐下，有教养的贵族只用三个手指，无名指和小指是不能沾到食物的。这一进餐规则一直延续到16世纪，仍为欧洲人所奉行。

餐具中无论是刀子、叉子、汤匙还是盘子，都是手的延伸，例如盘子，它是整个手掌的扩大和延伸；而叉子则更是代表了整个手上的手指。由于文明进步，许多象形的餐具逐步合并简单化，例如，在中国最后就只剩下筷子和汤匙，有时还有小碟子。而在西方，到现在为止，在进餐时仍然摆了满桌的餐具，例如大盘子、小盘子、浅碟、深碟、吃沙拉用的叉子、叉肉用的叉子、喝汤用的汤匙、吃甜点用的点心匙等。

1. 西餐餐刀

餐刀很早便在人类的生活中占有重要地位。在1.5亿年前，人类的祖先就开始

用石刀作为工具,刀子挂在他们的腰上,一会儿用来割烤肉,一会儿用来御敌防身;只有有地位、身份的头领们,才能有多种不同用途的刀子。中世纪在欧洲,主人不为客人提供餐具,所以绝大部分人的皮带上系着带鞘的刀,这些刀很窄,尖尖的,人们用它来插入食物,然后举至嘴边入口。1669年,法国的路易十六国王下令所有的刀尖都必须做成圆形以减少暴力行为。从此,刀匠们开始将刀的钝边变宽变圆,以使所有从刀尖滑落的食物可以堆放在餐刀上。而且所有餐刀都被设计为有手枪把手状的手柄和刀刃,此刀刃有一点内弯,以便食物举到嘴边时手腕不必弯曲。

餐刀分为食用刀、鱼刀、肉刀(刀口有锯齿,用以切牛排、猪排等)、黄油刀和水果刀。用刀时,应将刀柄的尾端置于手掌之中,以拇指抵住刀柄的一侧,食指按在刀柄上,但需注意食指决不能触及刀背,其余三指则顺势弯曲,握住刀柄。

2. 西餐叉

进食用的叉子最早出现在11世纪的意大利塔斯卡尼地区,只有两个叉齿。当时的神职人员对叉子并无好评,他们认为人类只能用手去碰触上帝所赐予的食物。有钱的塔斯卡尼人创造餐具是受到撒旦的诱惑,是一种亵渎神灵的行为。意大利史料记载:一个威尼斯贵妇人在用叉子进餐后,数日内死去,其实很可能是感染瘟疫而死去;而神职人员则说,她是遭到天谴,警告大家不要用叉子吃东西。

18世纪法国革命战争爆发,由于法国的贵族偏爱用四个叉齿的叉子进餐,这种"叉子的使用者"的隐含寓意,几乎可以和"与众不同"的意义画上等号。于是叉子变成了地位、奢侈、讲究的象征,随后逐渐变成必备的餐具。叉分为食用叉、鱼叉、肉叉和虾叉。

叉子的用法也是很有讲究的。叉如果不是与刀并用,叉齿应该向上。持叉应尽可能持住叉柄的末端,叉柄倚在中指上,中间则以无名指和小指为支撑,叉可以单独用于叉餐或取食,也可以用于取食某些头道菜和馅饼,还可以用取食那种无需切割的主菜。

3. 西餐汤匙

汤匙,是一种进食用的匙,其最常见的用途为喝汤,因而得名。汤匙的历史更是源远流长。早在旧石器时代,亚洲地区就出现过汤匙。古埃及的墓穴中曾经发现过木、石、象牙、金等材料制成的汤匙。希腊和罗马的贵族则使用铜、银制成的汤匙。15世纪的意大利,在为孩童举行洗礼时,最流行的礼物便是送洗礼汤匙,也就是把孩子的守护天使做成汤匙的柄,送给接受洗礼的儿童。

自从石器时代初期以来,汤匙便成为人类的饮食用具,造料有贝壳、木材、金属、象牙、骨、触角、陶器、瓷器、水晶等。举例说,在希腊,汤匙的名称取自耳蜗,有螺旋形蜗牛壳的意思,可见在南欧这种贝壳经常用作制造汤匙。此外,盎格鲁—撒克逊(英国人)的汤匙有木屑或木碎的意思,可见北欧的汤匙大多数是木制的。

公元1世纪,罗马人设计了两款汤匙,第一款形似唇舌,匙头呈卵形,匙柄末端附有装饰,通常用来进食汤类和水性食物;第二款称为耳蜗,匙头窄而圆,匙柄细长,通常用来进食有壳的水生动物和鸡蛋。

中世纪期间,主人在晚宴上为客人提供木制或角制的汤匙;皇室成员通常使用黄金制成的汤匙,而其他富裕家庭大多数用银制的汤匙。在14世纪之前,汤匙有锡制、铜制、白镴制的,亦有由其他金属制成的,其中尤以白镴制的汤匙较实惠,让普罗大众也有经济能力采用。

在正式场合下,勺有多种,有用于喝咖啡的咖啡勺,有吃甜点心的甜点勺;比较大的,用来喝汤或盛碎小食物;最大的是用于分食物的,常见于自助餐。汤匙和点心匙除了喝汤、吃甜品外,绝不能直接舀取其他主食和菜品;不可以将餐匙插入菜肴当中,更不能让其直立于甜品、汤或咖啡等饮料中。持匙用右手,持法同持叉,但手指务必持在匙柄之端。无论喝什么,汤匙的几个用法要注意,第一它也是要从外侧向内侧取的。第二,汤匙是不能含在嘴里的。第三,汤匙不用的时候不能在杯子里面立正,不用的话让它平躺在盘子上。另外要注意,舀食汤的时候,勺子到了汤里,向远侧舀起,然后转一圈回来。防止洒落身上,弄脏衣服。而且用汤匙喝汤时,一般用汤匙向外侧取汤,轻轻把汤送到嘴边,不能发出吮吸声,汤匙要轻拿轻放,避免发出碰撞声。

汤匙在烹调上也是一种容量量度单位。不同国家对汤匙的标准并不一样,但通常都约为15 mL。在美国,传统上1美制汤匙等于0.5美制液体盎司(14.8 mL),或者3美制茶匙。而美国联邦法律则规定1美制汤匙等于15 mL。另一方面,加拿大、新西兰及英国将1汤匙定为等于20 mL。但传统上的英制汤匙,1汤匙可等于0.5至0.625英制液体盎司(14.2至17.8 mL)不等。

4. 餐巾

西餐宴会中,餐巾是一个重要的道具,有很多信号的作用。在正式宴会上,女主人把餐巾铺在腿上是宴会开始的标志。这就是餐巾的第一个作用,它可以暗示宴会的开始和结束。西方讲究女士优先,西餐宴会上女主人是第一顺序,女主人不坐,别人是不能坐的,女主人把餐巾铺在腿上就说明大家可以开动了。倒过来说,女主人要把餐巾放在桌子上了,是宴会结束的标志。

餐巾也有其很深的历史的渊源。最早希腊和罗马人一直保持用手指进食的习惯,所以在用餐完毕后用一条毛巾大小的餐巾来擦手。更讲究一点的则在擦完手之后捧出洗指钵来洗手,洗指钵里除了盛着水之外,还飘浮着点点玫瑰的花瓣;埃及人则在钵里放上杏仁、肉桂和橘花。餐巾发展到17世纪,除了实用意义之外,还更注意观赏。公元1680年,意大利已有26种餐巾的折法,如教士僧侣的诺亚方舟形,贵妇人用的母鸡形,以及一般人喜欢用的小鸡、鲤鱼、乌龟、公牛、熊、兔子等形状,美不胜收。

总之,西餐不仅在其饮食上具有自己独特的文化,而且其餐具也有其久远的历史文化。

第二节　常用烹饪器具的种类和用途

　　烹饪器具的种类和器型十分丰富，光是瓷器就有近 700 个种类和 6 000 多个花色品种。由于民族、地域和历史发展的差异，各地对各种烹饪器具的叫法也不尽相同。本节仅就一些常用的烹饪器具，介绍其种类和用途。

一、中式烹饪器具

（一）中餐餐饮器具

1. 中餐餐具

1）碗

　　碗是众多餐具中使用最多和销量最大的餐具，种类十分繁多，器型规格亦非常复杂，不同产地的产品特点各异。从材质看，碗有陶瓷碗、不锈钢碗、搪瓷碗、塑料碗、木碗、纸碗等。其中以瓷碗使用最广，影响最深。在此以瓷碗为例，说明碗的种类和规格。瓷碗根据不同标准有不同的分类方法。若按规格大小分，有特大型碗、大型碗、中型碗和小型碗四种。

　　特大型碗，又名"品碗"，粤人称"海碗"，鲁豫一带称"汤海"，通称"大汤碗"。其直径一般大于 250 mm，主要用于盛汤或带汤汁多的菜肴。

　　大型碗，直径约 175～250 mm，俗称菜碗或面碗。其中椭圆形大碗学名"鸭碗"，通称"鸭池"，苏州人称"鸭船"，主要用于盛有汤汁的全鸭菜肴，如"三套鸭"等。

　　中型碗，直径约在 110～175 mm 之间，中餐主作饭碗，又用于炊具的"扣碗"，在蒸扣各种菜肴食用。如荔芋扣肉、扣三丝等。

　　小型碗，直径一般小于 110 mm，以 70～90 mm 规格的多见，常作口汤碗，也有作蒸品碗用的，如"碗儿糕"、"碗水糕"等。最小的碗口径约 70 mm，高档筵席常用这种碗来为每位客人分食菜肴使用。

　　碗的外形多样，根据其外形特点，有圆、方、椭圆、多角等形状，并有高矮之分，还

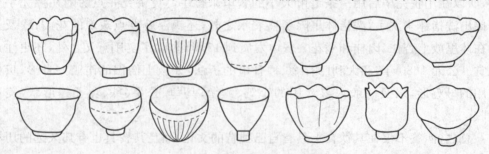

图 4 - 3　我国主要的传统碗形

有夸肚大足和尖底细足之别。高碗之口夸肚,容量大;矮碗体矮撇口、底宽、容量略小。另外,碗据沿口形状,又分为撇口碗、瓶口碗、荷口碗、莲口碗和绳纹碗等。我国主要的碗形见图4-3。

除上述碗外,还有许多新的器型以及一些很具民族特色的碗,如少数民族中的青釉八角碗,为广西饮食摊店使用最多的碗,质厚朴实,浅底宽沿,光滑易洗,结实耐用,很具特色;又如藏木碗,也称"泥西木碗",藏族同胞多用以喝奶茶和拌糌粑,旅行时揣在怀中,随时取用,不易破碎。

2) 盘碟

盘碟在餐饮活动的使用量仅次于碗,主要用来盛装菜肴、点心、水果、调味品和作垫托盘等。盘与碟的区别是,一般习惯以高166.7 mm(5寸)以上为盘,166.7 mm(5寸)以下为碟。盘碟的种类很多,从制造材料看,除主要的瓷盘外,还有不锈钢、搪瓷、玻璃、塑料、竹木等材料制成的盘。其中不锈钢盘多用于自助餐和冷餐酒会时盛冷菜或点心;玻璃和塑料盘一般作盛装糖果、小菜拼盘。盘的形状有圆形、椭圆形、方形、三角形、多角形等多种,沿口分圆口、荷口、直口和撇口等。常用瓷质盘碟有下面几类。

平盘,盘角平坦而边缘伸延,有圆形与荷叶边两种,大小规格在127.0～812.8 mm之间,共16种,常作水果点心盘、冷拼盘和无汤汁菜盘以及垫盘用。平盘也是西餐常用的盘型。

汤盘,俗称窝盘,边高盘深,分圆形和荷叶边两种,主要有127.0～302.0 mm共七种规格,主要作盛汤用,也可装汁水较多的烩、焖、扒类菜肴和水饺,也是西餐常用装汤的盘型。

正德盘、锅盘,这两种盘分别由正德碗和锅碗演变而来,多为出口品,国内也适销。其中锅盘也称"扒盘",有多种规格,小号的主要用于盛装整鸡、肘子等大菜或扒菜,大号的常为内蒙古和新疆喜用,常用于盛装"手抓羊肉"、"手抓饭"、"馓子"、"馕"等食物。

鱼盘、鹅盘,又称腰盘或长条盘,分平坦阔边和锅深两种造型,规格有152.0～803.2 mm共两种,主要盛装整只造型的菜肴,如装全鱼和整只鹅、鸡、鸭、乳猪等,也可作水果和冷拼使用。

高脚盘,又称"坝盘",属高档器皿,平底直口,浅锅形盘面,喇叭形高脚,形似高脚酒杯,分大、中、小三种型号,规格有68.6 mm,203 mm,406.4 mm等多种。另一种"高桩盘"也是一种高脚盘,通常四个为一组,也有金属和玻璃两种材料制的,小号的作味盘,中号的用于盛干果、糖果、炒货、点心等,大号的可放水果。坝盘与平盘配用,错落有致,别具一格。所谓"四庄桌"就是在高档筵席中,大中号坝盘用于盛菜,小号的配作"跟头"。

长方盘,呈长方形,盘腹深,盘角呈圆弧形,有大、中、小号之分,常用来盛装造型菜。

六和盘,学名"和合盘",圆形,带盖,盘心深凹,造型古朴大方。盘径规格主要有

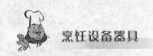

240～300 mm 等多种。既可装菜,亦可装汤,有保温防尘作用,常在高档筵席使用,一般用于装"大排翅"之类的菜。

攒盒,长江中下游一带称"果盘",俗称"果盒",分固定和活动两种,瓷制、漆制、玻璃制、塑料制皆有,盒内分 9 格,带盖,盖上多绘有风景,用珍禽异兽的图案作装饰。摆放时,中间 1 个,周围 8 个,曰"九宫格"。过去多用于装糕点、糖果、炒货之类,现宾馆酒家多用于拼装冷菜。另外,也有 13 格攒盒,分三层围拼,一般无盖。

捧盘,也称托盘,属餐杂具,形状有圆形、方形、椭圆形三种。一般分大、中、小号。大中号盘一般用装送菜点、酒水和盘碟等较重的东西,小号一般单独用于派送菜、酒、茶水、咖啡、纸巾等。小号托盘则用于送账单、收钱和找零钱等。

味碟,也称"醋水碟",有圆形、椭圆形、方形和扇形等不同形状,是盛装酱油、醋、辣酱、蒜茸等调味品的小碟子,专供客人蘸食以调剂口味用的,规格以 68.6 mm,70 mm,76.2 mm,101.6 mm 等多见。另外,粤式酒楼还习惯用较大的味碟盛装茶点小吃,如蒸排骨、烧卖等。

隔碟,是味碟的不同种类,中间隔开 2～3 格,形成"太极形"和"品字形",可同时盛装两种到三种调味品,作用同味碟一样,但不能作垫托碟用。

骨碟,也称"吃碟"或"骨渣碟",是为客人就餐时集骨、刺、壳、渣等用的碟子,以 160 mm 的为多。吃碟也可与其他小菜碟混用,用于筵席上分食的餐具。通常摆放在每个宾客座位前面,服务员摆台时常以之定位。

搁碟,筵席上用于垫托杯、碗、匙等使用的碟子,盘形平坦,可用味碟代替。其中长方形大碟一般作搁置毛巾用。对档次要求不高的酒楼,吃碟、味碟、搁碟往往混用。

3) 助食类器具(筷、匙、勺、叉、刀)

这是一类专门用于夹食、取食或助食用的餐具,种类规格较多,常用的介绍如下。

筷子,古时称"箸"或"楮",是中餐特有的夹食用具。制造材料有竹、木、塑料、银、不锈钢等,另外还有象牙筷。其中以竹筷和木筷最多,常用的有普通竹木筷、红木筷、楠木筷、乌木筷、铁木筷、漆木筷等。筷子规格繁多,最长的是云南景颇族人使用的和北京吃烤羊肉专用的筷子,最短的是儿童使用的筷子。筷子可以用来夹东西,在没有刀叉的时候可以用来当作刀具分餐,没有漏勺的时候还可以充当漏勺来使用。中国筷子举世闻名,在某种程度上它是中国饮食文明的象征,还有较深的文化内涵。

匙,俗称调羹或食匙,用途较广,有瓷质、不锈钢、银质、镀金和镀银等品种,以瓷制和不锈钢匙使用最普遍。传统中餐一般用瓷匙喝汤或吃流质食物,故名"汤匙",也称"茶匙"或"针匙"。匙的样式花色和规格很多,根据大小分大汤匙(14 cm)、二号汤匙(13 cm)、三号汤匙(12 cm)、四号汤匙(10 cm)、五号汤匙(8 cm)五种。其中有一种瓷制大匙(长约 22 cm),又称"汤勺"或"汤瓢",主要用于"品碗"等大型盛汤皿中,供舀汤或舀羹使用。不锈钢等金属匙常在西餐、快餐或取咖啡、白糖时用;塑料匙一般用作调味料匙。

汤勺,又名"汤瓢",两广人称"汤壳",一般用于盛汤,亦可用于盛粥。有瓷制、不

136

锈钢制、竹木制和塑料制等多种。汤勺柄长而勺深,规格分大、中、小三种型号。舀饭用的饭勺与汤勺不同,其柄短而勺浅,也有称"饭匙"或"饭铲"的,以竹木、塑料、不锈钢制品居多,也有海螺壳制的。

刀叉,除西餐用刀叉外,中餐也有用刀叉的。如内蒙古的烤羊腿,上席时在羊腿上插一把蒙古刀,吃手抓羊肉时也是各自用佩戴的蒙古刀割食,新疆人也有此习俗。江苏一带吃蟹时流行用的"蟹八件"(即是在食整只大蟹时使用桌、镊、针、匙、剪、锤、斧、叉等八种小巧玲珑的银质或铜制餐具)中就有叉。

4)品锅

品锅形似盆,边壁比碗厚实,带盖附两提耳,有1～4号四种规格,其直径分别是250 mm,230 mm,210 mm和190 mm,因其保温性好,故作汤盆或以之装带大量汤汁的菜。除了这类传统陶瓷品锅外,目前后还有密胺仿瓷品锅、新型陶瓷品锅和不锈钢品锅等。

5)火锅

火锅又名暖锅,是冬令热食常用的一种炊餐两用器具,可边煮边食,使用很方便。目前有铝、铝合金、不锈钢、铜、搪瓷、陶等材料制造的各类火锅。从结构看,常使用的火锅有四种类型:第一种是连体型火锅,即除锅盖外,烟筒、环状小槽和炉体连成一体;第二种是分体火锅,由锅盖、环形水槽(连烟筒)、炉算、底座和拔火筒五部分组成的火锅,使用时再组装,携带方便,洗刷容易;第三种是由锅和炉两大部分组合而成,锅可用各式各样的锅,炉可用炭炉、酒精炉、煤油炉、液化气炉、固体燃料炉、电磁炉等,这是一类目前专业火锅店使用最多的火锅,如燃烧固体燃料或酒精的"酒锅"就属于这一类;第四种是电热火锅,即装有热管、热盘、热膜或电磁等加热装置的火锅,可随意设置或调节温度,使用方便、卫生、清洁,具有较强的时代特色。目前在餐饮市场又流行着一种"小火锅",即一人一锅,但是都是小火锅,个人各吃,相对卫生。

6)烤锅

这是一种类似火锅但顶部是一圆凸的铁板,中间部分为火源,铁板四周有槽,供烤肉时汁水油流淌用。使用时,先在铁板上刷一层油,然后将肉料直接置于铁板上煎烤。

7)保温锅

保温锅是供菜肴保温用的一种锅,这种锅一般为不锈钢制,规格主要有:80 cm×45 cm的长方形锅、45 cm×45 cm的正方形锅和直径为40 cm的圆形锅三种。保温锅一般分为三层,上层放水,中间置被保温的菜肴,下层为燃料加热层,多用酒精或固体清洁燃料作热源。

8)铁板

铁板是用生铁铸成的椭圆形或象形盘子。使用前先将铁板烧成灼热,然后垫上一层洋葱片,再铺上调好味料的原料或半成品,如牛肉、大虾、猪肉、肉串等,上席时浇上兑好的卤汁,由于温差较大,菜肴就会吱吱作响,热气腾腾,品质别具风味,还能增添席面欢乐的气氛,如粤菜中的铁板类菜肴大多使用之。

9）盅

盅是一种形似缸但比缸小的盛器，以陶瓷盅和玻璃盅较为多见。按盅的用途可分为三类：一类是装调味品的调味盅，如糖盅、盐盅、果酱盅、油盅等；另一类是供客人就餐时洗手用的洗盅，容积较大；第三类是炖盅，形似鼓，口小而肚大，以口径 80 cm 的多用，多为陶瓷品，主要用于炖制汤品、菜肴和甜羹等食品。西餐餐具中有一种类似盅的称谓"焗盅"，用特种耐热玻璃制成，有圆形、方形、腰形多种，无盖，可用于隔水高温蒸炖，也可高温烧炙，如西炉焗制的不少菜点就是使用这类盅。

2. 中餐饮用器具

中餐的饮用器具主要是指饮酒和饮茶的器具，其主体是杯和壶。

1）杯

杯是一种茶、水、酒、饮料等流质食物的饮食器皿。杯的器形种类很多，是餐具中较复杂的一类。从材质看，有瓷杯、玻璃杯、钢杯、塑料杯、纸杯等。从用途分，有白酒杯、啤酒杯、色酒杯、茶杯、咖啡杯、饮料杯等。

（1）瓷杯：我国传统的瓷杯概括起来有以下四种。

有盖有耳杯，杯身筒形，盖上有提拿的柄突，身附提耳，供泡茶用，如胜利茶杯、白玉茶杯、金菊茶杯等。

有耳无盖杯，亦称耳杯或耳盅，如鸡心耳杯、莲子耳杯、大耳杯等，常与壶配成成套茶具。

无耳有盖杯，是一种泡茶用杯，包括两种类型：一种是形似马蹄带托的马蹄杯，分为马蹄饭杯、马蹄茶杯、马蹄参杯三种；另一种是不带托的，包括大号庄的大饭杯和小号庄的二饭杯两种。用这类杯喝茶时可用杯盖撇开茶面浮叶，避免茶叶入口。

无耳无盖杯，这类杯亦称盅，稍大的用作茶杯，稍小的作酒杯。如江盅、玉兰盅、罗汉盅、大肚盅、正德令盅、石榴盅等。其中酒杯有高脚和矮脚之分，高脚杯分两种，容量为 20～40 mL；矮脚杯容量 20～50 mL，常见的杯如汉酒杯（容量 20～25 mL）、大令酒杯（约 40 mL）等。

（2）玻璃杯：是目前使用最多的杯。根据结构特点，有普通玻璃杯、钢化玻璃杯和轻化玻璃杯等品种。普通玻璃杯易破碎；钢化玻璃杯耐热性好，强度高，不易破碎；轻化玻璃杯一般经涂层或包塑，重量轻，不易划伤和破碎。

从耐热性分，玻璃杯又分热饮杯和冷饮杯，热饮杯可耐 95～99℃温差变化，常作茶杯、咖啡杯等；冷饮杯可耐温差约为 43℃，常作啤酒和饮料杯，但不能作茶杯用。

若从形状分类，玻璃杯包括筒形杯和高脚杯。其中筒形杯有方底、圆底、五星底三种，容量从 25～350 mL 不等，小容量的作白酒杯，中大容量作茶杯、咖啡杯、饮料杯和啤酒杯。高脚杯按装酒的种类分香槟杯、红白酒杯、白兰地杯、鸡尾酒杯、雪利酒杯、巴德酒杯、葡萄酒杯、柠檬威士忌酒杯、啤酒杯等等，它们容量一般在 100～365 mL 之间。

2）壶

壶是用来盛装茶、水、酒、油、醋、酱油等液体的容器，因此有茶壶、水壶、酒壶、油壶和咖啡壶之分。壶的种类繁多，形状各异，从材质看，有陶壶、瓷壶、铝壶、电热壶、塑料壶等多种。其中铝壶与钢壶主要用来烧水沏茶，有 120～260 mm 八种规格；塑料壶一般供装油、酱油和醋用；电热壶是在各类耐热壶中，装电热管或热膜而成，使用方便；陶壶与瓷壶是使用较多的壶，下面分别介绍。

陶壶，陶壶的品种有 600～700 种，概括起来有紫砂壶、精陶壶和细陶壶三类，其中以紫砂壶最负盛名。陶壶若按造型可分提梁壶和端把壶两种，其中提梁壶又称桶壶、桥壶、桥梁壶，容量 500～3 000 mL，包括圆壶、直形壶、蛋形壶和黑砂壶等多个品种，其中每个品种又包含多种规格；端把壶又称执壶，形式较复杂，容量 150～1 000 mL，如常用的海棠壶、柿子壶、佛手壶、桃扁壶、莲子壶等。

陶壶的装饰有几何形、自然形和筋纹形几类。几何形包括掇球、仿古、汉扁、四方、六方、八方、长方等及一些抽象造型等；自然形以饰松竹、花鸟、树草、瓜果为主，集绘画和书法于一体；筋纹形主要饰以筋纹线条图案。其中自然形饰在紫砂壶中尤为突出，从而形成陶壶千姿百态、雄浑飘逸、幽雅古朴的独特艺术风格。

瓷壶，瓷壶的形式与陶壶相似，也分把壶、提梁壶两种。其中把壶又称提耳壶，有四合壶、圆壶、气球壶和柿子壶等多种，为国内销量最多的品种；提梁壶包括活动提梁壶和固定梁两种器形，容量较大。瓷壶的容量在 200～2 000 mL 之间，装饰以贴花和喷花居多，花色品种非常丰富。瓷壶的规格按传统的方法分 5 件、10 件、15 件、20 件、30 件、50 件、60 件、70 件、80 件、100 件 10 种。所谓"件"是指单位体积的瓷窑内能容纳瓷壶坯的件数，件数越多，容量越小，餐厅一般用 30 件和 50 件两种为多。

3）其他饮用器具

茶船，用来放置茶壶的容器，茶壶里塞入茶叶，冲入沸开水，倒入茶船后，再由茶壶上方淋沸水以温壶。淋浇的沸水也可以用来洗茶杯。又称茶池或壶承，其常用的功能大致为：盛热水烫杯、盛接壶中溢出的茶水、保温。

茶海，又称茶盅或公道杯。茶壶内之茶汤浸泡至适当浓度后，茶汤倒至茶海，再分倒于各小茶杯内，以求茶汤浓度之均匀。亦可于茶海上覆一滤网，以滤去茶渣、茶末。没有专用的茶海时，也可以用茶壶充当。其大致功用为：盛放泡好之茶汤，再分倒各杯，使各杯茶汤浓度相若；沉淀茶渣。

盖碗，或称盖杯，分为茶碗、碗盖、托碟三部分，置茶 3 g 于碗内，冲入约 90℃的热水 150 mL 左右，加盖 5～6 min 后饮用。以此法泡茶，通常喝上一泡已足，至多再加冲一次。

茶盘，用以承放茶杯或其他茶具的盘子，以盛接泡茶过程中流出或倒掉之茶水。也可以用作摆放茶杯的盘子，茶盘有塑料制品、不锈钢制品，形状有圆形、长方形等多种。

辅泡器和其他器具：

茶则，茶则为盛茶入壶之用具，一般为竹制。

茶漏，茶漏则于置茶时放在壶口上，以导茶入壶，防止茶叶掉落壶外。

茶匙，又称"茶扒"，形状像汤匙所以称茶匙，其主要用途是挖取泡过的茶壶内茶叶，茶叶冲泡过后，往往会紧紧塞满茶壶，加上一般茶壶的口都不大，用手挖出茶叶既不方便也不卫生，故皆使用茶匙。

茶荷，茶荷的功用与茶则、茶漏类似，皆为置茶的用具，但茶荷更兼具赏茶功能。主要用途是将茶叶由茶罐移至茶壶。主要有竹制品，既实用又可当艺术品，一举两得。没有茶荷时可用质地较硬的厚纸板折成茶荷形状使用之。

茶挟，又称"茶筷"，茶挟功用与茶匙相同，可将茶渣从壶中挟出。也常有人拿它来挟着茶杯洗杯，防烫又卫生。

茶巾，又称为"茶布"，茶巾的主要功用是干壶，于酌茶之前将茶壶或茶海底部衔留的杂水擦干，亦可擦拭滴落桌面之茶水。

茶针，茶针的功用是疏通茶壶的内网（蜂巢），以保持水流畅通。

煮水器，泡茶的煮水器在古代用风炉，目前较常见者为酒精灯及电壶，此外尚有用瓦斯炉及电子开水机。

茶叶罐，储存茶叶的罐子，必须无杂味、能密封且不透光，其材料有马口铁、不锈钢、锡合金及陶瓷等。

除了上述各类餐具外，还有许多餐杂器具，如餐巾、小毛巾、台布、筷筒、筷架、勺架、胡椒筒、牙签筒、饭盒、提盒、食盒、烟缸、起子、温酒器、五味器、蜡烛台、台号座、座签等。另外，还有许多少数民族餐具因篇幅所限，未作介绍。

（二）中式烹调器具

中式烹调器具指生产菜品过程中用于清洗、整理、切制、调配和烹制等操作时使用的主要器具。

1. 锅

锅是一种用于煎、炒、蒸、煮、煨、炖等烹饪操作的加工器具，是最重要的一种烹饪器具。根据烹调工艺、用途和结构特点，锅主要有炒锅、蒸锅、煮锅、行锅、砂锅、平锅、鼎锅、高压锅和不粘锅等。

炒锅。炒锅是专门用于煎炒的锅，根据制造材料主要有铁锅、铜锅、铝锅和复合金属锅等几类。实际操作时，几乎所有的烹法都可用炒锅完成，这是使用最频繁的一类锅。

铁炒锅分生铁锅和熟铁锅两种。生铁锅由铸铁铸成，质硬脆，刚性大，以色青发亮者为优；熟铁锅由较纯的铁用浇铸或锻压的方法制成，有较好的韧性和抗冲击性，以表观白亮者为优，暗黑者为差。铁锅的规格种类较多，以口径 25～40 cm 的使用普遍，形式分耳锅和把锅两种。耳锅带两耳，有大耳锅、中耳锅和小耳锅之分，规格较多。把锅有一灵活的操作把柄，柄有木制或耐热塑胶制两种，在锅缘另一边设有一耳。一般南方多用耳锅，北方多用把锅。粤式炒锅底一般较浅，广东人称"炒镬"，而把底较深的锅称烩汤锅。"炒勺"是一种带柄锅，也称"炒瓢"，其底较浅。底部较深且平的锅又称为"扒勺"，制鲁菜多用。

铝炒锅由纯铝或铝合金制成,一般是双耳圆底锅,有传热迅速(热效果是不锈钢锅的 16 倍)、不易生锈、锅体较轻和不易结底糊锅等特点。但铝锅不易清洗、用油多时油烟大。常见规格有 28 cm,30 cm,31 cm,32 cm,34 cm 等多种,多数附有铝锅盖。

铜炒锅一般少见,藏族地区寺院中有可供制作百人饭食的大铜锅。

复合金属锅是一种新型材料锅,锅内层为铁,外层为铝合金,外表涂高辐射吸收涂层,集铁锅和铝锅的优点于一身,代表锅的发展方向。

蒸锅。蒸锅是用于蒸炖面点饭食和各种菜肴的专用锅,有铁制、铝制和不锈钢制三种。其结构主要分三种类型:一是中算式蒸锅,由高腰锅内置 1～2 个蒸算组成,多为铝锅;二是架笼式蒸锅,即由一般深锅架上蒸屉或蒸笼组成;三是一体锅,多为不锈钢制品。前两类为中小型蒸锅,可作煮锅用,大部分有固定规格,其中高腰铝锅有 220～400 mm 共 12 种规格。第三种是宾馆饭店常用的稍大型的专业设备,有固定规格,也可根据实际需要定做。

煮锅。煮锅是常用于煮肉、制汤、烧水和煮粥的锅,以铝锅和不锈钢锅常见。锅型有高锅、矮锅、柿形锅、菊花锅、浅底锅、光复锅、沙土锅、牛奶锅等多种。其中每一种类型又有多种规格,如高锅从 160～360 mm 共有 11 种;柿形锅有 160～300 mm 共 8 种等等。

砂锅。砂锅由陶土制成,广东人称为"砂煲",主要用来炖汤粥之类的食品。砂锅由于传热慢,加热时间长,化学性质稳定,以之烹煮食物有酥香嫩烂和味道厚浓之特点,如"砂锅狮子头"、"砂锅什锦"、"砂锅豆腐"、"砂锅胖头鱼"等。根据容量大小,砂锅分为一号、二号、三号、四号和特号五种。其中一号和特号为大型砂锅,二号和三号为中型砂锅,四号为小型砂锅。它们的容量分别是大锅大于 5 000 mL,中锅为 2 500～5 000 mL,小锅小于 2 500 mL。从颜色看,砂锅有黑、白、紫三类。

白砂锅包括盆形、高形和云斗形三种。盆形白砂锅口大、唇卷、肚鼓;高形白砂锅撇口、平沿、扁唇、直颈、腹突;云斗形白砂锅如旧式熨斗。其中每一种砂锅又有 1～5 种规格,在众多砂锅中,以广东的"三煲"(饭煲、粥煲和茶煲)最出名。市场上有一种耐高温白色陶煲,这是一种新型细陶砂锅,质地细腻,耐高温,不易破裂。

黑砂锅包括老豆腐锅、大酱锅、大明锅、老勺、砂勺和各式火锅等 10 多个品种。以山西平定、河北彭城和山东淄博等地的产品最出名。

紫砂锅由紫砂泥制坯烧成,颜色有黄、赭、绿、赤、紫多种,是一类很具特色的陶锅。其中有一种口大腹深、形如品锅的气锅最具代表性,以该锅制菜肴别具风味,如紫砂气锅鸡就是一道名菜。这种锅的锅中设有一中心汽管,可将蒸汽导入锅内把食物煮熟。

平锅,这是一种形似茶托的圆形平底锅,锅唇外翻,多数为生铁铸成,也有熟铁制品,大小各异,高约 30～80 mm,口径以 400 mm 的多见,可用来摊煎和烙制鸡蛋、油饼、面饼、卷皮等各类食物。另一种叫"鏊子"的也是一种平锅,生铁铸成,平面圆形,中间稍起鼓起,不翘边,大小不一,是北方民间烙制单饼(春饼)的炊具。

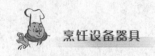

行锅,由钢板制成,长方形,平底,有锅沿,带耳,一般规格为长×宽×深＝100 cm×45 cm×15 cm,用于炸小批量的油条或其他油炸食品。另有一类圆形直身平底油炸锅,与行锅一样也是专用炸锅。

鼎锅,这是一种形如陀螺的古老传统烧煮锅,用生铁铸成,锅身上下尖小,中部外凸,可用铁丝悬挂起来烧煮,分大吊子、中吊子和小吊子三种,可用于烧饭、熬粥和煮肉制汤。

图4-4 压力锅

高压锅,又叫压力锅(图4-4),其原理是高压锅把水相当紧密地封闭起来,水受热蒸发产生的蒸汽不能扩散到空气中,只能保留在高压锅内,锅内加热时产生的蒸汽,形成$9.8×10^4～1.2×10^5$ Pa的压力和高达124℃左右的温度来熟煮食物。高压锅具有省时、节能、快熟的特点,有在极短的时间内煮出软绵、酥烂和味道香浓的食物来。

压力锅由铝合金或不锈钢制造,有一般压力锅和不粘压力锅两类,规格有180～340 mm近10种。形式主要有单长柄式和双短柄式两种,其结构包括锅身、锅盖、塑胶手柄、硅橡胶密封圈和安全装置五大部分。其中安全装置含限压阀、安全阀、安全窗、超压报警阀、泄气浮阀和自锁开关六部分,即所谓的"六保险"机构。较简单的安全装置只限压阀和安全阀,容积较大的加设安全窗,很多压力锅不设高压报警阀。

压力锅的质量要求非常严格,其技术指标要符合《铝压力锅安全及性能要求》(GB13623-92)或《不锈钢压力锅》(GB15066-94)标准。因此,使用压力锅时一定要先仔细阅读说明书,按规定严格操作,慎防事故发生。

不粘锅,在我国的生产历史,可以追溯到20世纪70年代末。其是一种在铝合金锅或铁锅表面涂一层不粘材料的新式锅,具有不黏附、不糊底和易清洁的特点,近年来广为流行。目前,这类锅有不粘煎炒锅、不粘电饭锅、多用不粘电子炒锅和不粘压力锅等多个品种。

知识链接

特富龙风波

不粘锅涂层一般使用杜邦公司的特富龙材料,主要成分为PTFE。喷涂方法是将含有PTFE微粒的液体喷涂至表面然后400℃高温3 s烧结,此过程重复数次。PTFE是聚四氟乙烯。

美国环保署自2004年7月开始调查杜邦特富龙是否存有致癌物质全氟辛酸铵,引发了国内消费者对特富龙不粘锅的担心。2004年10月13日,中国检验检疫科学研究院公布的检测结果表明,所有被检测的不粘锅产品中都未发现全氟辛酸铵及其盐类残留。2006年2月15日,美国环保局下属的科学顾问委员会得出结论称,生产特富龙等品牌不粘和防锈产品的关键化工原料——全氟辛酸铵(PFOA)"对人类很可能致癌"。针对社会广泛关注的特富龙不粘锅质量安全问题,国家质检总局有关负责人3月3日表示,我国企业生产的符合国家强制性标准的不粘锅产品质量安全有保证,消费者可以放心使用。

在西方发达国家,不粘锅早已普遍使用。在我国不粘锅的普及是从20世纪90年代开始的,其独特的性能已被越来越多的消费者所认同。但随着人们对新材料认识的不断进步,不粘锅所使用的不粘材料的安全性越来越引起人们的关注。特富龙风波事件使国内消费者对厨具的选择越来越谨慎,并引发人们对传统烹调器具(铁锅)和健康生活方式的关注。

不粘锅拥有许多的优点,如能正确使用也能保证其安全性。

目前,生产不粘锅使用的不粘材料主要是氟树脂,即聚四氟乙烯塑料(PTFE,F4),它是四氟乙烯单体的均聚物。由于它有高能的C—F键和碳链,外有氟原子形成的屏蔽效应,因此,其表面张力很小,对其他物质的吸引力极弱,这是不粘的主要原因。另外,它还具有优异的耐高温性、耐腐性、化学稳定好和抗老化性。添加石墨、玻璃纤维等物质可降低膨胀系数和提高耐磨性与导热性。因此不粘涂层有很强的着附力,并且耐热、耐磨、耐腐,可在250℃温度下长期使用,在300℃温度下短期使用,但在327℃下便开始熔融,在415℃下分解,并有白色升华物和有毒氟化物放出。聚四氟乙烯有一个先天缺陷,就是它的结合强度不高。

 小思考

为什么使用不粘锅时应特别注意的问题是要控制温度、不准用硬物洗锅内表面,并禁用金属铲?

2. 蒸器

这是一类专门用于蒸制各种食物的烹饪器具,与前面所述的蒸锅配合使用,包括蒸屉、蒸笼、蒸箱、蒸柜等。一般把圆形的称为蒸笼,小矩形的称为蒸箱,大矩形的称为蒸柜。蒸屉是置于蒸箱和蒸柜内的形似抽屉的小蒸具;蒸箱和蒸柜一般设门,内设多格层,可同时放多个蒸屉,其中每个蒸屉可以间歇使用而不影响其他蒸屉的蒸制;蒸笼一般带锥顶盖,可重叠若干个同时使用,规格最大的有133 cm以上,最小的约20 cm,以70~80 cm的常用。面点制作时与蒸笼配套使用的通常还有各种材质的笼垫,如草笼垫、铝笼垫、钢笼垫等。

3. 锅勺、锅铲、锅刷、锅架

锅勺和锅铲都是在调料、加味、搅拌、出锅和装盘时使用的工具,带有不同长度的

长柄。其中锅铲还可用来搅米、盛饭和翻起菜点,锅勺则还可用来出汤和盛粥。锅勺与锅铲有多种规格,制造材料主要有熟铁和不锈钢两种。此外还有塑料和竹木制的,一般在不粘锅上使用。锅刷和锅架是洗刷锅和架锅使用的小用具。

4. 铁钩、铁叉、铁纤、铁筷、铁丝网

这是一类烹制辅助用具,因各地习惯不同,这类器具在用途、结构、形状、大小、长短等方面各具差异,作用五花八门。但多数是作为在锅中捞取原料或烤制食物时使用的工具。

铁钩主要用于在锅中捞取大块或整只荤料,而带环铁钩用于吊烧鸭、烧鹅和烧烤肉类。

铁叉的规格用途较多,有单头叉和双头叉之分,据叉长分为长叉、中叉和短叉三种,柄长短不一。烤乳猪一般用专用长叉,广西厨师亦用此来烤乳狗。正宗北京烤鸭叉有近 3 m 长,叉头较小,而各地烤鸭叉的差异较大。另外,各地对铁叉的使用不同,如豫菜用铁叉串炸虾,粤人用铁叉削鳝鱼,下江师傅用铁叉拌凉菜,朝鲜族用其拌凉面,河北人用铁叉扒草灶,桂北人用铁叉捅煤眼等等,不一而足。

铁纤有粗细长短之分,粗铁纤一般用于检验大块或整只荤料的成熟度或用于取块料,细铁纤用于串菜烤炙,而烧卤档的带环铁纤则用于串制叉烧、烧肠等。另外,烤肉串、烤全鱼等可用细小铁纤,也可用一次性竹纤。

铁筷是用于锅中划散或夹取细碎原料的工具,长 30～40 cm。

铁丝网是专供在炭火上烤肉用的网具。

5. 滤器

滤器是用来过滤或沥干油、水、液汁和用来分离粉状物的工具。常用的滤器有漏勺、笊篱和网筛三种。

漏勺又称漏瓢,勺深如锅,带长柄,底冲无数小孔,分铁制、铝制和不锈钢制三种,有大、中、小多种规格,常在捞取水饺、面条、汤圆等水煮食物时使用。

笊篱由铁丝、铜丝或竹丝制成,圆形,口径有 133～400 mm 多种,底深约 50 mm,带长柄,用途与漏勺基本相同,偏用于滤沥油炸食物。

网筛由细铜丝、细钢丝或尼龙丝编织成的圆形筛,网眼常用 80～200 目,筛框分不锈钢框、铜框和木框三种,主要用于固体粉末原料的分离,亦可用来滤汤汁。

6. 水瓢

水瓢又称水勺,是专门用来舀水或大量舀汤的勺具。形式主要有桶形和半圆形两种,规格大小不一,以塑料、不锈钢和铝制制品多见。

7. 调料罐

专门用来盛装油、盐、酱、醋、酒和其他调味料的容器。产品有陶瓷、不锈钢和塑料三种,以不锈钢罐最好。调料罐无统一规格,分大、中、小多种,一般商业厨房的味罐的大小规格要求能用锅勺方便取到味料为好,多数味料罐都带盖,多数是由多个组合成套,以方便使用。

8. 切配加工器具

切配加工器具是指对食物原料进行砍切、加工、雕刻、造型、调理和备存时使用的各类器具,包括刀具、案具、模具、搅拌器、盛器等。

1) 刀具

中餐烹调使用的刀具较多,形式也十分丰富。常用的刀具包括砍刀、切刀、片刀、斩刀、文武刀、刮刀、旋刀和雕刻刀等。

砍刀用来砍带骨的肉类或坚硬的原料的刀,刀体厚重,呈长方形;切刀用来切块、切丁、切片、切条、切粒、切丝的刀,刀身略宽,背厚刃薄,呈长方形;片刀是用于切薄片或细丝的专用刀,刀身窄而薄呈长方形,体轻锋利;斩刀使用广泛,可用于斩、切、批等,其刀背较厚,口刃锋利,刀形多样;文武刀刀口前段可切各种肉片、丝,后段可斩鸡、鸭、鹅及剁肉等,广东厨师多用;刮刀供刮洗肉皮或去鱼鳞用的刀,刀体小而灵巧;旋刀前尖后圆,背薄刃锋利主要用旋剥皮骨或宰杀禽畜;批刀刀体长而尖,刃薄锋利,轻巧灵活,主要用于批剥瓜果或剔剥肉骨;马头刀刀身似马头,前高后低,刀背较厚,刀口锋利,北京厨师多用;镘铲刀两合刀柄,方口平背,尾为镘,前刀用于铲、刮肉皮脏物,尾镘可拔畜禽毛;雕刀专门用于食品雕刻的刀具,种类较多,形状各异,一般由若干把组成套形状,或平尖凹凸,或弯直圆斜,或四方三角,器型没有固定标准,材质有铜、钢和不锈钢三种。

2) 案具

作垫托或支撑用的用具,包括砧板、案板等。

砧板是为方便刀工操作和保护刀刃而设的垫木或垫胶。木砧板一般用铁树、红柳树、青杨树、白果树、皂角树和杂树的横截段或纵面板做成,较薄的纵面板一般作切菜板,较厚的横截段作砧,又称"墩子"。塑胶砧板多数是聚酯塑料制品。此外还有竹质的砧板。砧板应设生熟两种,且生熟砧板分开使用。

案板是用来切菜、配菜和摆餐具用的木板,有的做成案台或案柜。除切菜板外,现代厨房的案台柜多为不锈钢制成,黏菌率低,易清洁,卫生性好。

3) 盛器

厨房常用的盛器有桶、缸、盆、罐、钵、坛、篮、筐、箱、箕、箩等。其中盆和罐的使用较频繁,其种类也多,材料有铁皮、不锈钢、铝、搪瓷、塑料和竹木等几种,以不锈钢材质的使用最为广泛。盆的器型分标准形、德胜型、深形和平边形四种,规格较多,大型有 450～570 mm 六种,中型有 280～400 mm 七种,小型有 180～260 mm 五种。

4) 搅拌器

有打蛋器和手动搅拌器两种。打蛋器是由多根不锈钢丝捆扎而成形似灯泡的笼状工具,供搅打蛋液用;手动搅拌器是一种具搅拌和破碎功能的新式小器具,由料桶、盖和固定在盖上的曲柄、搅拌轴与搅拌刀叶组成,使用时,手转动曲柄使齿轮带动搅拌刀叶飞速旋转,达到快速搅拌的目的。

5）模具

中式菜肴烹调时常用模具中的卡模来用于菜肴造型以增加美观。一般用铜片或马口铁加工焊接成，有花、草、鱼、虫、鸟、兽和花边等形状，有木雕或塑料模型，使用时，原料一般经预处理，使之具有一定塑性或成为薄片，然后用模具造出各种各样的形状。

此外，还有围锅板、手磨、擂钵、蒜臼、小钢磨、皮刨、擦床、磨刀石、油温表、秤、食罩、揩布等器具。

（三）面点制作器具

大量面点的工厂化生产主要依赖于机械设备，但厨房里的小量面点制作大部分还靠手工操作。面点制作器在此是指面点生产过程中用手工操作使用的各类器具，除烹调使用的一些通用器具外，还有擀具、刀具、模具、筛、笼、簸、面案等用具。

1. 擀具

用来辊压面片的一类滚筒状或棒状工具，除了用来碾压面片外，还可用来碾碎辅料。常用的擀具多为木制，以枣木或檀木为好，质地实，无异味，表面光洁。主要的擀具有擀面杖、通心槌、橄榄杖、单手杖、双手杖等。

擀面杖，又称擀面棍，是面点制皮时不可缺少的工具，要求结实耐用、表面光滑。擀面杖截面呈圆形，因尺寸不同，有大、中、小之分，大的长 100～120 cm，主要用以擀制面条、馄饨皮等；中等的约长 55 cm，宜于擀制花卷、饼等；小的约长 33 cm，用以擀饺子皮、包子皮及小包酥等。

通心槌，又称走槌，用细质材料制成，呈圆柱形或鼓形，中间空，供插入轴心，使用时来回推动。槌分大小两种，大走槌主要用于层酥面坯的开酥，制作花卷等；小走槌用以擀制烧卖皮等。

橄榄杖，又称枣核杖、橄榄棍，中间粗、两头细，形如橄榄，长度为 15～20 cm，是用于擀制烧卖皮的专用工具。

单手杖，又称小面杖，长为 25～35 cm，光滑笔直、粗细均匀，常用不易变形的细韧材料制成，是擀饺子皮的必备工具。

双手杖，也是制皮的专用工具。大小均有，两头稍细，中间稍粗，双手杖比单手杖略细，擀皮时两根并用，双手同时配合进行，出品速度较快。

2. 刀具

面点使用的刀具属异形刀，一般较轻便且刀刃不甚锋利，这一点区别于菜品切配刀具，但不少菜品刀具可作面点刀具使用。面点刀具主要用于原料加工和切割成形或美化造型，按用途可分为切刀、批刀、花片刀、拍皮刀、糕刀、盆刀、菜刀、滚刀、刮刀、小页刀等。

3. 模具

模具是在面点生产过程中，用按压、烧注或挤注等方法对面点进行造型美化的工具，中式面点使用的模具主要有分印模和套模两种。

印模,又叫印版,通常为木质材料,其形状有方形、扁形、长形等,底部表面刻有各种花纹图案及文字图案,坯料通过印模成形,可形成具有图案的、规格一致的面点制品,如制作糕团、糕饼、定胜糕、各式月饼等。印模的图案、形态、式样很多,大小各异,可按照品种制作的特色需要选用。

套模,又称卡模、花戳子,是以金属材料制成的一种两面镂空,有立体模孔的模具,形状有圆形、梅花形、心形、方形等。使用时,将已经滚压成一定厚度的片状坯料铺在平铺的案板上,一手持套模的上端,用力向面皮上压下,再提起,使其与整个面皮分离。就可得到一块具有套模内径形状的坯子。套模常用于制作酥皮类面点及小饼干等。

从材料看,模具主要有铁皮模、铜片模和木模三种。铁皮模以冷扎薄钢板或马口铁薄板冲压或焊接成形,形状较多,适于烧注、按压、缠绕等成形方法使用。铜皮模以黄铜片冲压或焊接而成,一般12~50个配成套。除有铁皮模的用途外,主要用于挤注成形操作,如花式蛋糕常用此裱制。木模一般用梨木、桐木和铁木等质密坚硬的树木雕刻而成,分单眼模和多眼模两类。常用的单眼模如广式月饼模、玫瑰饼印模、雪茶果酱塔印模、格子酥印模等;多眼模是在一块板上雕多个印孔,常见的如核桃酥印模、绿豆糕酥印模、玉露霜印模等。

4. 面案

面案又称为案台,是制作面点的工作台。因制作内容的不同,需配备不同的操作台。通常有三种不同用途的案台。

木板案台,又称案板、面板,以优质木材制成,用于调制面坯、成形等。一般用厚的木板制成,其尺寸、大小按生产规模需要而定。案台表面要求平整、光滑,拼接无缝隙,便于操作及洗刷。木制案台有搁板式和桌台式两种。搁板式案台的特点是拆卸比较方便、灵活,多用于小型饮食店。桌台式案板是利用下部空间做成柜橱或抽屉,可以用来存放各种工具等用品,大中型饭店厨房都使用桌台式案板。

石板案台,又称石案、石台板,用大理石制成,表面光滑、平整,是糖制工艺和制作用糖粘裹的某些特色品种的必需设备。大小按需要而定。

金属板案台,台有不锈钢板和合金铝板等,可代替石板案台使用,但一般不宜代替木板案台使用。

此外,面点制作器具包括筛、簸、排笔、毛刷、刮刀、铜夹、镊子、馅挑、裱画嘴、花车、糕架、箍环、木尺、长板、铜镜、踏方、铲板、饼槌、炸滤、蛋帚等等。

二、西餐烹饪器具

(一)西餐餐饮器具

1. 西餐餐具

西餐餐具的种类繁多,不同的国家因各自的地域文化的不同而形成饮食上的差

异,因此各国的餐具也各具特色。其中较为普遍使用的餐具如盆、碟、盘等,很多与中餐具相同或相似,在此不再介绍,下面主要介绍较为通用的其他各类西餐具。

1) 餐刀

西餐用的餐刀主要有不锈钢、铝合金和银质几种。按形状大小及用途分为正餐刀、鱼刀、白脱刀、牛排刀、切肉刀、黄油刀、面包刀、果刀等等。鱼刀主要用于吃鱼类菜肴或中盘菜;正餐刀(约 20 cm 长)用于吃大盘菜;白脱刀是吃面包点心时用于挑白脱油或果酱用的;切肉刀主要用于切割各种烧烤卤熏肉类菜;黄油刀用于取抹黄油;水果刀专用于切水果。餐刀常与餐叉配合使用。在西餐中一般上一道菜就换一次刀叉。

2) 匙

西餐匙或称勺,按形状大小和用途可分为清汤匙、茶匙、冻糕匙、奶油匙、点心匙、小咖啡匙、服务用匙等,另外还有一种用于分餐用的大汤勺。

3) 餐叉

餐叉同餐刀一样,有不锈钢、合金铝和银质三种。按大小、形状和用途分类,有海鲜叉、鱼叉、正餐叉、龙虾叉、蜗牛叉、切肉叉、服务用叉等多种。海鲜叉主要用于食海鲜,也可以用来吃小盘菜、点心和水果;鱼叉主用于食鱼,也可用来吃色拉和甜点心;正餐叉又叫大号叉,用于食大盘菜,也可以作为分菜叉;龙虾叉较特殊,主要用于吃带甲壳类的海鲜菜品,如龙虾、螃蟹、蛎黄等;蜗牛叉主要用于吃蜗牛等特殊菜品,与蜗牛夹配用;服务叉较大型,用于分菜用;切肉用叉多为两齿叉,在切熟肉时用于固定肉块。

2. 西餐酒器

1) 西餐饮酒杯

西餐酒器以玻璃具居多,按不同酒进行分类,常用杯有如下几种。

图 4-5　西餐酒品常用酒杯

白兰地杯、香槟酒杯、红葡萄酒杯、白葡萄酒杯、利口酒杯(由左至右)

白兰地酒杯,小口腹大的郁金香球形矮脚杯,可装 220～300 mL 的酒。倒酒时一般只将酒倒至酒杯横截面最大处。

香槟酒杯,分浅碟形、长笛形和郁金香形三种,容量约为 180 mL,其中长笛形和郁金香形香槟杯能使香槟酒的发泡时间更长,使香槟酒连绵不绝的气泡优美地显示出来。

红、白葡萄酒杯,一种较大型的酒杯,形如郁金香,可装 380 mL 的酒,有普通形和空心形两种。通常红葡萄酒杯的容量比白葡萄酒杯要大些。

利口酒杯,一种口大底小的喇叭形高脚杯,其容量较小,可装 110 mL 的酒。通常用于盛装烈性酒或利口酒。

波特酒杯,一种中型酒杯,可容 180 mL 的酒,适于盛装波特酒(一种产于葡萄牙的强化葡萄酒酒)、雪利酒(一种带适于女性常饮甜酒)和开胃酒。

雪利酒杯,上部呈喇叭状,杯身较深,可容 75～110 mL 的酒。

鸡尾酒杯,样式较多,以 V 形和细颈形常见,大小各异,可装 110～380 mL 的酒。一般鸡尾酒的酒度越高,所用酒杯的容量就越小。

柠檬威士忌杯,又称酸味酒杯,上部较小,杯身深,可容 150～200 mL 的酒。

啤酒杯,体积较大,容量也较大,杯壁敦厚结实。主要有口大底小的皮尔森杯、带脚的皮尔森杯和带把的扎啤杯三种杯形。

水杯,形似葡萄酒杯,但比葡萄酒杯容量要大。

海波杯,圆筒形的直身玻璃杯,平实而厚重,容量较大。

柯林杯,又称哥连式杯,形状与海波杯相似,但比海波杯要高,适于制作口感变化的酒品。

古典杯,又称岩石杯,底平而厚、圆筒形,稳重大方,有些杯口略宽于杯底。常用于烈性酒的净饮或加水、加冰饮用。

2)调酒器具

西餐用杯还有用于调酒的调酒杯,用于量取液体的量杯、漏斗以及摇和饮料用的摇酒杯、调酒棒、香槟桶、大小冰桶、冰块夹等。量杯和摇酒杯通常由不锈钢制成。摇酒杯主要有 250 mL 和 350 mL 两种规格,由壶盖、过滤网、壶身三个部分组成。

3. 饮料用器

饮料用具包括杯、壶、缸等器具,主要用于饮用茶、咖啡、牛奶、果汁、冷饮等饮料。如咖啡壶、茶壶、热水壶、塞压壶、牛奶壶、咖啡过滤器、茶漏、茶杯、糖缸、奶盅、果汁杯、冰淇淋杯等。

其中果汁杯又名求司杯,容量约 125 mL,可装橘子汁、波萝汁、番茄汁、苹果汁、柠檬汁等多种果蔬饮料汁。

此外还有其他服务用具如:酒嘴、过滤器、冰铲、碾棒、冰桶、酒吧匙、开塞钻、蛋糕托、通心面夹、蛋糕刀、蔬菜斗、坚果夹、橘子模。另外,还有胡椒磨、糖瓶、盐瓶、暖锅、汤锅、食盆、酒篮、面包篮、碟盖、顶盖和一些布件实用品等。

(二)西餐烹调器具

西餐烹调器具较多,各国使用的烹饪器具不尽相同,以下介绍的只是较为通用的

部分。

1. 煎盘

煎盘又称煎铛,以合金钢板模压成形,也有铁铸的,分大、中、小号,规格有 200～500 mm 多种,圆形平底,带柄,可用于煎、炒、炸、烙等操作,是西餐加工的主要烹器。

2. 锅

西餐用锅均为桶形,平底,带盖,分大、中、小号,大者口径达 70～80 cm,小者仅 20 cm。锅形有深形、浅形、厚底形等几种,各种锅深度不一,最深的有 80 cm,最浅的约 10 cm。深形锅多用于煮炖,浅形锅多用来炒烧或打少司。大锅一般设有两耳把,中小锅一般设一长柄和一端耳。西锅的制造材料以铁、铁合金和铝合金多见,其中有相当一部分为不粘锅。

3. 烤盘

烤盘一般与烤炉配套,长方形,大小不一,用熟铁或铝合金制成,要求表面光滑,传热迅速,耐高温。其中铝烤盘传热比铁烤盘快,但易变形;铁烤盘耐用不易变形,但易生锈。如今有些烤盘上本身就带有一定的模具形状,通过一次挤注烘烤即可初步成形。

4. 厨刀

厨刀是切割各种原料的主要刀具,刀形前尖后宽,背略厚,刃薄而锋利,形式较多,长度以 150～250 mm 为多见。

5. 砍刀

砍刀是一种用来砍剁带骨或硬质肉类的刀具,外形与中餐厨刀相似,刀体短而宽厚,刀刃锋利,是比较重的一种刀。

6. 拍刀

拍刀是一种无刀刃的熟铁刀,带柄,正面平滑,背面脊棱,中间厚而四周薄,刀长约 10 cm、宽 6 cm,两边厚约 1.5 cm。主要用来拍砸肉扒或肉排之类的肉类。

7. 肉锤

肉锤是一种木制或金属制的锤子,锤头四方状,两面突起,一面平滑,另一面有排状枝齿,柄无长短大小规格。亦有圆头状锤,其结构较简单。主要用来拍砸或锤打质地粗老的肉。

8. 磨刀棒

磨刀棒是一根很细的有螺纹的高硬高钢棒,属于刀锉的一种,直径10～20 mm,长约 300 mm,顶端稍细,操作端带木把或塑胶把,是专门用来锉磨刀具的工具。

9. 打蛋器

打蛋器又称蛋抽子或清甩子,是不锈钢捆扎成,一端弯成灯笼状,一端扎成把柄或固定在木把上。主要供抽打蛋清或奶油用,使之充气成泡沫状,起膨松作用,也用来搅拌少量马乃司少司和制热少司等,使之均匀柔和而不产生疙瘩。

10. 肉叉

肉叉是一种带木柄的钢叉,质地坚硬,型号分有大、小之分,大叉一般为双齿叉,主要用来叉大块肉;小叉有 3～4 个齿,用于叉取或烤炙小块食物。

11. 肉串钎

肉串钎是用来串肉的带柄或带环的尖端钢钎,分大、中、小三种型号,大者长 65～80 cm,小者长约 25 cm。一般大钎子用于串烤整只动物原料或较大肉串与肉片;中号钎只串烤一般肉串或肉片,且可带钎上桌;小钎只供煎炸肉串用,一般也可连钎上菜。

12. 搅板

搅板是一种形似船桨的专用于搅打少司的熘板,形状有多种,多数呈方形,长柄式,大小不一,分木制和竹制两种,有时也用于搅拌原料和菜肴。使用搅板可保护锅器,尤其是不粘锅。

13. 铲子

铲子是烹调时用于翻挑或搅拌食物的工具。有不锈钢制、竹制和塑料制等,以不锈钢铲居多。铲长短不一,长者有 12 cm,短者 8 cm 左右,铲柄长一般在 30～35 cm 之间,铲型有光面铲和带孔铲(圆孔或方格孔),后者使用时可沥掉一部分油或水。如蛋铲、水波蛋铲等。

14. 勺

勺是用来舀汤和菜肴的长柄用具,有提勺、漏勺、圆勺和鸭嘴勺多种,多数为不锈钢制品。其中提勺主要用来舀汤(因西餐汤锅较深);鸭嘴勺的勺头扁而长,主要用来调制少司;圆勺的勺头圆而深,主要用来调制菜肴或舀菜;漏勺底部有眼,规格较多,功能与中餐漏勺同。另外有一种大圆口勺,又称水舀子,底平,容量大,功能与中餐用的水瓢同。

15. 夹蛋器

夹蛋器是用于熟蛋的特制工具,底座由铝、不锈钢或塑料制成,中凹成蛋形,上有数根能转动的细钢丝,操作时先将去壳的熟蛋置于凹处,然后用钢丝夹成薄片。

16. 土豆夹

土豆夹是一种专用于夹制土豆成茸泥的工具,分旋转式和挤压式两种,多为不锈钢制成。

17. 量杯

量杯是一种玻璃或塑料制成的透明量具,有刻度。液体量杯以毫升(mL)为单位刻度,固体量杯以克(g)为单位刻度,一般大小成套,如 50 mL,125 mL,250 mL 可配成一套等。

18. 量匙

量匙是用来计量配料或调味料用的量具,主要有铝制、不锈钢制、塑料制三种,一般以 1 汤匙、1/2 汤匙、1/4 汤匙为一套,或 1 mL,2 mL,5 mL,25 mL 为一套配合使用。

除上述器具外,盆、方盘、冰淇淋勺、计司擦床、削刮器、案板、磅秤和做西点用的

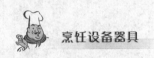

花镊子、裱花嘴、花戳子、擀面杖、刮板、模具、尺板、粉帚、毛刷、粉筛、簸箕、剪刀、油纸、布袋等器具,也是西餐常备的器具。

第三节   烹饪器具材料

用于制造烹饪器具的材料与一般材料不同。它必须符合卫生、安全的要求,并具有一定的耐腐、耐热、耐磨和抗冲击特性,而且在导热、强度、刚度、加工性等方面也有特殊要求。烹饪器具的制造材料主要有非金属材料和金属材料两大类。非金属材料主要有陶瓷、玻璃与搪瓷、塑料、木、竹、纸等;金属材料则主要有铝与铝合金、钢铁、铜、金、银等。随着新材料在各个领域的深入应用,合成瓷、高耐热陶、钢化与轻化玻璃、新型塑料和一些复合金属等新材料也逐渐用于制造烹饪器具。

一、非金属材料

(一)陶瓷

陶瓷的范围很广,包括工业陶瓷、建筑卫生陶瓷、日用陶瓷和其他特色陶瓷等。用作烹饪器具的陶瓷属于日用陶瓷。

瓷器从陶器发展而来,两者在许多方面有相似之处,所以人们也习惯于将两者放在一起,统称陶瓷。但两者在原料成分、烧成温度、釉质、致密度、透明度、色泽、吸水率、气化率、机械强度、叩音声响等方面皆有明显区别,见表4-1。

表4-1   陶器与瓷器的主要区别

类别	原 料	烧制温度	釉
陶器	一般的黏土,含铁量一般高于3%	1 000℃以下	无釉或施低温釉
瓷器	瓷石、瓷土,含铁量一般低于3%	1 200℃以上	1 200℃以上的高温釉

1. 陶器

陶器是用黏土造型,经过800～1 000℃左右的炉温焙烧(特别粗松的仅600℃),无釉或上釉,作为摆设工艺品或生活日用的器皿。

目前,常用陶质烹饪器具从质地分有以下几类。

1) 土陶

土陶俗称"泥陶"或"瓦陶"。制作土陶的原料坚韧性很强,主要含有高岭石、水云母、蒙脱石、石英、长石等。制作时先是将陶泥取适当部分,经踩、揉、和,使胶泥有黏性和强度,再上辘轳转坯成形,经削、刮、刻,然后晾干(有的还要经过彩绘上釉),装窑,在800℃左右的温度下火烧半天多,散热后出窑而成。

其骨质疏松,断面粗糙,吸水率大,产品多为红色或青灰色,无釉或内壁上薄釉。比较著名的有喀什土陶、伏里土陶和云南土陶。

土陶分祭祀、赏玩和生活三大类别上百个品种。生活类主要有阄缸、大小花罐、阄盆、烫酒用的酒壶等。

2) 粗陶

粗陶又称普陶,其是以可塑性好的白黏土、赤黏土和黑黏土为主要原料,手工捏制、模印成形,素坯无釉,也有施以草木灰釉或黏土易熔釉后入窑,由1 200℃氧化焰烧成。

粗陶器有一定的强度,胎质烧结度较好,表面釉层光亮,外观呈由浅至深棕红或青绿色,图案清晰美观,断面颗粒较细匀,化学稳定性较好,能耐酸、碱、盐的腐蚀。

日用器具主要有缸、瓮、罐、锅等系列产品。缸类器具古时大都用于日常盛装食物,其中锁口大缸主要用于酿酒及制豆酱用,宽口大缸部分用于家庭装饮用水或谷物。瓮类器具主要用于装酒、贮米、贮成菜,其中贮咸菜的称水瓮,口缘外有一圈形水封槽,加盖后密封效果甚佳。罐类器具主要用于日常生活中装油盐、煨汤、煎中草药等。锅类器具中的砂锅使用最为广泛。

粗陶与土陶相比,区别如下。

(1) 粗陶坚硬,土陶疏松;土陶吸水率比粗陶高。

(2) 粗陶一般内外施釉,釉面光润;土陶无釉或釉层薄,光润度差。

(3) 粗陶一般都有花纹图案装饰;土陶多数没有装饰。

(4) 粗陶烧成温度在1 200℃左右,土陶烧成温度低,仍有泥土的特征。

3) 细陶

细陶以质地和制作工艺之精细而得名。产品多数上色料和艺术釉,有紫、绿、黑、黄、白等多种颜色,装饰手法有刻花、贴花、雕填、耙花、釉画等,造型优美、色彩鲜艳富丽。

主要制成民间日用器皿,如泡菜坛、罐、酱缸、壶、蒸钵、碗、茶具、花盆、花瓶等。其中以古色古香的茶壶和茶杯使用最多。如国内外著名的佛山"三煲"(饭煲、茶煲、粥煲)多数是细陶产品,此外还有宜兴的彩釉细陶等。

细陶与粗陶在原料选择、淘洗提炼、加工制泥、入窑烧制等工艺过程基本相同,但制作的精细程度不一样。两者的主要区别如下。

(1) 细陶原料配有一定比例的长石、石英,胎质较细洁,气孔率较低;粗陶胎质较粗,气孔率较高。

(2) 细陶采用的釉,多数为色料艺术釉,颜色瑰丽,斑斓多彩;粗陶多数施普通釉料,色彩单调。

(3) 细陶装饰有刻花、贴花、雕填、耙花、釉画等;粗陶一般只在胎骨上有装饰,釉面上有装饰的很少。

4) 精陶

按质地分,精陶有软质精陶和硬质精陶两种。用作餐饮具的精陶以硬质精陶多

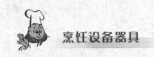

见,它使用高岭土、长石等料制坯,在1 200℃下烧成,表面施白色透明釉或艺术釉,多用贴花饰法,胎骨纯白或浅白,有瓷器特征,表面似瓷但不是瓷。

精陶一般用于制造高级的餐具、茶具、咖啡杯和啤酒杯等,具有光洁易洗,耐磕碰和适于机洗等优点,是我国陶器的主要出口品之一。

精陶与细陶,从胎的颜色与釉面装饰上比较,即能区别。精陶胎骨为白色或浅灰白色;细陶胎骨一般呈褐色、红色、紫色和米黄色。精陶施白色透明釉,有时器物外部施艺术釉,内壁仍施白釉;细陶很少单施白色透明釉料。

精陶与瓷器在外观上有相似之处,但质地不同,主要区别是:

(1) 胎的吸水率,精陶比瓷器高。

(2) 相同器物胎的厚度,精陶较厚,瓷器较薄。

(3) 相同器物胎的重量,精陶较轻,瓷器较重。

(4) 相同器物胎的机械强度,精陶较低,瓷器较高。

(5) 烧成温度,精陶在1 200℃左右,瓷器高于1 300℃。

(6) 叩音,精陶略粗而韵长,瓷器则有清脆的金属声。

但是,精陶的热稳定性好,冷热急变性好,韧性优于瓷器,从0℃突然升到水的沸点也不会炸裂。

5) 紫砂

紫砂陶器是我国独特的传统工艺品,因其色泽主要呈紫红色,所以称为紫砂陶。最出名的品种是紫砂壶,其他紫砂器有杯、瓶、盆、碟、砂锅等。紫砂陶以独特的紫砂黏土掺和良砂制坯,用匣钵封装入窑烧成。其特点是:

(1) 内外不施釉而有光泽,经常擦拭,器身越发光亮。

(2) 吸水率为2%～4%,气孔率为5%～7%,因此茶壶和花盆制品有茶不变味、花不烂根的美誉。

(3) 耐冷热骤变的性能好。即使在冬天将沸水冲入壶内也不会炸裂,还可放在文火上煨茶而不致炸裂。

(4) 传热较慢,使用紫砂壶时不烫手。

6) 炻器

炻器源于欧洲,其制作技术最初由日本传入我国,是介于陶与瓷之间的一种特殊陶器,也有人视之为瓷器。

常见炻器有碗、碟、盘、盆等高级餐具和壶、杯、托等高级茶具。

炻器与陶器的区别在于陶器坯体是多孔性的,而炻器坯体坚硬、孔隙率较低、机械强度高、是致密烧结的,吸水率通常小于6%。

炻器与瓷器的区别则主要在于坯体带色且无半透明性。炻器的导热性较瓷器差,热稳定性较瓷器好,强度较高。炻器可使用品质较差的原料制造,价格较瓷器低廉。此外,炻器达到用于洗碗机、消毒机、蒸煮、烘烤等要求,并适宜于机械化的洗刷,因此,在国际市场上也越来越多被采用。

2. 瓷器

瓷器是一种以高岭土、正长石、石英等原料制坯,经高温(一般大于 1 200℃)烧制而成的器皿。瓷表面是高温形成的玻璃釉质层,光洁润洁,胎质致密坚硬,呈半透明,脆性较大,叩声清脆。

比之其他材料的器具,瓷器至少有四个优点:一是化学性质稳定,耐酸、碱、盐和其他物质的腐蚀,不老化;二是热稳定性好,传热慢,能经受较大温差的变化;三是气孔率和吸水率低,易清洁洗涤,卫生性好;四是美观、实用、耐用。缺点是抗击性差,易破碎,一般不适于明火加热。瓷器以其众多的优点,长期以来为人们所喜爱和使用,成为众多餐具中使用最多、最广泛和影响最深的餐饮器具。

1) 分类

我国瓷餐具的种类繁多,根据不同的标准有多种分类方法。常见器形有碗、盘、碟、盅、壶、杯、罐、缸等。装饰手法主要有贴花、彩绘、喷花、釉上彩、釉下彩、釉中彩等,花色品种十分丰富,如常见的白瓷、青瓷、影青瓷、青花瓷、彩瓷、变色釉瓷等等,其中每一花色品种又包括各自的系列规格。

瓷器如果按质地的不同,可分为粗瓷、普通瓷和细瓷三大类。

(1) 粗瓷。

粗瓷是使用普通黏土,经粉碎和淘洗,采用低温釉料,以一般工艺烧制而成的档次较低的瓷器。粗瓷质粗,色灰白或青,透明性较差,装饰简单,各地小土窑烧制的多为此类产品,目前还有相当多的农村地区在大量使用这一层次的瓷器。

(2) 普通瓷。

普通瓷是指选用适度的原料,经筛选和除铁,按一般配方配料,用较细工艺制坯,最后经高温烧成的一般瓷器。普通瓷的吸水率一般不超过 1.5%,瓷质较密,多采用蓝边、贴花、喷花和普通彩绘装饰,这是国内销售最多、使用最广的一类瓷器,普通使用的器形有碗、盘、碟、杯、盅、盆、壶等。

(3) 细瓷。

细瓷是按照精良的配方,选用高纯度坯料,经多次筛选、除铁、球磨、真空炼泥等处理,再精心制坯,后经高温烧成的精良瓷器。这次瓷器瓷化完全,质地细密,透明度高,吸水率不超过 0.5%,大多有高雅华丽的装饰。市面常见的这类瓷器都是中高档次的餐具和茶具,是我国出口瓷器的主要品种。

2) 骨瓷

骨瓷是一种高档瓷种。按照国际标准,骨瓷内含 25% 以上的食草动物骨灰,是环保的绿色消费品。独特的烧制过程和骨碳的含量使得骨瓷显得更洁白、细腻、通透、轻巧。

陶瓷起源于中国,但骨瓷始创于英国,曾长期是英国皇室的专用瓷器。骨质瓷在烧制过程中用料考究、制作精细、标准严格,对规整度、洁白度、透明度、热稳定性等诸项理化指标均要求极高,所以价值高于其他瓷种。

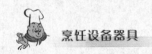

骨瓷和陶瓷一样是分等级的,通常取决于材料的质地、制造技术及彩绘设计。级数越高的骨瓷,制作难度越高,成品也就越贵。好的骨瓷色泽呈天然骨粉独有的自然奶白色,对着亮光观察应该透光较佳且均匀无杂质。牛骨粉的添加使得骨瓷的重量轻于其他瓷种,可以做到比一般瓷器薄,成品质地轻盈,细密坚硬(是日用瓷器的两倍),不易破裂。用食指和拇指轻轻一弹,就可以听到骨瓷"叮"的一声脆响。如用手沾水在碗口摩擦,还会发出像飞机飞过的轰鸣声。由于骨质瓷的保温性很好,因此在使用中不要温差太大,它适合微波炉、洗碗机使用。

3)彩釉

瓷器的生产工艺较复杂,大致经过原料处理、制坯、成形、干燥、修坯、施釉、装饰、烧成等过程。瓷器的釉彩开始比较单一,随着瓷业的发展与科技进步,由开始的一种釉彩的素瓷发展到多种釉彩的彩瓷。彩色釉分有釉下彩和釉上彩。

3. 陶瓷器具的卫生性问题

经过人们长期的实践,证明陶瓷器具是安全的。但有关试验结果表明,陶瓷在一定的条件下有铅、镉等成分溶出,而摄入过量的铅、镉成分会影响人体的造血、神经、肾脏和血管等正常功能。因此,国际社会呼吁严格控制陶瓷的含铅量和含铬量,不少国家制定相应卫生法规,对陶瓷表面与食品直接接触的釉子所析出的铅镉作出限量规定。

1)相关参数

例如欧共体84/500/EEC指令规定了陶瓷中镉和铅的限量。该指令规定了有可能从与食品接触的陶瓷制品的装饰物或釉料中释放的镉和铅等迁移物质的限量及分析这些物质迁移的检测方法。

表4-2 具体限量标准

种 类	铅 限 量	镉 限 量
高度小于25 mm,不论是容器还是非容器	0.8 mg/dm²	0.07 mg/dm²
其他容器	4.0 mg/L	0.3 mg/L
餐具,大于3 L的包装或储存容器	1.5 mg/L	0.1 mg/L

2005年欧盟委员会对于第84/500/EEC号指令《关于与食品接触的瓷器制品的性能标准与合格声明》,即统一各成员国有关与食品接触陶瓷制品的法律的指令进行了修订。指令指出:从2007年5月20日起,不符合该指令的瓷器制品将禁止生产和进口。

新指令对仪器分析方法检出的铅和镉的限量标准由原来的分别为4.0 mg/L, 0.3 mg/L修订为0.2 mg/L,0.2 mg/L,从而提高此类产品进入欧盟市场的门槛。

2)原因

陶瓷之所以在一定条件下溶出铅和镉的原因,是因为陶瓷釉(如各种色釉、透明釉、乳浊釉、结晶釉、釉上彩等)里含有铅、镉、锌、砷等成分和它们的氧化物以及盐类。

实践表明,铅镉的溶出与制造陶使用的原料、生产工艺、所装食物的酸碱度和在酸性条件下存放的时间、温度等因素有关,没有严格生产工艺的粗糙品溶出铅镉的可能性最大。

国家质检总局 2005 年 10 月份公布的对日用陶瓷产品质量进行的国家监督抽查结果显示,广东、广西等十省区市 56 家企业生产的 56 种产品,抽样合格率为82.1%。抽查发现,有 6 种产品铅溶出量严重超标,最高为国家标准规定的 24.98倍;其中一种产品镉溶出量也超标。而欧盟新的限量标准主要就是针对铅和镉的溶出量。

 知识链接

铅、镉溶出量超标问题

铅、镉溶出量超标问题,长期以来一直在困扰着陶瓷行业,至今仍没有好的解决办法。虽然市场上出现了无铅、镉颜料,但只是部分颜色能够实现。对于大红等颜色仍旧没有很理想的产品可以替代铅、镉颜料。可以说未来几年,这一技术难题得不到攻破,中国陶瓷出口企业将面临严重的困难。

 小思考

为什么在微波炉中受热时不得采用带色彩的瓷器?为了防止铅、镉溶出污染食品,在选择陶瓷餐具时,选择什么外观颜色最好?

(二) 玻璃与搪瓷

1. 玻璃

我国约在西周时期就掌握了玻璃制造技术。传统的玻璃一般是指由二氧化硅与各种金属氧化物组成的经高温熔融冷却而成的复杂硅酸盐化合物。工业生产一般按组成特点将玻璃分成硅酸盐玻璃、硼酸盐玻璃、磷酸盐玻璃、铝酸盐玻璃和含两种或两种以上的玻璃形成体氧化物的各种盐酸盐玻璃。

玻璃成分很复杂,化学元素周期表中 85% 以上的化学元素多可以用来制造玻璃。若改变氧化物的组成就可以得到不同用途的玻璃。常用的器皿玻璃组成大致含74%～78.5% 的 SiO_2,13.5%～15% 的 Na_2O,6%～8% 的 CaO,2% 的 K_2O,1.8% 的MgO,0.6% 的 Al_2O_3 等成分。如分别加入 CoO,MnO,$AgNO_3$,Cu_2O,CuO 等物质就会得到相应的蓝色、绿色、紫色、黄色、红宝石色和天蓝色玻璃。

1) 成形方法

玻璃器具绝大多数都用吹制或压制方法成形。两者的区别是吹制成形的玻璃一般薄而光滑,压制成形的玻璃则厚而粗糙。

2）玻璃装饰手法

玻璃装饰手法主要有印花、贴花、绘花、喷花、蚀花、磨花、刻花等。

根据装饰风格的特点，玻璃有乳浊玻璃、蒙砂玻璃、叠层玻璃、拉丝玻璃和晶质玻璃六种，这些玻璃都具有很强的装饰效果。如晶质玻璃是通过特殊工艺成形的，与一般玻璃不同的是，它具有良好的透明度与白度，在阳光下几乎不显颜色，而其折射率较大（大于1.54），密度较大（3.2～6.3 g/cm³），以之制成的饮食器具，如水晶般光辉夺目，叩之如金属般清脆悦耳，显示出较高档次。

3）品种

常见的玻璃器形有杯、壶、盅、盘、缸等，其中以杯的花色品种最多，用量最大。另外，一些耐热玻璃器具如玻璃煮锅、玻璃热壶、冷热玻璃料缸、透明玻璃电饭煲盖等，也广为使用。

耐高温热变的器具一般是含 Al_2O_3 20%左右的耐高温硅酸铝玻璃或是含硅酸硼的派热克斯（Pyrex）玻璃制成的。

4）特点

玻璃器具具有化学性质稳定、刚度高、透明光亮、清洁卫生、美观等优点，用作餐饮器具，能产生一种特殊效果；但同时也有笨重、易破碎、不耐振动和抗温变性差等缺点。

5）改良玻璃的方法

为克服玻璃的缺点，现代玻璃生产通过下面方法改良其性质。

（1）钢化。

钢化又称物理强化或淬火，即先将成形的玻璃器皿热至接近软化温度，后以冷空气对其内外表面进行强化激冷，使其具有均匀压力而增加强度和热稳性。

（2）离子交换强化。

离子交换强化又称化学强化，即将玻璃置于熔融的 KNO_3 中，让 K^+ 与玻璃表面的 SiO_2 网目中的 Na^+ 交换，使表面结构发生挤压而获得均匀结实的表面强度。

（3）涂层。

涂层包括在退火前用 $SnCl_4$ 或 $TiCl_4$ 高压蒸汽喷射玻璃表面使之产生层积反应而形成保护膜的热端涂层和在退火后用单硬酸、聚乙烯、油酸、硅烷、硅酮等覆盖在表面上形成抗磨润滑层的冷端涂层，这样获得涂层玻璃有较强的抗划伤力，不易破碎。

（4）包塑。

包塑即用静电粉末喷涂、悬浮流化、包套等方法将聚酯、聚乙烯、泡沫聚苯乙烯等紧裹于玻璃表面从而形成保护膜的方法，它能增加抗击强度和内压机械强度。

上述几种方法制的玻璃器具具有质轻（减轻30%～50%）、抗磨、抗冲击、耐高温、高强度和不易破碎的特点。这类饮食玻璃器具已投入实际使用，相信玻璃在烹饪器具领域将有更广更深的用途。

6）卫生要求

玻璃器具的卫生特性与陶瓷相同，各国基本上都有自己的法规，对铅、镉等成分析出作限制。由于实验方法不同会影响铅和镉的萃取性，因此，一般推荐采用4％的醋酸作模拟溶剂，在室温下萃取24 h，然后用二硫腙作试剂，以比色分析法或原子吸收光谱法测定铅和镉的转移量。

2. 搪瓷

搪瓷是在金属表面通过特殊工艺高温涂烧一层或几层不透明无机材料而形成的一种复合材料及其制品的统称。

1）起源

搪瓷起源于古代埃及，以后传入欧洲。但现在使用的铸铁搪瓷始于19世纪初的德国与奥地利。搪瓷工艺传入我国，大约是在元代。明代景泰年间（公元1450—1456年），我国创制了珐琅镶嵌工艺品景泰蓝茶具，清代乾隆年间（公元1736—1795年）景泰蓝从宫廷流向民间，这可以说是我国搪瓷工业的开始。

2）种类

目前日用搪瓷的种类有很多，用于烹饪器具的搪瓷属日用搪瓷。

根据涂烧工艺的差异，日用搪瓷分为一次搪瓷、二次搪瓷和多次搪瓷。普遍使用的搪瓷器形有盘、碟、盆、托、盅、碗、口杯、汤锅和烧锅等，另外还有不少器具亦有光亮美观的搪瓷层。

3）结构

搪瓷的结构包括金属胎体和玻璃化或瓷化釉层两部分。常用作胎体的材料有铜、铝、铝合金、铸铁钢薄板、低碳或脱碳钢板、深冲型普通钢板、钛钢板和合金钢板等。釉层原料由基体料加助熔剂、乳浊剂、氧化剂、着密剂、着色剂、悬浮剂等助剂组成，分底釉、面釉和色釉三种，成分相当复杂。搪瓷制作大体要经过切板、制胎、表面处理、涂搪、彩饰、干燥等工艺过程后，最后在820～930℃温度中烧成。

搪瓷最突出的结构特点是在高温下金属与非金属发生物理化学变化，析出晶体并形成化学键，将两者牢固地结合为一体。因此搪瓷釉层里含大量的晶体物，近似玻璃。但由于烧制不如玻璃充分，气孔较多，釉质也不如玻璃均匀，但遮盖力和乳浊度比玻璃大。

4）特点

搪瓷有良好的耐酸、碱、盐的特性，还具有耐热性、耐压性、抗磨性和绝缘性等优点。因此，这类烹饪器具以轻巧、卫生、易洗涤、保温性好、美观耐用等优点而曾深受人们的喜爱。但是，搪瓷制品的抗冲击性差、撞击后釉层容易剥落。随着时代的发展、技术的进步，搪瓷类器具的烹饪使用也越来越少见。

5）卫生要求

因搪瓷釉质含铅、锑、砷、镉等成分，使用不当就有可能溶出铅、镉等有毒成分，所以各国都制定了有关搪瓷的卫生标准规定。一般以4％醋酸溶液注30 min，若浸出铅的搪瓷不准使用。我国对搪瓷制的口杯、碟、盆、盘、碗、锅、桶等食器规定对耐酸测

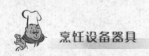

试后的醋酸溶液加入 K_2CrO_4 无铅反应，加入 $Na_2S_2O_3$ 无锑反映。因此，对厨房用搪瓷一般要求不施含铅或含镉的釉。

 小思考

玻璃与搪瓷、陶瓷等材料在安全卫生上的共性要求是什么？

（三）塑料

塑料为合成的高分子化合物，是利用单体原料以合成或缩合反应聚合而成的材料，由合成树脂及填料、增塑剂、稳定剂、润滑剂、色料等添加剂组成的。其主要成分是合成树脂。树脂这一名词最初是由动植物分泌出的脂质而得名，如松香、虫胶等，目前树脂是指尚未和各种添加剂混合的高聚物。树脂约占塑料总重量的40%～100%。塑料的基本性能主要决定于树脂的本性。有些塑料基本上是由合成树脂所组成，不含或少含添加剂，如有机玻璃、聚苯乙烯等。

1. 特点

塑料与其他材料比较具有耐化学侵蚀；呈透明或半透明；可自由改变形体样式；大部分为良好绝缘体；重量轻且坚固；加工容易可大量生产，价格便宜；用途广泛、效用多、容易着色、部分耐高温等特点。

2. 应用

随着塑料在社会各个领域的广泛应用，烹饪器具也有不少塑料制品，并有不断增多的趋势。

如用作餐具的塑料盒、盘、碟、碗、筷、匙、勺、杯、盆等；作盛储器的桶、筐、篮、箕、箱、盆、调味盒、罐、瓶等。

塑料还可用作洗涤器具的洗槽、洗盆、水桶等；作加工用具的砧板、杆具、模器等等。其中有不少能经高温消毒的塑料餐具，如仿瓷材料的碗、盘、汤匙、仿象牙筷等。

此外，不少烹饪设备也是塑料制品，如电热设备的外壳、加工设备的接触部件等。

3. 常用材料

常用制作烹饪器具的塑料主要有聚乙烯（PE）、聚丙烯（PP）、聚氯乙烯（PVC）、聚苯乙烯（PS）、聚酯（PET）、聚偏二氯乙烯（PVDC）、乙烯-乙烯醇共聚物（EVAL）、乙烯-醋酸乙烯酯（EVA）共聚物等热塑性塑料和聚醚砜（PES）、密胺树脂（MF）、聚砜（PSF）等热固性塑料。

4. 要求

用于制作烹饪器具的塑料必须满足卫生安全和化学稳定的最基本要求，同时，对不同用途的塑料器具，还有一定的耐热、耐冷、保温、耐腐、耐油和阻隔性要求以及一定的机械强度、抗磨性、韧性等性质要求。因此，不同塑料制成的烹饪器具各有不同的性质和用途，使用时要加以区分。

1) 耐热性要求

餐具中的碗、筷、杯、碟、盘、匙等和其他一些物料盛器，因经常要进行消毒杀菌，要求具有一定的耐温性。一般要求要耐100℃水煮杀菌，较理想的是能耐120℃消毒柜消毒或更高要求的蒸汽杀菌以及微波加热等。用于制造这类器具的塑料主要有HDPE(高密度聚乙烯)、PP、PET、PSF、PES、MF等。其中HDPE，PET和PP制品较多，它们都能耐100～121℃温度，并保持良好的特性；PSF，PES，MF等是类新型工程塑料，能在150～165℃温度中连续使用，PES甚至可在180℃下连续使用，即使在20 000Gy剂量辐射下仍可保持大部分机械特性，因此，是制微波炉器皿的最好材料。另外，这类热固性塑料还可广泛用来制造咖啡杯、热杯、热壶、煮器、热水泵、仿骨牙筷子以及仿陶瓷餐具等。其中密胺仿瓷塑料餐具，不仅有陶瓷易去油污、性质稳定、密度大的特性，而且质轻不易划伤，不易破碎，耐高温处理，以之代替易碎笨重的陶瓷，很有发展前途。

2) 耐寒性要求

冷冻条件下使用的烹饪器具，要求在低温下有较小的脆性和较大的抗击强度。如常用的冷饮杯具和冷藏食物的盒、盆、箱、薄膜袋等，一般用LDPE(低密度聚乙烯)、PET、PVDC、EVA、PVC等塑料制造。其中EVA，PET制品在－60℃下仍有较强的抗击性。大部分冷饮杯都由PVC片吸塑成形。

3) 保温性

保温箱、保温厨、保温盒、保温杯等塑料器具要求有保暖或保冷特性。制造这类器具有泡沫塑料和多层复合塑料两类。前者有聚苯乙烯泡沫塑料、聚乙烯塑料、聚氨酯等，后者由两面层加一泡沫夹层组成，保温性能很好。前段时间大量使用的一次性快餐盒或卫生杯有三种：一种使用聚苯乙烯泡沫塑料热固成形的，可保温3～4 h冲入开水不烫手；另一种是用聚乙烯钙塑片材制成的透明盒或透明杯，性能较差但价格便宜；第三种是低发泡聚乙烯深拉成形的盒或杯，只有几克重量，成本很低。但是，由于这类餐具造成的"白色"污染很严重，为了杜绝一次性发泡塑料餐具造成的"白色污染"，保护生态环境，维护人类身体健康，国家经贸委于1999年2月2日发布了6号令，将发泡塑料餐具列入"黑名单"，作出了在2000年底前淘汰一次性发泡塑料餐具的明确规定；2001年4月、5月，国家经贸委又相继发出了两个紧急通知，要求立即停止生产、使用一次性发泡塑料餐具，加强对生产企业的监督检查，做好替代产品的生产供应工作，保证替代工作的顺利进行。

 知识链接

一次性发泡塑料餐具的可替代产品

目前一次性发泡塑料餐具的可替代产品主要分为五种类型，即纸板涂膜型、纸浆

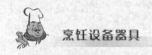

模塑型、植物纤维模塑型、食用粉模塑型、光生物降解塑料(非发泡)型,其原料、环保性能等见表4-3。

表4-3　五种替代产品一览

种类 项目	纸板涂膜型	纸浆模塑型	植物纤维模塑型	食用粉模塑型	光生物降解塑料(非发泡)型
原料	纸板	纸浆(木浆、草浆)	秸秆、稻草、植物等	淀粉、食用粉、大自然添加剂	PP树脂及降解用料
以快餐盒为例的生产成本(元)	0.22～0.25	0.3～0.35	0.18～0.30	0.15～0.20	0.2～0.25
环保性能	可降解	可降解	可降解	全生物降解	丢弃后可回收利用

每种产品都有其优缺点,比如纸板涂膜型(不论是否降解膜)作杯子比较好,作餐盘碗托盘则不太理想,主要是价格贵、合盖等困难;纸浆模塑型作碗较好,作餐盒和盘则因价格问题、易黏米饭等不易推广;植物纤维模塑型还未找到特别理想的用途,主要用途以托盘和非食品包装为主,但颜色问题、脆性问题以及有害物质的控制等较难解决;食用粉模塑型目前发展较快,具有较大发展空间,在价格和性能方面具有较大优势,但脆性和仓储问题需妥善解决;光生物降解塑料(非发泡)型作餐盒和杯较为理想,其防水防油性能、价格具有竞争优势,回收利用系统较为健全,污染易于解决,在相当一段时间内占有竞争优势。

4)耐油性和隔气性要求

用于盛装油、盐、酱、醋、酒和其他调味料的塑料器具要求具有一定的耐油性、隔气性和遮光防潮性能。由于PE和PS能被一些油脂溶解,且透氧率高,易使油氧化酸败,因此一般不作装油器具,而常用PVC和PP;味料器具一般用PET,EVA,PVDC等塑料制成;酒类容器可用PET或PE,PVDC组成的复合塑料制成。

5)机械强度和韧性要求

对箱、桶、盆等储物塑料用具要求有一定的机械强度、韧性、抗击性和抗磨性。除用HDPE和掺有EVA的PE外,还可用PP和PVC等塑料制造这类器具。

6)安全性

用于制造食品器具的塑料,一般都经过各种毒性试验,被证明对人体无毒害后方可使用。塑料毒性成分主要有两类:一类是在一定条件下可能游离出来的单体,如氯乙烯、乙醛等;第二类是用于改善塑料性质而加入的各种助剂,如催化剂、增塑剂、抗氧化剂、稳定剂、发泡剂,等等。这些成分如被摄入人体,将会对人体健康带来损害。因此,各国都制定有关卫生法规,对这些成分的转移量作严格限定,如EEC,美国FDA,加拿大SPI,英国的BPF和BIBRA等机构,都制定有严格的标准。

日本开发耐高温环保型塑料

日本最近开发出一种可通过细菌进行循环利用的塑料,据称这种塑料可耐150℃高温。目前,他们正在开展研究工作,设法在2~3y内将其低成本的高新技术用于塑料餐具、食物包装材料、垃圾袋等的生产。这种被称为聚羟基丁酸酯的塑料是在一种吃甲烷的细菌体内产生的。它们一边吃甲烷一边在体内聚集这种塑料。据了解,通过这种高新技术制造的塑料的生产成本是采用传统技术的1/3。

（四）竹、木、纸

1. 竹木器具

1）应用概述

少数民族喜欢用大自然中的一些天然物品做炊具或餐具,用其烹饪的食品,不仅风味独特,造型也别具一格。品尝用这些炊具制作的食品,那是一种真正体验回归自然的享受。云南少数民族居住的地方多竹木。他们就地取材,用竹做桶、罐、杯、碗、饭盒、勺,并用竹当作锅煮饭或做菜烧汤。景颇、傣、德昂、独龙、仡、基诺、傈僳等民族用比较粗的大竹,砍成长约一米,短约一尺,上端斜开口,然后把各竹节打通,只留下面的竹节做底装水,很多民族用这种竹节当桶背水。独龙族还用竹筒酿酒。他们将煮好的高粱（大米,小米,小麦也可）拌上酒药装进竹筒,七天后就酿出了香气四溢的酒。至于竹碗、竹筷、竹勺等餐具品种更是丰富多彩。一些少数民族用竹篾编织罐、盆、饭盒,精致雅观。其中用竹根雕制的竹碗和子母饭盒最具代表性。因为竹根质地坚硬,据说经过水泡处理后,趁其发软,砍、凿、雕刻出的碗、饭盒不易破碎。

有的少数民族还将竹筒当锅用。傣族的竹筒饭就是用竹筒烧成的。制作时人们把刚砍倒的竹子砍成节,节的一端开口,按比例放入米和水,用竹叶塞紧口,放置火上烧烤,烧熟后把竹筒剖开,即可食用,吃时有一股浓郁的清香味。最著名的香竹米饭就是用细长的香竹筒当锅,用火炭烘烤而成的。烧出的饭颜色都成了绿色的,特别清香。景颇族则用竹筒烧菜,他们把肉、鱼、禽切成块或剁碎,拌上佐料、盐,装进新鲜的大竹筒里,再用叶子塞紧口,放到大火上不断翻转烧烤,直到竹子烧焦,剖开竹筒,香味四溢,烧出的肉原汁原味再加竹子清香,食用时软而不烂,味道鲜美独特。

2）种类

厨房使用的竹木器具不少,如竹制的筷子、筛、簸箕、筐、箩、篮、小铲,木制的砧板、案板、杆具、模具、碗、铲、筷、蒸架、盘、拖、储物柜,等等。竹木器具有独到的使用功能,具有质朴价廉、卫生轻便的特点。其中竹木餐具很具传统风格,间或与其他高

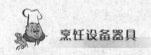

级餐具一同使用,能产生独特的艺术效果。

目前市面上的竹木餐具大致有三类:一类是实木原竹器具,如木碗、木盘、竹铲、竹勺等;第二类是竹木漆器,主要是茶托、果盘、果盆之类;第三类是竹木片材胶合成形制品,质地轻薄,可通过竹木片拼摆出各种图案织纹,极具艺术效果。

2. 纸质器具

1)应用概述

纸质器具通常采用纸浆为原料,在模具中成形、烘干生产而成的一次性餐具。这种方法制作的餐具因其无毒无害、易回收、可再生利用、可降解等优点而被冠以"环保产品"的称号。在我国禁止使用一次性发泡塑料餐具以后,纸质餐具就成为我国餐饮市场上主要推荐使用的一次性餐具,具有极大的发展前途。

2)种类

目前纸质餐具多为纸盘、纸盒、纸碗、纸杯。根据纸质的不同,这些纸具可概括为普通纸器、涂蜡纸器、涂塑纸器和注浆成形纸器四类。

(1)普通纸器。由普通纤维纸板制成,无耐水耐油功能,主要用于盛装干物,如常用于装瓜子、干货、糖果等食物的纸盘就属于这一类。

(2)涂蜡纸器。有表面涂蜡和干蜡(渗蜡后干燥成形)两种,耐水耐油,但因蜡纸不耐热,所以这类纸器只作为冷饮杯、冷藏盒、冷藏盘等。制作材料一般用以漂白硫酸盐浆生产的白纸板(横向拉伸不大于3%,含碳量小于1%),纸板厚度均匀,不含荧光增白剂等有害物质。

(3)涂塑纸器。是在漂白或不漂白纸的单面或双面涂一层塑料(如 PE,PP,PVDC,PET 等),使之具有耐水、耐油、耐热和耐冷的特性。涂塑的盘、碗、盒、杯等既可装含油含水食物,又可装油和开水,或作冷藏盛具用。其中用作微波炉或烤箱的纸制烘烤盘,是用长纤维纸板经 PET 挤出涂塑成形的,能耐232℃高温。厚型涂塑纸器一般可用高温消毒,并可反复使用。

(4)注浆型纸器。一般用硫酸漂白纸(横向拉伸不大于3%,含碳量小于1%)加入防水剂制浆,然后注入模具而成形的纸器,以碗、盒、盘最多,有较好的保温性,极易被生物降解,是目前不少城市推行使用的环保型餐具。

 新型的"纸玻璃"餐具

日本一家材料研究所开发了一种和真玻璃一样的纸质材料,专门用以制造杯子、碗碟等餐具,主要原材料即是纸浆中含有的纤维素。

"纸玻璃"餐具具有很多优点。首先,其表面涂层完全不透水,即使长时间地储存任何液体都不会发生渗水、漏水现象。其次,耐热性能很好,甚至可承受微波炉长达 3 min 的高火加热。此外,强度又比纸质餐具大十几倍。实际上,"纸玻璃"兼具了纸和玻璃两种材料各自的优点。

"纸玻璃"制造的餐具可以和正规玻璃餐具一样晶莹剔透,也可以通过在纤维素中加入油分的方法制造出玻璃丝袜一样呈半透明的餐具,另外还可通过给纤维素染色的方法加工出各种彩色餐具。

二、金属材料

金属以特有的机械强度、硬度、韧性、延伸性、热导性和金属光泽等特性,而早在几千年前开始被用于制造烹饪器具。金属烹饪器具一直是现代厨房器具的主流,随着金属材料的发展,用于制造烹饪器具的金属材料也更加广泛。

（一）铝与铝合金

1. 概念

铝是一种银白色或灰白色轻金属。工业纯铝是指纯度在99％以上的铝,俗称"熟铝"或"钢精",而"生铝"一般指含较多杂质的铸铝。

2. 特点

纯铝具有良好塑性与延伸性,是制造冲压成形的器具;铸铝的机械强度和硬度比纯铝大,但脆性大,适于造翻砂铸型的烹器。这两种铝虽有许多良好的加工特性,但由于强度小,应用受到一定的限制,若在纯铝中加入适量的硅、镁、锰、铜、锌等元素,便可制成强度比较大的各种铝合金。目前市场上还有一种稀土铝合金,其主要用于高压锅和普通铝锅等制品方面,由于强度大和冲压性能好,可以减薄制品的壁厚,既节省材料又精巧耐用。

3. 应用

根据性能和使用特点,铝合金分为防锈铝、硬铝、超硬铝、锻铝和特殊铝五种。用于制造烹饪器具的铝合金一般是防锈铝,而且以其中的 Al－Mn 和 Al－Mg 合金系列使用最多,如国内的 LF2 规格系列和国外的 3000 与 5000 规格系列等。这类铝合金有中等强度,塑性、耐腐性与焊接性都较好,适于制造各类日用器具。

铝与铝合金的相对密度约为钢铁的1/3,导热性与反射性约为钢铁的3～4倍,加上良好的塑性、延伸性和一定的耐腐性能等优点,使其成为制造烹饪器具的理想材料。在铝制器具中,以纯铝和铝合金器具的花色品种最多,常用的器具有煮锅、炒锅、壶、盒、盆、铲、勺、蒸笼、蒸屉、锅、箅、漏瓢、篮子等。铸铝烹饪器具近年来较少,常见的有炒锅、蒸锅、粗盆、水壶、饼铛、铲、勺等。其中铸铝锅常由铝锭、铝屑或再生铝等优质纯铝熔铸而成,纯度在93％以上。

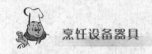

为增加抗腐、抗磨性能和改变外观，铝器表面一般经特定处理，如磨光、抛光、电洗、阳极氧化、氧化着色、喷绘等。其中阳极氧化法使用最普遍，它能给表面增加一层耐腐抗磨薄膜，可延长使用寿命。由于铝极易与酸碱发生反应，因此铝器不耐酸碱，食用时要特别注意这一点。

4. 安全性

铝不是人体的必需元素，人体缺乏铝时，不会给人体带来什么损害，反之，铝盐能致人体中毒。铝盐一旦进入人体，首先沉积在大脑内，可能导致脑损伤，造成严重的记忆力丧失。铝在脑中逐渐积累，就会杀死神经原，使人的记忆力丧失。铝还能直接损害成骨细胞的活性，从而抑制骨的基质合成。同时，消化系统对铝的吸收，导致尿钙排泄量的增加及人体内含钙量的不足。铝在人体内不断地蓄积和进行生理作用，还能导致脑病、骨病、肾病和非缺铁性贫血。

铝制烹饪器具一般是安全无毒的。因为用于制造食品器具的铝制材料都有严格的规定，其含铅、镉、砷等成分不得超过 0.01%。铝在空气中氧化成 Al_2O_3 薄膜，有一定的抗腐作用，即使在一定的食品条件下亦不易溶出。一般来说，铝制烹饪器具如果用来盛水基本不溶出铝。熟铝锅用来做米饭和烧水时溶出铝的分量也是极微小的。

但在酸性条件下，铝制品铝的溶出量会随酸度的增高而逐渐增多。温度也是影响铝溶出的重要因素，用铝锅在高温下长时间加热食物也会使铝溶出。此外铝制品直接接触食盐后会有明显的腐蚀的现象。在各种铝制品中，以铸铝（生铝）制品铝溶出量最多，熟铝（精铝）较低，而合金铝几乎无溶出。

（二）铁

我国使用铁制烹饪器具已有数千年的历史，从古至今，铁制烹饪器具一直是一种广为使用、影响最大的厨具，尤其是铁锅被认为是永远不可取代的烹饪器具。

1. 种类

日常使用的铁材料都含有碳成分，一般把碳含量高于 2% 的称为生铁，把含碳小于 2% 的称为钢。通常说的"熟铁"是指含碳量小于 0.05% 的工业纯铁，而"生铁"指含碳量较高和杂质较多的铁，包括炼钢生铁和铸造生铁两类，前者称白口铁，主要做炼钢材料；后者称灰口铁，包括灰口铸铁、百口铸铁和麻口铸铁三种。铁制烹饪器具主要指用生铁和熟铁制造的各类器具。

2. 特点

生铁烹饪器具以铸铁锅为代表，如铁制的深锅、鼎锅、平锅、笼锅、蒸锅等，另外还有铁叉、铁模、铁箅、铁盘等其他烹饪铁器。这类器具大都是翻砂铸件，所用铸铁含碳较高（2.5%～3.5%），硬度大，传热迅速均匀，效果较好，适于制造加热各类烹饪器具。缺点是脆性大，延伸性差，使用不当易生锈。

熟铁含碳量比生铁低，因此具有较好的韧性和延伸性，加工性能良好，可加工成各种形状的器具。典型的熟铁烹饪器具有炒锅、铁勺、铁铲、烤盘、漏瓢、抓钩、铁叉、铁架等，刀具主要以钢制成，为了使刀具锋利，大致是一般经淬火处理，有的还掺入合金钢以增加刚度,并使刀刃更加锋利。

铁锅和钢刀是用量最大、使用最广的铁烹器具,尤以铁锅最为典型。铁是人体必需元素,使用铁锅可增加人体对铁元素的吸收,利于人体健康。

3. 安全性

铁不能遇到含鞣酸类的物质,否则会生成鞣酸铁,对人体有害。此外,铁锈对人体也有害。

(三)不锈钢

我国通常把含铬量大于 12% 或含镍量大于 8% 的合金钢叫不锈钢。这种钢在大气中或在腐蚀性介质中具有一定的耐蚀能力,并在较高温度(>450℃)下具有较高的强度。含铬量达 16%～18% 的钢称为耐酸钢或耐酸不锈钢,习惯上通称为不锈钢。

1. 特性

不锈钢之所以具有不锈性,关键是由于钢中含有铬这种元素。含铬钢在与氧化性介质或腐蚀介质接触中,由于电化学作用钢件表面生成一层坚固致密的氧化物膜,称作"钝化膜"。这层膜使金属与外界的介质隔离,阻止金属被进一步腐蚀。并且还有自我修复的能力,如果一旦遭到破坏,钢中的铬会与介质中的氧重新生成钝化膜,继续起保护作用。不锈钢的不锈性还与使用环境有关。不同的环境,要使用含铬量不同的不锈钢。含铬量的高低是决定不锈钢性能的根本因素。据悉欧美等国标准规定铬含量最低不能小于 10.5%,日本规定是 11%,我国为 12%。为了提高钢的耐蚀能力,通常增大铬的比例或添加可以促进钝化的合金元素,加 Ni,Mo,Mn,Cu,Nb,Ti,Co 等,这些元素不仅提高了钢的抗腐蚀能力,同时改变了钢的内部组织以及物理力学性能。这些合金元素在钢中的含量不同,对不锈钢的性能产生了不同的影响,有的有磁性,有的无磁性;有的能够进行热处理,有的则不能热处理。

2. 种类

根据钢组织特性,不锈钢包括铁素体、马氏体、奥氏体、奥氏铁素体和沉淀硬化型五种类型。

铁素体性和马氏体型不锈钢具有较高的韧性与冷变能力,并有良好的塑性、焊接性、抗氧化性和加工性,是制造厨房不锈钢设备的常用钢种,如橱柜、案台、洗槽、烟罩、灶台等。其中 9Cr18Mn 属于马氏体型不锈钢,常用来制造餐刀、切肉刀等刀具,具有良好的切屑性、耐磨性和很高的硬度。

奥氏体型和沉淀硬化型不锈钢是目前生产不锈钢烹饪器具使用最多的钢种,尤其是高级餐具,常用材料如 1Cr18Ni9、1Cr18Ni9Ti、1Cr18Mn8Ni5N 等,它们都具有很好的耐腐蚀性、防污染性、韧性、抛光性和较高的强度,即使在 800～850℃ 温度下仍能保持上述良好的特性。在这五类产品中只有奥氏体型和一部分沉淀硬化型不锈钢是无磁的,所以当用吸铁石敲击时,有抗拒吸铁石的能力。剩余类型的则是有磁性的,因此完全可以用吸铁石吸住。

根据我国颁布的《不锈钢食具容器卫生标准》(GB9684－88)的规定:各种存放食

品的容器和食品加工机械应选用奥氏体型不锈钢（1Cr18Ni9Ti，0Cr19Ni9，1Cr18Ni9）；而各种餐具，应选用马氏体型不锈钢（0Cr13，1Cr13，2Cr13，3Cr13）。

3. 特点

不锈钢烹饪器具从一面世就博得人们钟爱的主要原因，是因为它具有其他材料的烹饪器具无法比拟的优点：耐腐蚀、抗冲击、卫生清洁、耐高温高压，可用任何一种方法杀菌消毒，特有的银灰色金属光泽，显得美观、高雅和大方。

近20年来，不锈钢烹饪器具发展很快，煮锅、蒸锅、铲、勺、蒸笼、蒸屉、盆、罐、桶、碗、盘、碟、壶、杯、匙、叉、刀、案、柜、架、槽等各种不锈钢器具应有尽有。在近10年，不锈钢厨具的大量使用，极大地改善了厨房的卫生状况，它是现代厨房器具发展的一个大方向。

4. 安全性

但不锈钢在炊具方面的应用也有其限制，如传热不均匀，导热比较慢；此外，不锈钢并不能永久保持不锈，这与其接触的物质性质、时间、温度都有关系。不锈钢餐具和炊具使用不当也会影响人体健康。

（四）铜

1. 人类应用铜的历史

铜是人体内一种必需的微量元素，在人体的新陈代谢过程中起着重要的作用。人类应用铜已有数千年的历史。墓葬考古发现，早在6 000年前的史前时期，埃及人就使用铜器。铜是人类祖先最早应用的金属。我国4 000多年前即有炼铜的历史。

2. 种类

从颜色分，目前的铜材料有紫铜、黄铜、青铜和白铜四种。其中紫铜即是工业纯铜，在此基础上添加锌、铅、镍、锰等元素可制得黄铜；而以镍为主要添加元素的铜合金称为白铜；青铜是铜锡合金，另外把含铝、锰、硅等元素的合金铜也称为青铜，我国古代的青铜器主要是铜锡合金。

3. 应用

作为中国饮馔史上的第二代烹饪器具，青铜器曾在历史上产生过巨大影响，但是，由于青铜器缺陷的限制，随着历史的推移，渐渐被其他金属器具所取代。到近代，还有少量的纯铜或黄铜烹饪器具被使用，如铜锅、铜盆、铜杯、铜壶、铜刀、铜模具等。现代烹饪器具也保留了一些铜质烹饪器具，如北京东来顺的羊肉火锅，以及少数很具民族特色的器具。但是，总的来说，铜质烹器的使用是越来越少了。

4. 安全性

铜为生命所需的微量元素之一。铜的主要生理功能与铁一样是参与造血。人和某些动物的血液是鲜红色的，是含有铁的血红蛋白所致，其实还有绿色的血液，是含铜所致，如昆虫的血液。人和动物的血液中有铜蓝蛋白，它是一种多功能的氧化酶，而铜是人体中氧化酶所必需的元素，其作用之一是催化亚铁氧化为三价铁，从而有利于体内贮备铁的作用和食物中的铁的吸收，故缺铜也会导致贫血，还会造成酪氨酸酶减少及脱发症。

据报道,英国南安普敦大学的科学家对铜制炊具和不锈钢炊具对于大肠杆菌的抑制作用进行了比较,结果发现大肠杆菌在不锈钢炊具表面可以存活 34 天,而在铜制炊具表面仅能存活 4 h。智利大学的科学家对于铜制炊具的抗菌特性进行的研究则表明,铜能够抑制沙门菌和弯曲菌的生长。大肠杆菌、沙门菌和弯曲菌都是常见的导致食物中毒的病原体,严重时可危及生命。

不过科学家说,虽然铜炊具抗菌能力强,但它可能影响部分菜肴的色味,因此并不一定适用于所有的烹调场合。此外,仅仅依靠铜的抗菌作用是危险的,最重要的仍是对炊具进行彻底清洁。

铜锈对人体有害,摄入一定量会引起中毒,出现恶心、呕吐等胃肠道症状并刺激口腔黏膜、食道黏膜,严重者糜烂、溃疡,还可能引起肝肾障碍甚至死亡,口服 10～15 mg 即可能引起中毒反应。

此外,铜的过量摄入会促进维生素 C 的氧化,使酶失活,促进不饱和脂肪酸和油脂的氧化作用。由于铜制炊具表面上的铜以氧化铜和铜锈的形式进入人体是可能的,而人体需要的铜又很少,多则出现中毒等不良现象,为此不宜提倡使用铜制炊具以免影响人体健康。

 铜-铝-不锈钢复合材料炊具

> 用铜-铝-不锈钢复合材料制成的炊具锅,其外层为铜,中间层为铝,而里层为不锈钢。这种锅集中了这三种金属的优点,铜的热导率最高,铝的次之,再其次是不锈钢。铜与火焰接触,可迅速将热能传给铝,并能较快地均匀地传给不锈钢。铝层较厚,可积蓄相当多的热量。不锈钢层既有利于清洗又具有很高的抗磨与抗腐蚀性能,不会有过量的金属元素进入食物内,符合卫生。这种三金属复合材料是用轧制法生产的,用其制造的炊具锅于首先在瑞士问世,并在一些工业发达国家的市场上受到了用户的欢迎。

(五)金银餐具

1. 概说

金与银都属于稀有的贵重金属。它们具有美丽的光泽,质地柔软,易于加工,因而成为工艺匠人最欢迎的加工材料。与其他材料相比,这种易于加工的特点,使金、银器还能够加工改制、花样翻新,从而形成多种形式的金银制品。

但另一方面,由于金银质软,其制品便容易在挤压或碰撞后变形或损坏。此外与其他一般金属材料比,金、银又都具有耐大气氧化和腐蚀的特性,可以历经千年仍然

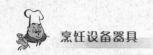
新亮如初。所以不少金银制品历代相传,成为传世之宝。特别是黄金,这种特性更佳,既不会锈蚀,又不易失去光泽。与金相比,银的这种性能则稍差。潮湿的臭氧会使银表面氧化,银制品使用或搁置时久了,其色泽会由白亮转达为灰或黑色。另外,银抗硫化物腐蚀的特性也不及金。但是,银离子具有杀菌的作用,古罗马军队中的将军才能使用银杯喝水。现在才知道,银杯水中极微量的银离子具有很强的杀菌作用。

金、银用来制作餐具已有悠久的历史。唐朝是中国金银器发展的繁荣鼎盛阶段。这个时期不仅金、银器数量剧增,而且品种丰富多彩。其器型与纹饰的风格汲取域外文化并融于本民族文化的基础上,并形成了独立的民族风格。在古代的皇宫贵族和巨商富贾阶层,壶、杯、盘、碟、碗、筷、勺等之类的金银餐具甚为风行。

据史料统计,在慈禧太后的宁寿宫的膳房内,就有金银餐具1 500多件,可折成黄金290.8 kg,白银529.5 kg。满汉全席所用的餐具大多为金银餐具。古代金银餐具是众多餐具中的奢侈品,以象形器具多见,有极高的艺术成就。也许是太昂贵的缘故,金、银质餐具在以后的使用中逐渐少见,目前,除少数银质餐具还在高级场所使用外,金质餐具已演变为艺术品了。

2. 金、银镀制品

在许多高级宾馆和饭店使用的金、银餐具主要是金、银镀制品,这类餐具虽不如金器和银器具昂贵,但仍可再现金、银器具之高贵和富丽,或金光闪闪,或银影生辉,显示出极高的档次与品位。

金、银镀制品多数以表面黏着性较好的青铜薄板,经焊接、打磨、雕琢等复杂工序制成坯,然后用电脑控制的现代电镀技术,将高纯度的金或银(99.99%)镀上青铜坯胎表面,从而形成质地及其光滑、细腻、充满豪华气派的金、银餐具。目前这些餐具主要有烟灰、自助餐和西餐三大系列,以盆、盘、碟、品锅、食盖、盅、把、勺、匙、刀、叉、篮、架等器形较多。

第四节　常用烹饪器具的选用与维护

烹饪器具由各种材质构成,由于各种材质的特性,使得烹饪工作者对烹饪器具的合理选用和维护的要求显得必要。

一、常用餐饮器具的选用与维护

(一)非金属材料餐饮器具的选用与维护

1. 陶瓷器具

1)陶瓷器具的选用

陶瓷餐具不生锈、不腐蚀、不吸水,表面坚硬光滑,易于洗涤,具有其他餐具难以比拟的优点,但是陶瓷中含铅也是几千年的制作工艺无法避免的问题。

多年来,国家质量监督部门的有关抽查表明,铅溶出量超标已成为陶瓷餐具的普遍问题。人们用这种餐具盛放水果、蔬菜、牛奶等含有有机酸的食品时,餐具中的铅等重金属就会溶出并随食品一起进入人的肠胃、肝肾等重要的器官和组织,久而久之,当蓄积量达到一定程度时,就会引发铅中毒。

陶瓷餐具中铅的溶出主要来源于餐具的贴花饰物中。由于铅的折光指数高,因此贴花饰物中的铅可以使陶瓷餐具更加流光溢彩。但是,一些小企业,为了降低成本,使用铅、镉含量高、性能不稳定的廉价装饰材料,或是抢工图快,随意缩短烤花时间或降低烤花温度,导致铅溶出量超标;一些企业为了提高产量,装窑过密,致使铅不易挥发。另外,装饰面积过大,烤花温度不够,或工艺处理不当,同样会引起陶瓷制品铅溶出量超标。

由于陶瓷餐具的溶出量超标主要来源于装饰材料,因此消费者在选购陶瓷餐具时,应注意选择装饰面积小或是安全的釉下彩或釉中彩的餐具,特别不要选择色彩非常鲜艳及内壁带有彩饰的餐具。釉下彩的花面装饰在釉下,其上好比覆盖了一层“安全膜”;釉中彩陶瓷采用釉中彩花,是在 1 250℃ 左右的高温中快速烧成,不需要使用含铅、镉等强降温性熔剂原料,而且在烧制过程中,彩料因自身重量会渗到釉面的一定深度。而釉上彩瓷很容易用目测和手摸来识别。其画面不及釉面光亮、手感欠平滑甚至画面边缘有凸起感。因此,那些表面多刺、多斑点、釉质不够均匀甚至有裂纹的陶瓷产品,也不宜做餐具。另外,大部分瓷器黏合剂中含铅较高,故补过的瓷器,最好不要再当餐具使用。挑选瓷器餐具时,要用食指在瓷器上轻轻拍弹,如能发出清脆的罄一般的声响,就表明瓷器胚胎细腻,烧制好,如果拍弹声发哑,那就是瓷器有破损或瓷胚质劣。如果经济允许,还可以选择价格比普通陶瓷餐具贵 3～4 倍的无铅釉绿色餐具。

2)陶瓷器具的维护

在此主要以含铅较重的彩瓷食具为例来说明其使用的注意事项。

刚买来的彩瓷食具可用食醋浸泡一段时间。因为彩瓷颜料中的铅、镉易溶于酸性溶液。浸泡后,将食醋倒掉,用清水反复冲洗,也可用 4% 食醋加水煮沸后,再用清水反复冲洗,这样可以去掉部分铅、镉等重金属。

彩瓷食具不宜用来盛放牛奶、咖啡、啤酒、果汁以及其他各种酸性食物。

婴幼儿慎用彩瓷食具。儿童处于生长发育期,各类器官发育不成熟,对毒物最为敏感,尤以铅、镉、砷等对儿童的神经系统、造血系统、肾脏等的损害极为明显,所以婴幼儿要慎用彩瓷食具。

彩瓷食具不宜使用消毒柜消毒。目前家庭使用的消毒柜大都是通过高温灭菌的,在高温下,彩瓷食具中含有的铅、镉等重金属容易溢出,会使食品受到污染,危害健康。

3）陶瓷器具的使用与保管

使用过的陶瓷餐具应当及时清洗干净，对于特别难清洗的污垢可用酒石膏、过氧化氢膏、5％的草酸溶液除去。不用的陶瓷餐具用纸或稻草包好，放在通风、干燥的库房内。

2．其他非金属材料餐饮器具的选用与维护

1）玻璃餐具

玻璃餐具清洁卫生，不含有毒物质。但玻璃餐具有时也会"发霉"。这是因为玻璃长期受水的侵蚀，玻璃中的硅酸钠与空气中的二氧化碳反应生成白色碳酸钠结晶，它对人体健康有损害，所以在使用时可用碱性洗涤剂清除。

玻璃器皿应当轻拿轻放，整箱搬运时应当注意外包装上标识的向上的标志；新买进的玻璃器皿必须进行耐温测定：一箱可抽取几个玻璃器皿放入 1～5℃的水中浸泡约 5 min，取出后用沸水进行冲洗，如果本身质量不太好，可将其放置于容器内，加入冷水和少量食盐逐渐煮沸，可提高它的耐温性；玻璃器皿的清洗应当先用冷水浸泡，再用洗涤剂洗涤，最后用清水冲洗干净后消毒。玻璃器皿不能与碱性物品长时间接触。不用的玻璃器皿用软性材料分隔开来保存。

2）搪瓷餐具

搪瓷制品有较好的机械强度，结实，不易破碎，并且有较好的耐热性，能经受较大范围的温度变化。质地光洁，紧密不易沾染灰尘，清洁耐用。搪瓷制品的缺点是遭到外力撞击后，往往会有裂纹、破碎。涂在搪瓷制品外层的实际上是一层珐琅质，含有硅酸铝一类物质，若有破损，便会转移到食物中去。所以，选购搪瓷餐具时要求表面光滑平整，搪瓷均匀，色泽光亮，无透显底粉与胚胎现象。

3）竹木餐具

竹木餐具的最大优点是取材方便，且没有化学物质的毒性作用。但是它们的弱点是比其他餐具容易污染、发霉，假如不注意消毒，易引起肠道传染病。涂上油漆的竹木餐具遇热时对人体有害。

4）塑料餐具

（1）聚乙烯和聚丙烯餐具。

目前市场上销售的塑料餐具大多为聚乙烯和聚丙烯制品，这两种物质都可耐100℃以上的高温，使用起来比较安全。消费者可挑选商品上标注 PE（聚乙烯）和 PP（聚丙烯）字样的塑料制品。市场上的糖盒、茶盘、饭碗、冷水壶、奶瓶等均是这类塑料。

但是，与聚乙烯外形有些相似的聚氯乙烯在 80℃就会释放出有害物质，不宜用于制作食器。凡摸上去手感光滑、遇火易燃、燃烧时有黄色火焰和石蜡味的塑料制品，是无毒的聚乙烯或聚丙烯。凡摸上去手感发黏、遇火难燃、燃烧时为绿色火焰、有呛鼻气味的塑料是聚氯乙烯。

许多塑料餐具的表层都有漂亮的彩色图案，如果色彩中的铅、镉等金属元素含量超标,就会对人体造成伤害。一般的塑料制品表面有一层保护膜,这层膜一旦被硬器划破,有害物质就会释放出来。劣质的塑料餐具表层往往不光滑,有害物质很容易漏出。因此消费者应尽量选择没有装饰图案、无色无味,或是图案简单、颜色素净、表面光洁、手感结实的塑料餐具。

(2) 仿瓷餐具。

仿瓷餐具又称密胺餐具、美耐皿,由密胺树脂加热、加压铸模而成。密胺树脂,英文缩写 MF。作为三聚氰胺与甲醛反应所得到的聚合物,是制造仿瓷餐具不可或缺的原料。根据国家相关规定,严禁用尿素甲醛树脂替代密胺树脂生产制造仿瓷餐具,因为尿素甲醛树脂在相对较高的温度下,遇到水就会溶解出甲醛,而甲醛是公认的致癌物质。不合格的仿瓷餐具,在蒸食物或用微波炉加热食物时,会释放出三聚氰胺分子,污染所盛放的食物,长期使用可引起慢性中毒。有资料显示长期接触低剂量甲醛会引起慢性呼吸道疾病、自主神经紊乱、女性月经不调、妊娠综合征、新生儿体质降低以及染色体异常甚至引发鼻咽癌等。相比而言,甲醛对儿童、孕妇和老年人的身体健康危害更大。

① 仿瓷餐具的选用。

注意颜色鲜艳的仿瓷餐具,选购时可用一张白色面巾纸来回擦几次如果有掉色现象,说明产品使用的色料可能为有毒、有害的工业用料,不要购买。最好不要选购颜色鲜艳或颜色深的仿瓷餐具,应尽量挑选浅颜色的仿瓷餐具。

选购仿瓷餐具时,如果餐具有明显变形、表面不光滑、底部不平整、贴花图案不清晰或起气泡、起皱等现象的,不要购买。餐具内侧有贴花的,最好不要选用。

购买仿瓷餐具一定要看价格。以成本计算,质量合格的仿瓷餐具一般都较贵,而一些地摊、批发市场、农村销售的只有三四元的仿瓷餐具,肯定用的是质量低劣的原材料。此外,消费者购买仿瓷餐具时一定要选择大型商场和超市,购买时要认准生产许可证标志和编号。尤其是儿童,不要使用过于鲜艳的仿瓷餐具。

将仿瓷餐具在沸水中煮 30 min,再捞出来放 1 h,如此重复 3 次。如果这个过程中餐具出现发白、发涩、起泡、开裂以及有刺激性气味等现象,就说明餐具质量有问题,可能含有甲醛等有毒有害物质。

② 仿瓷餐具的维护。

刚买的仿瓷餐具,不要清水洗洗就使用了。应先把仿瓷餐具放在沸水里加醋煮 2～3 min,或者常温下用醋浸泡 2 h 以除去有害物质。另外清洗仿瓷餐具时最好使用柔软的抹布、百洁布等。

(二) 金属餐具的选用与维护

1. 铝

用铝制餐具时,不要用刀刮和锅铲刮,刮下的混有铝屑的食物最好不要食用。

2. 铁

一般说来,铁制餐具无毒性。但需要注意的是,铁器易生锈,而铁锈可引起恶心、

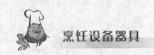

呕吐、腹泻、心烦、食欲不佳等病症；另外，不宜用铁制容器盛食用油，因为油类在铁器中存放时间太久易氧化变质。

铁、铝餐具不宜搭配使用。虽然铁制餐具安全性好，但若与铝制餐具搭配使用，会对人体带来更大的危害。由于铝和铁是两种化学活性不同的金属，当有水存在时，铝和铁就能形成一个化学电池，其结果是使更多的铝离子进入食物。所以，铝勺、铝铲和铁锅等餐具就不宜搭配使用。

3. 不锈钢

1）不锈钢餐具的选用

不锈钢是由铁铬合金再掺入一些微量元素制成的，由于其金属性能良好，并且比其他金属耐腐蚀，制成的器皿又美观耐用，因此越来越多地被用来制造餐具并逐渐进入家庭。餐具上印有"13—0"、"18—0"、"18—8"三种代号的是用不锈钢生产的餐具。代号前面的数字表示含铬量，材料中的铬使产品做到"不锈"；后面的数字则代表镍含量，从性能上说，产品的镍含量越高，耐碱性越好。但由于镍、铬等重金属对人体有害，国家对其溶出量又有相关的卫生标准。一般来说，正规商场出售名牌企业的产品，不论从质量性能来说，还是从卫生指标来看都应该是没有问题的。

2）不锈钢餐具的维护

不锈钢餐具如果使用不当，产品中的有害金属元素同样会在人体中慢慢蓄积，当达到一定限度时，就会危害人体健康。因此在使用不锈钢餐具时，尤其是在烹制和盛放儿童食品时，人们应该注意以下几点。

不可长时间盛放盐、酱油、菜汤等，因为这些食品中含有许多电解质，如果长时间盛放，不锈钢同样会像其他金属一样，与这些电解质起电化学反应，使有毒金属元素被溶解出来。

不能用不锈钢器皿煎熬中药，因为中药中含有很多生物碱、有机酸等成分，特别是在加热条件下，很难避免不与之发生化学反应，从而使药物失效，甚至生成某些毒性更大的化合物。

切勿用强碱性或强氧化性的化学药剂如苏打、漂白粉、次氯酸钠等进行洗涤。因为这些物质都含电解质，同样会与不锈钢起化学反应。

4. 铜

外表华丽、色泽如金，很有气派，例如铜火锅就颇受人们的喜爱。用铜锅烹煮食物时溶解出来的微量铜元素，对人体是有利的。但铜生锈之后可生"铜绿"（碱式碳酸铜）和蓝矾（硫酸铜）。铜绿和蓝矾皆有毒，可使人恶心、呕吐甚至中毒。所以，对于有铜锈的铜餐具，应去除后再使用。

5. 银

银餐具使用前应先浸泡，再用布蘸上银器清洗剂擦去黄污渍，待其晾干后用干布擦亮，消毒后使用。使用过的银餐具要及时清洗，用银器清洗剂擦亮，消毒清点入库保管。银餐具不能用来装蛋类食品，否则会使银餐具表面失色。银餐具一年只需抛光两到三次。

二、烹调器具的选用与维护

（一）锅的选用与维护

1. 砂锅

砂锅在烹饪菜品生产中有重要应用，主要用于煨煮食物。初次使用新砂锅不要烧火过旺，要由低到高逐步加热，避免急火烧裂。广东石湾的"三煲"，使用前要先在冷水中浸 4 h 左右，使水分较均匀地浸入器壁内的空隙，然后再装冷水煮沸两三次。这样可以延长使用的期限。煨煮食物时，砂锅外面不能有水，注意不要使锅内的水沸出。砂锅内要保持一定的水量，不能烧干，也不能露出锅底，否则，会缩短使用期限。

煨煮块状食物时，可以用竹片横竖各三四道扎牢作架，在锅内架起所煮的食物，即可避免食物黏结锅底。如果锅底黏结了附着牢固的食物残渣，不要用锅铲等用力铲刮，可用水浸后轻轻除掉。煮好食物把砂锅从炉灶上取下时，最好用木块、竹片等作垫子，避免因冷热骤变引起破裂。

用毕洗刷干净后，要放在干燥的地方。使用日久的砂锅，底部会出现细微的裂纹，一般仍可继续使用，但在搅拌和洗刷时要注意，不要使锅底受力过重。

2. 铝锅

最好选用精铝和合金铝锅。为了防止铝制器具对人体健康造成的危害，铸铝锅最好只用于蒸食品或贮存干食品，熟铝锅可用来盛水或蒸食品，煮饭、煮粥可用高压合金铝锅或不锈钢锅。烹调食物（特别是含酸型的食物）需要用不锈钢锅。此外，不能用铝锅打鸡蛋，会起反应。

在对铝锅清洁时，不要使用金属锐器铲刮，可用竹、木片轻轻刮除，然后用软布擦洗干净，这可使不锈钢炊具光亮、清洁、美观，又能延长其使用寿命。

3. 铁锅

1）铁锅的选用

铁锅的选用与维护对铁锅的使用寿命有很大影响。

挑选铁锅时要一看二听三试水。一看就是看铁锅内外是否光滑、平整、颜色一致。熟铁锅以白亮者为优，暗黑较差；生铁锅以色青发亮者为优，暗黑较差。还要将锅放于地面，看其是否平稳。二听就是用五指轻敲锅边，声音应当沉闷而富有弹性。三试水是将铁锅底部放进水中，试其是否渗水、漏水，此外还要注意锅中有没有砂眼、裂缝等缺点。

2）铁锅的维护

（1）铁锅买回来后，先要用砂石蘸水轻磨铁锅内面，直至光滑平整为止。锅磨好后用淘米水或米汤煮开熬煮 30 min，然后洗净。再在火上烧干，用猪肉皮均匀地在锅内涂上一层油脂。一般新买回来的铁锅内往往附着一层黑灰粉和锈斑。应当将其清

洗干净。若三五日后铁锅炒菜时仍带黑色,可用醋水刷抹热锅,然后再用清水洗净即可。

铁锅使用时切勿用锅铲乱敲乱铲。空锅加热时间过长后要特别注意不要使其骤然受冷开裂。尽量避免使铁锅外面沾水。铁锅外面受潮。时间一长就会形成一层层氧化脱皮层。每隔一段时期,应将铁锅置于炉上加热烧红,然后铲净外锅底的这层油污和焦灰,以改善锅的受热效果。

(2)铁锅每次使用后必须清洗干净。洗锅的方法主要有以下几种。

干洗法,即用竹帚将锅中油污擦净,再用抹布揩擦干净。此法可使锅中光滑,再使用时原料不粘锅。如遇原料烧焦粘在锅底,可在锅中洒点粗盐,再用竹帚擦洗干净。

水洗法,即用水冲洗净后揩干。水洗后的铁锅温度下降,而且总会带有一些水分,再使用时必须先将铁锅烧热,水分蒸干才行。烧汤菜的锅必须水洗,干洗不能洗净汤汁在锅中的残留。

4. 不锈钢锅

在用不锈钢锅炒菜时,最好注意以下几点:一是由于不锈钢传热较快、散热慢,刚加热时,火不要过旺,应先小一些,使锅受热均匀,待整个锅体都热后再用旺火炒菜。二是不要在锅底烧红时倒油,以防止油被烧燃,并破坏油中的营养,倒油时可使锅离开火头或火头弄得小一点。三是不锈钢的保养和保护如锅底上有食物或调料黏结时,切忌使用金属锐器铲刮,可用竹、木片轻轻刮除,然后用软布擦洗干净,这可使不锈钢炊具光亮、清洁、美观,又能延长其使用寿命。

(二)切削刀具的选用与维护

1. 切削刀具的选用

首先要注意刀口是否正直、均匀,头刀背有无明显的裂痕、夹砂、夹灰,又无发蓝发黄的地方,否则说明其钢质不纯。再用刀斜压在另一把刀的背部,从刀根主刀口往上推,如带背上出现均匀的刀印表示刀的软硬适度,如有打滑现象则说明刀的局部过软。还有就是要看刀身是否光滑,有无虚泡,刀把是否装牢,手握木柄粗细要适中。

2. 切削刀具的维护

刀的使用还应注意其维护,经常保持锋利不钝。只有这样才能使处理后的原料整齐、均匀、美观,不出现相互粘连的毛病。切削刀具的维护应当注意以下几个方面。

(1)每次用刀后必须将刀揩擦干净,特别是切咸味或带有黏性的原料,如咸菜、藕、菱等原料后。黏附在刀两侧的鞣酸容易氧化而使刀面发黑。

(2)刀使用后必须挂在刀架上以避免其生锈,刀刃不可碰到硬的东西以免损伤刀口。

(3)梅雨季节空气湿度较大,刀易生锈。每次使用后要揩干并在刀口涂抹一层油。

(4)长期使用刀刃会钝,因此每间隔一段时间就要求进行一次刃磨。

（三）木质砧板的选用与维护

1. 木质砧板的选用

质量好的木质砧板表面呈微青色,颜色一致、树皮完整,树心不烂不结瘢。这些说明其是从生长的活树上砍下制成的,其木材质地坚密耐用。相反若表面呈灰暗色,有斑点,板面出现霉烂点,可断定是用隔了较长时间的死树制成。此材质的砧板质量很差。我国树种较多,通产以橄榄树、银杏树为制作砧板的最佳木材。此外还有皂角树、榆树、红柳树等树种也是制作砧板的良材。

2. 木质砧板的维护

（1）新购买回来的砧板在使用前必须用盐水涂在表面或浸在盐卤中三天,使木质纤维收缩,质地更加结实耐用。再用开水加漂白粉进行消毒处理,然后用水冲洗干净。

（2）使用砧板时不可长期在一处切,应四面轮换使用,以免出现凸凹不平。如果已经出现凸凹不平的现象,应及时刨平以延长砧板的使用寿命。

（3）砧板使用完毕后应及时刮清洗净,收干水分并用洁布罩好,不能放在太阳下暴晒。小的砧板应侧向翻转90度侧立放置,大的砧板必须用三脚架支放,底部要通风透气。不可水平放在木质、石质、钢质的案台上,否则天长日久砧板会发霉腐烂。

（4）使用一周后,最好用开水洗烫一遍,然后放入浓盐水中浸泡几小时,取出阴干。这样不但可以杀死细菌,而且可防止菜板干裂,延长使用寿命。

（四）高压锅的选用与维护

1. 高压锅的选用

购买压力锅,一定要挑有牌号、有厂家、有说明书的、质量合格的压力锅。不要购买冒牌货。压力锅从规格上分,一般有20 cm,22 cm,24 cm,26 cm四种型号。从热效率考虑,一般以大一点的型号为宜。压力锅从原材料上分,一般分为铝制的、铝合金的和不锈钢的三种。三种各有其特点:铝制的重量轻、传热快、价格便宜,使用寿命可达20年以上。但是,使用它无疑要增加铝元素的吸收量,长期使用它对健康不利。铝合金的要比纯铝制品好一些,耐用、结实。不锈钢压力锅虽然价格偏贵,但它耐热、美观,不易和食物中的酸、碱、盐起反应,而且使用寿命最长,可达30年以上。

2. 高压锅的正确使用及维护

（1）初次使用压力锅,必须阅读压力锅使用说明书,认真地按说明书要求去做。

（2）使用时,首先要认真检查排气孔是否畅通,安全阀座下的孔洞是否被残留的饭粒或其他食物残渣堵塞。若使用过程中被食物堵塞,则应将锅移离火源,强制冷却,清洁气孔后才能继续使用。否则会在使用中食物会喷出烫伤人。还要检查橡胶密封垫圈是否老化。橡胶密封圈使用一段时间以后就会老化,老化的胶圈易使压力锅漏气,为此,需要及时更新。

（3）锅盖的手柄一定要和锅的手柄完全重合,才可放到炉子上烹制食物,否则会造成爆锅飞盖事故。

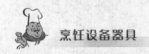
（4）不可擅自加压。使用时有人擅自在加压阀门上增加重量，为的是使锅内的压力加大，强行缩短制作的时间。殊不知锅内压力的大小是有严格的技术参数的，无视这种科学设计，就等于用自己的生命开玩笑，就会造成锅爆人伤的严重后果，千万不可冒这个险！另外在使用时，如果锅上的易熔金属片（塞）一旦脱落，绝不允许用其他金属物堵塞代替，应更换同种新件。

（5）使用高压锅放食物原料时，容量不要超过锅内容积的 4/5，如果是豆类等易膨胀的食物则不得超过锅内容积的 2/3。

（6）在加热过程中，绝不可中途开盖，免得食物爆出烫人。在未确认冷却之前，不要取下重锤或调压装置，免得喷出食物伤人。应在自然冷却或强制冷却后才能开盖。

（7）使用高压锅很讲究火候，尤其不能大火慢烧。上火加热后，只要锅中的蒸汽从排气管发出较大的"嘶嘶"声时，就可以降低炉温，使限压阀保持轻的嘶嘶声，直到烹调完毕。这样既安全，又能省时间，节约燃料。

（8）高压锅用后一定要及时清洗，尤其检查安全塞是否藏有食物堆积物、残渣，要保持锅的外观清洁，不要用锐利的器具如刀、剪、铲等刮铲锅内外，否则锅易变形成凸凹状，或被铲出横一道竖一道的划痕，有损保护层。

（五）不粘锅的选用与维护

1. 不粘锅的选用

购买不粘锅时，要仔细看看有没有划伤或砂眼等毛病；再看表面涂层是否光洁均匀，有没有破损现象；锅的各部位的安装是否有松动不牢之处；锅的形状是否周正对称。

2. 不粘锅的维护

使用不粘锅之前，要先在锅内壁上涂上一层食用油，用来保护不粘层的完整无损。

在烹饪时，要注意不能使用金属的锅铲，要尽量使用木的、竹的或硬塑料制成的锅铲或菜勺，以免碰伤涂在表面的不粘层。

使用不粘锅烹饪时，不要用过大的火，要用中火或小火。

烹饪过后不要立即清洗不粘锅。正确的方法是，让不粘锅自然冷却，然后用抹布轻轻擦洗锅内壁。如果锅外壁有污物，可用少量去污粉轻轻擦掉。清洗不粘锅时，不要用腐蚀性过大的洗涤剂，那样容易使不粘层受损。

 小结

本章重点介绍了烹饪器具的概念及发展情况，常用的烹饪器具及其材质和选用、保养等方面的情况。

烹饪器具包括烹调器具和餐饮器具，不论在中餐，还是西餐，两者都有着悠久的发展历史。

按中餐和西餐的角度,分别介绍了具体的烹饪器具的种类和规格及用途。

按非金属和金属的分类,介绍了用作烹饪器具的材质的特性,特别是与食品接触的卫生性。

对餐饮器具,按其材质分类介绍了选用、保养方面的知识,而烹调器具,则重点介绍了几种典型烹调器具的选用和保养知识。

 问题

1. 试述烹饪器具的概念及其分类。

2. 试述我国古代烹饪器具的发展概况。

3. 试述西餐烹饪器具的发展概况。

4. 试述陶瓷、玻璃、搪瓷材料的卫生性及选用和保养要求。

5. 试述仿瓷餐具的材质及市场上劣质仿瓷餐具的材质及选用和保养。

6. 有哪些绿色环保型一次性餐具可代替发泡型塑料餐具?

7. 试述铝制炊餐具的卫生性和选用及保养要求。

8. 试述铁制炊餐具的卫生性和选用及保养要求。

9. 试述不锈钢制炊餐具的卫生性和选用及保养要求。

10. 试述铜制炊餐具卫生性和选用及保养要求。

11. 银制餐具保养要求有哪些?

12. 试述砂锅、铁锅、刀具、砧板、高压锅、不粘锅的选用及保养方法。

 案例

1. 餐具杀手

1988 年 7 月 31 日加拿大一家报纸刊登一幅 26 cm 长、14 cm 宽的图片。上面绘制一个人的上半身尸骨坐在椅子上,面前放一张大餐桌;桌上有各种式样的八只菜碟和一把汤匙,菜碟和汤匙表面都绘有龙及其他花纹。图下一排英文,其中文意思是:这些碟子来自唐人街的商品架子上,均含有不安全的铅量。报头刊载:重金属、餐具碟子具有引起铅中毒的致命性含铅量。文内多次提到中国瓷器很别致,但含有大量铅。如 1987 年从唐人街商店所购得的 7 500 余件瓷器都有铅渗出,从古典的金色到深釉的玫瑰色、黄色以及青绿色、黑色的花卉图案和火红的龙印花图画,几乎每件中国瓷器都含铅。渗出的铅量有 $50 \times 10^{-6} \sim 2\,000 \times 10^{-6}$ 不等,超过美国食品和药物管理局规定的餐具含铅限值 2.5×10^{-6} 的 20~800 倍。

2. 高压锅为什么爆炸?

据中国消费者协会投诉部门年度统计,1997 年全国各省市消协上报的"消费投诉重大案件季度统计表"中显示:有关高压锅爆炸事件占总数的 20% 以上,造成 1 死 7 伤和大量财产损失;1998 年重大案件统计显示:有关高压锅爆炸事件占总数的 10%,其中浙江三门市 9 至 11 月间就发生爆炸事件 3 起。寺后村的诸荷莲老人用高压锅煮粥,放米点火后 8 min 即发生爆炸,造成她 3 处骨折、精神失常。一位高压锅爆炸受害者悲痛地说:我才 25 岁呀,高压锅把眼睛崩瞎了,还负债累累,以后的日子怎么过?我想到了死!

 思考题

1. 如何理解在烹饪工作中,对于一些烹饪器具的选用、维护和正确使用的必要性及相关要求?

第五章 烹饪辅助设备系统

学习目标

学完本章,你应该能够:

(1) 了解现代烹饪生产过程中所涉及的烹饪辅助设备系统;

(2) 掌握清洁、消毒设备的使用要求;

(3) 了解厨房排油烟的方式和应用特点;

(4) 了解污水处理的方式和应用特点;

(5) 了解现代厨房的消防要求。

关键概念

烹饪辅助设备系统　烹饪辅助生产设备系统　烹饪卫生设备　烹饪环境保护设备系统

在现代厨房中,烹饪工作者在工作中不仅需要掌握与烹饪工艺过程直接有关的烹饪原料加工、制熟、制冷设备及烹饪器具,而且需了解一些烹饪辅助设备系统。这些辅助设备系统一方面是烹饪设备进行工作的基础条件,如供电、给排水、调理、储运设备;另一方面也是菜肴产品安全卫生的必备,如清洁、消毒设备。此外,在当今社会,各类组织包括企业在生产和经济活动中,必须保护和改善环境,保障人体健康,促进经济和社会的可持续发展,饮食业当然也概莫能外,为此现代厨房中还有一些保障人体健康和改善环境的设备,如排油烟设备、污水处理设备、送风系统、消防系统等,而这些设施设备的设置和运行也是国家的相关法律法规所要求的。

第一节　烹饪设备辅助生产设备系统

所谓的烹饪设备辅助生产设备系统,是指为支撑烹饪生产和烹饪设备运行所必

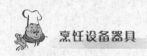
需的一些设备系统。在现代烹饪工作过程中,影响菜肴的因素绝不仅局限于烹饪工作者个人的工艺的发挥,其效果和厨房的供电、照明、供水等方面都密切相关,例如若水中含有丰富的铁离子,则菜肴将会显现红色。此外,现代烹饪设备的正常工作一般也与厨房的供电、供水相关。因此,作为一名现代烹饪工作者,有必要了解这些设备系统在厨房中的应用要求。

一、供电系统

（一）厨房用电

厨房的用电大致可分为生产性用电,包括加工间烹饪设备、保管室、通风换气风机、制冷压缩机、给排水泵等生产作业时必不可少的用电;非生产性用电,如厨师办公室、洗浴间等非生产性设施的用电。

1. 厨房供电系统一般要求

（1）在饭店中,厨房是各种机电设备比较集中的地方,是用电"大户",可考虑单独设置变压器,形成自己的电力网。

（2）厨房的事故用电必须能保证维持冷冻机、照明、主要通风装置和排水设备的运转。必要时,可考虑采取双电源方式（一备一用或互为备用）。

（3）为了满足未来的需要,导线、电缆、开关板和配电板均应有备用量。各动力和配电板为 15%,厨房的总配电板为 25%。

2. 管线的安装要求

（1）电线（电缆）穿管暗敷时,原则上采用金属管。一般管径大于电线外径的40%,如果弯头比较多,则考虑大于 60%。

（2）管线之间必须有良好的金属连接。管线通向负载时,应有良好的保护接地螺母,以利于与设备导电部分的外壳连接。

（3）连接铜芯导线的载流量,原则上按 $1 \, mm^2$ 通过 10 A 的电流计算,穿管的单芯导线,电缆按实际电流量的 1.75 倍计算。考虑厨房高温多油、潮湿的特征,连接电缆应选择 RW 型塑料软电缆。对于多根导线的连接,应考虑选用金属包软管过渡;在多水处应选用塑料软管及近金属包塑软管,并加装防水型接头;在多动处,导线的外部应缠绕一层塑料缠绕管。

3. 厨房作业区防护要求

厨房在作业生产中,一般处于高温、高湿,且产生蒸汽、油、热、酸、碱、盐等各种腐蚀介质。故需对各作业区的设备作出各种防护。具体要求见表 5-1。

所谓防水、防潮,即防止水蒸气对设备、电气元件引起短路和相间接地。防油、防腐蚀,即防止油及酸、碱、盐对电气绝缘体造成的老化、腐蚀,使绝缘体脱落,绝缘效能降低。防爆,即防止电火花引起可燃气体的引爆和燃烧。防热,即防止高温、明火对电气元件和设备的伤害。

表 5－1　厨房作业区防护要求

区　域	防　水	防　潮	防　油	防腐蚀	防　爆	防　热
加工区	√	√				
加热区	√	√	√	√	√	√
配餐区	√	√	√			√
清洗、消毒	√	√	√	√		
冷冻、冷藏	√	√			√	
仓　库	√	√		√	√	√

　　经过厨房的电线除防潮、防漏电、防热、防机械磨损外,还须在每台设备附近安装安全装置加以控制。厨房附近必须装有超载保护装置。厨房的事故用电必须足以维持冷冻机、事故照明、主要通风装置和排水设备的运转。

　　4. 厨房电器元件的基本要求

　　因为厨房特殊的工作环境,所以厨房附近必须有装超载保护装置以及其他的电器保护元件。

　　(1) 控制开关,按负载设备电流的 3～5 倍选择。

　　(2) 过流保护器熔断器,按实际额定电流的 5～7 倍选择,对于电阻负载按实际额定电流的 1～2 倍选择。

　　(3) 过热保护器,按实际额定电流的 1.1 倍选择,因考虑厨房为高温场所,可视保护器距离热源的距离,选择高 1～2 个档次。

　　(4) 操作按钮、开关、信号灯,在箱盘上的操作开关、按钮,应具备防滴功能,在设备近水源处,应选择防水型开关,设备需经常清洗的部位,需装开关,按钮时,应选用防水型。

　　(5) 现场控制、检测元件,应选择密闭型元器件。同时还要进行防水、防尘、防油处理;对有特殊要求的部件,应根据要求选用相应的电元器件,并作相应处理。

　　(二) 照明设备

　　厨房照明可单独使用自然光或灯光,也可两者结合使用。厨房的照明要求包括下列一些因素。

　　1. 照明度

　　实践证明室内明亮程度对厨师工作有很大影响,厨房的灯光要重实用。这里的实用,主要指临炉炒菜要有足够的灯光以把握菜看色泽;案板切配要有明亮的灯光,以有效防止刀伤和追求精细的刀工;出菜打荷的上方要有充足的灯光,切实减少杂草混入并流入餐厅等等。厨房灯光不一定要像餐厅一样豪华典雅、布局整齐,但其作用绝不可忽视。

　　根据《建筑照明设计标准》,旅馆建筑厨房的台面的照度要求达到 200 lx,旅馆建筑中餐厅,200 lx;旅馆建筑西餐厅,100 lx。另外天花板应能反向 85% 的光线,上壁面

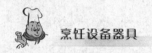

（地面 0.9 m 以上）反射 60%，下壁面反射 35%～40%，地板反向 30%，工作面（如柜台、桌面、橱柜和一些设备）反射 50%。与以上数据出入过大的工作环境将影响厨师们的菜品。

　知识链接

　　照度就是光照射的强度和亮度，其物理意义是照射到单位面积上的光通量，照度的单位是每平方米的流明（lm）数，也叫做勒克斯（lx），lm 是光通量的单位，其定义是纯铂在熔化温度（约 1 770℃）时，其 1/60 平方米的表面面积于 1 球面度的立体角内所辐射的光量。1 lx 大约等于 1 IK（烛光）在 1 m 距离的照度，一般情况：夏日阳光下为100 000 lx；阴天室外为 10 000 lx；室内日光灯为 100 lx；距 60 W 台灯 60 cm 桌面为300 lx；黄昏室内为 10 lx；夜间路灯为 0.1 lx；烛光（20 cm 远处）10～15 lx。

　　2. 光线分布

　　灯的安装必须注意避免产生阴影，而灯光的亮度必须适当。在通风罩出现阴影时，要特别予以注意。另外，煮锅、炸锅的光线要好，灯光的颜色要自然，不能因光的颜色干扰厨师对食品颜色的判断，各种设备的门，必须开启方便，使光线能完全照进去，光线要稳定、柔和。

　　3. 防止炫光

　　厨房设备光洁的表面在灯光下常常会产生耀眼的光线，使用漫射灯光和间接照明可防止炫光。

　　4. 光源

　　厨房的照明光源，大多要安装保护罩，特别是炉灶区灯管和灯泡瞬间受热易发生爆裂，由于厨房产生的烟雾较多，应选择一些先进的防雾灯具或灯罩以及防爆灯，并要便于清洁和维修。

　　（1）在蒸煮间，由于有蒸汽，根据相关规定，在潮湿场所应采用相应等级的防水灯具，至少也应采用带防水灯头的开敞式灯具。若采用密闭式灯具，应采用耐腐蚀材料制作，若采用带防水灯头的开敞式灯具，各部件应有防腐蚀或防水措施。

　　（2）在热加工区，宜采用带散热构造和措施的灯具，或带散热孔的开敞式灯具。

　　（3）冷菜间，有洁净要求，应安装不易积尘和易于擦拭的洁净灯具，以有利于保持场所的洁净度，并减少维护工作量和费用。

　　5. 照明方法

　　一般来说，各种照明方法都可达到均匀照明度。物体的照明可分为直接、半直接照明，半间接或间接照明，混合照明和散射照明四类，如图 5-1 所示。

　　（1）直接照明是最有效的，它能把所有的光线直接照射到工作区。

　　（2）间接照明是把所有的从光源发出的光线都反向到天花板和墙壁上去，因此，

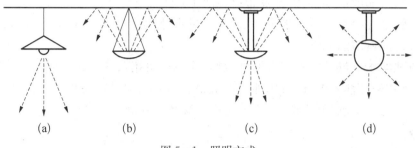

图 5-1　照明方式

(a) 直接照明　(b) 间接照明　(c) 混合照明　(d) 散射照明

光线必须被再度反射到工作区。

（3）混合照明，又分为半直接和半间接照明。半直接照明把少部分光线射向天花板，大部分光线直接散射到工作区。半直接照明使天花板有较强的光线，而产生一种柔和的照明效果。半间接照明是只将小部分光线直接照射到工作区上。

这两种方法的安装和运行费用较高，一般适用于酒吧、鸡尾酒廊等设施的照明。

（4）散射照明方法，散射照明仅仅是部分光线照射到天花板上，工作区一般仍得到均匀照明。

然而，散射照明的安装费和运行费要高出上述几种方法。

二、厨房给排水系统

厨房中用水设备较多，其给水系统相当关键，相对应的，其排水系统也有相应的要求。

（一）给水系统

1. 水源的种类

1）生活用水

主要由市政管道或饭店的储水箱取得，此水源是厨房中主要水源，适于生产中的一切用水，在厨房工艺布置中又可分为冷水和热水。

2）中水

生活用水和部分生产用水产生的废水，如洗脸水、洗澡水、部分洗衣水等经过处理后的水。此水源只能作为厨房内冲洗地面、厕所及中央空调系统的冷却水和采暖系统的用水等。这种水在一般的酒楼、饮食店一般不能提供，但是大型的饭店应重视对此水的利用。因为饭店的生活废水量大，厨房需要的冲洗用水量也大，无论从经济效益还是社会效益都是比较合理的。在国外，中水系统被广泛使用。但在工艺设计和使用时，要严格控制，以防止当作生活用水。

3）饮用水

目前我国饭店提供的饮用水，主要还是将自来水煮沸和过滤之后的水。为提高

饭店服务与菜品质量,应大力开发管道纯净水。

所谓管道纯净水是以自来水为原水,通过水处理技术,将处理后的纯水通过专门的管道输送到所需的地方。

管道纯净水不仅满足厨房中的制冰机、冷热饮机用水的要求,而且用管道纯净水来做菜,可获得更佳的色香味;用纯净水泡茶、煮咖啡、味道更香醇。且提高了饭店的服务质量,提升了饭店的品位,与国际水准和潮流相接轨。

 小思考

如果水的硬度太高,对菜肴的烧制和洗衣房衣物的洗涤会产生什么效果?

2. 用水量

厨房生产随菜品种类和数量、季节、餐厅座位数等诸多因素的变化而变化。

厨房总的用水量按有关文献,可按厨房服务的餐厅的餐座或用餐人数作为计算用水的依据,每人每天 15～30 L 水。

1)冷水量

各类洗槽容积×2/h;蒸锅水箱容量×1/h;炊饭器(机)炊饭量×5/h;汤锅容积×1.5/h;供餐人数×0.41/h。

2)热水用量

洗槽类容积×1.5/h;洗菜机的水箱容积×3～6(8～251/ min);汤锅容积×0.5。如果简单总体估算的话,可采用厨房服务餐厅的餐座数,每座每天为 15～20 L。

对厨房给水的计算还可以按配水点数量、管径、压力、流量×使用时间来计算,但不管哪种算法,都是一种估算,都与实际使用量存在一定的差别。

3. 热水的供应

厨房生产中需要使用热水的,主要有干原料浸泡、涨发、菜肴烹调、食器工具的清洗(40～60℃)、消毒等。厨房热水供应的方式一般有以下几种。

1)集中供热水

采用高位、静压水箱集中加热后向厨房供水(或大容量"蒸汽式"快速热交换器),这种方式的水温一般控制在 60℃ 以下,多适用于中央厨房式的用水量大、区域多的厨房,或 300 座以上的宾馆、饭店厨房的集中供应热水。

2)局部区域配水

采用快速热水器,分区域或水温不同,向厨房各区域供水。这种方式的水温一般控制也在 60℃ 以下,水温要求提高时,需自带或再加热装置来提高水温,或单独一次加热到所需水温。此方式多适于 300 客座以下的宾馆、饭店、一般饮食店、快餐连锁店的热水供应。

(二)排水系统

厨房在使用中原料、烹饪、厨房用具、设备和地面清洗等污水排放及冷冻机冷却水的排放,在厨房内一般采取明沟与干管相结合的方式。由于厨房排放污水中含有较多的泥沙、残渣、碎叶以及油污,明干沟、干管设置时一定要考虑其排放的畅通及防鼠害进入(从沟管进入)以及防堵塞问题。

此外,由于环保的要求,对于餐饮业的污水还要进行相应的处理,方可排放到市政公用污水管道。

1. 排水方式

厨房内、外的排水,一般室内多为明沟与管排相结合,室外采取管排为主。

(1) 明沟,这是厨房内的主要排水方式。原则上每个厨房作业区均需设置明沟(加盖或铁丝网格),厨房内明沟的长度以 30 m 以内为合适(坡度 0.5/100～2/100 以内)。明沟的末端(厨房内)应考虑设置沉渣井和防鼠接渣筐装置。特别是在水容易溢出的地方,需要设置地面排水沟,它必须有存水湾和通风口。厨房明沟底最浅处离厨房地面的深度应大于 150 mm,保证明沟内无积水现象,注意灶台前的明沟不要紧靠灶台,应离开灶台 400～500 mm 为宜。

 小思考

为什么明沟要距离灶台一定的距离?

(2) 管排时,室内管径多在 150 mm 以内(以明干沟为主排水方式时),室外管排管径多在 150 mm 以上。其中厨房内排水主管直径应大于 200 mm。

(3) 池排一般是指一次排水量大、集中的厨房设备的特定排水方式。主要用于切菜机、球根机、切丁机、洗菜机等原料初加工设备的排水,以及夹层锅、洗米机等加热设备的排水。

池排的方式一般是在厨房地坪以下设置一个地池,将设备置入,池与厨房内的干沟相接:设备使用后的污水直接倒入池中再流入明沟排出。一般地池至室内以下80～200 mm,池的尺寸,因设备不同而异。一般考虑操纵面与设备外缘尺寸一样,非操纵面原则上宽于设备外缘尺寸 100～50 mm 即可。

2. 厨房地面排水应遵循的要求

(1) 厨房的地势应高于所在地区下水道,以便排除污水无阻。

(2) 厨房地面应采用光而不滑的地面砖,使用塑料砖或其他硬质聚丙烯酸砖好于瓷砖。使用红钢砖仍不失为有效之举。

(3) 在通往餐厅的路上,不应有楼梯,以避免事故。在有高低差处,应用斜坡处理,采用防滑地面,并用不同颜色加以区别。

(4) 厨房应有一个大的供排水网,地面需开有带铁丝格孔的明沟,以便地面排水。洗碗机和洗涤槽应有单独的废水管道。

(5) 厨房水池应装有冷、热水管。厨房水池用不锈钢、铸铁或搪瓷制造,目前许

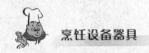

多公共卫生部门推荐使用不锈钢水池。在处理或准备食物的装备上,需要装置间接排污设备。在水池和存水湾之间的下水道管有一个空气隙,或是一个完全敞开的排水管,这样可以消除下水道阻塞的可能性。而下水道管阻塞会污染水池中的食物。

(6) 有一些高星级宾馆的厨房布局分工较明细,要求烹制间除特殊烹饪设备设有专门排水系统外,其余地区不设明沟,以保持地面的干洁。

 小思考

为什么厨房的排水管道经常容易造成堵塞?

三、调理、储运设备

(一) 调理贮存设备

1. 工作台的分类

工作台又可称为"案台"、"操作台"或"料理台"。由于烹饪过程操作的需要,厨房配备各式各样的工作台。如双层简易操作台、单星盘工作台、和面台、双或单移门调理台、带架调理台、沥水工作台、带斗调理台、残物台、带有保温柜的工作台、带有冷柜的工作台等等。这些工作台可根据不同的用途,采用不同的材料进行设计、制作。

工作台的结构一般是由面板、层板和脚架等部分组成。材料的选用多采用不锈钢材或铝型钢材也有采用防火优质木料加工而成的。其中有普通工作台(钢板厚度较薄,板材质量一般,价格较低)和高档工作台(钢板厚度一般为 1.2~1.5 mm,板材质量较好,多为磨砂板,价格较高)的区别。

有些工作台可根据工作需要用木料、塑胶板或其他材料加厚面板,达到坚固耐用目的,如砧板台或放置重物的调理台等。工作台选料和制作的原则是要符合烹饪卫生,适应特殊环境,台面光滑,卫生安全,便于清洁,便于工作,利用率高,易于维修。

2. 典型工作台介绍

1) 简易工作台

简易工作台是餐饮业常用的一种普通工作台,一般是双层结构,上层为面板,多选用厚度在 1.2 mm 以下的不锈钢板材制作,主要用于切配加工或摆放烹调原料。底部是用不锈钢方管或较厚的不锈钢板条加工的花格式层面,用于摆放工具或物品。

简易工作台的种类较多,常见的有普通双层工作台、带架双层工作台、三抽简易工作台等,见图 5-2(a)。

2) 拉门工作台

拉门工作台是一种配有储物柜的高档工作台,它的结构比较复杂,主要由面板、层板(抽屉)拉门和脚架等组成,面板一般选用进口不锈钢拉丝板,厚度多在1.2 mm以上,它的用途除切配或摆放原料外,储物柜还可存放切配工具、烹调器具和各种烹调备用原料。

 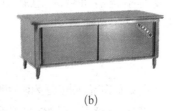 

(a)　　　　　　　　　　(b)　　　　　　　　　(c)

图 5-2　典型工作台

(a) 双层工作台　(b) 拉门工作台　(c) 残物工作台

拉门工作台见图 5-2(b),可分为单面拉门工作台、双面拉门工作台(单通或双通工作台)、三抽拉门工作台等,规格一般是 1 800 mm×900 mm×800 mm,也可以根据场地情况自行设计。

3) 残物工作台

残物工作台一般由面板、层板、残物桶、脚架等部分组成,常用规格为 1 800 mm×900 mm×800 mm,钢板材质分普通和优质两种,主要用于预加工过程的操作,操作完毕,残物可由中间圆孔清洁到残物桶内,比较方便卫生,见图 5-2(c)。

4) 保温工作台

保温工作台一般由面板、层板(9～11 层)、拉门、加热装置、温度控制器等部分组成,常见规格为 1 800 mm×900 mm×800 mm,钢板材质好,厚度多为 1.2～1.5 mm,属于高档工作台,主要用于厨房预加工操作及原料的预热、保温等。

3. 工作台的使用与保养

(1) 工作台由于种类繁多、规格多样、功能不同,所以在使用过程中要详细阅读说明书,合理使用,要符合烹饪卫生标准,专台专用。

(2) 工作台在使用中由于经常同原料接触,所以使用后要及时清理。

(3) 洗涤过程中勿用金属工具清理或擦拭,以免损坏其表面影响美观,最好用洗涤剂清洁后用软布擦拭干净。

(4) 清洁保温工作台、冷柜工作台时,注意不要将水洒在加热、制冷设备上,以免潮湿出现漏电现象,防止事故发生。

(5) 使用时要做到专台专用,经常保持工作台的卫生清洁,用后要彻底清洗去掉污渍,并用干布擦干。

4. 贮存类设备

贮存类设备分原材料储存、器具贮存、成品贮存、半成品贮存等类别。常用的贮存设备有四门储物柜、刀叉柜、锁刀柜、台式或卧式移门纱窗柜、玻璃移门柜、多层货架、点心柜、高身茶叶柜、高身切配柜等。

贮存类设备的结构,是按不同的用途和要求,且根据厨房布局的特点来设计的。为少占用空间,提高贮柜的利用率,一般是采用多层间格结构,四周可根据需要采用敞开式、半密封式和封闭式等多种。

贮存类设备所选用材料主要有不锈钢和铝材,也有用木料制造的,但以采用不锈钢材料为佳。设备的制造要符合食品卫生要求。

(二)输送工具及设备系统

1. 输送工具分类

在餐饮活动中,餐具、食品、酒水等物品的运送和一些服务的需要(如明档)多数是通过一些输送工具来完成的。餐馆一般根据不同的用途和要求配备各种规格和形状的输送设备。常用输送工具如酒水车、工作车、粥车、点心车、牛排车、煎炸车、调料车等采用的材料多为铝材和不锈钢材。

(1)工作车。主要用途是在餐前摆台时盛放餐饮器具,经营过程中撤下宾客用后各种餐具等。工作车的形状较多,其主要规格一般是高80～85 cm,宽45 cm,长80 cm。工作车结构一般分两层,也有分三层的。

(2)牛排车。牛排车一般在西餐厅或西餐自助餐使用较广,结构上是一个带保温盖的车,在自助餐厅,厨师或专门服务员在此车上为宾客做现场切牛排或其他菜肴。其规格大致与工作车相似,分上下两层。牛排车的质地一般很讲究,大都是镀银的,能体现西餐厅的豪华程度。

(a)   (b)

图 5-3 调料车

(a)拉门调料车 (b)简易调料车

(3)烹调车。餐厅使用的烹调车一般是在西餐厅,也有在中餐厅使用的,这种车设有专门放置的小型液化气炉和调味料的位置,用于现场烹制菜肴的。结构上一般分两层,规格大体与工作车一致。

(4)甜品车。在零点餐厅通常有甜品车,车上载上各种甜食、蛋糕和水果,供餐厅现场内的各种类型的服务用车的配套使用。

(5)酒水车。主要用于放置各类酒水,可以灵活运动于各餐桌之间,为宾客提供各种酒水服务。

（6）调料车。调料车是专门用于盛装各种调料的烹调配套设备，有固定式和可移动式两种类型。固定式的与炉灶组合在一起；移动式的可以根据烹调需要任意安放，又可分为简易调料车和拉门调料车。

简易调料车和拉门调料车的规格多为 800 mm×500 mm×800 mm。固定式调料车的尺寸是根据配套的炉灶规格而确定的，一般宽度为 500 mm，其他尺寸与炉灶相同。简易调料车主要由折叠盖、格槽和脚轮组成。折叠盖是烹调结束后为防止污染而用于遮盖调料的；格槽是调料车的主要部分，主要用于放置各种调料；脚轮用于调料车的整体移动。

拉门调料车和固定式调料车还设有储藏柜，一般用于储藏备用的调料或其他小的烹调用具。

2. 输送工具的使用要求

餐车在使用时注意不能装载过重的物品。多数餐车小巧轻便，应认真履行专车专用的原则，如牛排车只应为宾客切各种肉类服务时使用。另外，餐车车轮较小，在使用时推的速度不能过快。如遇地面不平或厅内地面有异物则容易翻倒。餐车每次使用后一定要用带洗涤剂的布巾认真擦洗，如镀银车辆应定期用专用银粉擦净。

3. 输送系统

输送系统可分为两大类：一是垂直输送系统，如电梯、自动楼梯、垂直滑道和货运电梯；二是水平输送系统。厨房货物和菜式的运送一般多采用专用送菜升降机。下面主要介绍重力滑槽和货运电梯两种输送设备。

垂直输送系统是利用重力作用使物体移动的重力滑槽。重力滑槽应用于运送物料和向外运送物体，如运送垃圾废料等。

与重力滑槽相接近的是用于升降货物的传送机械，如旋转碗碟架或送菜升降机等，它能在楼层间运送沉重的货物。

专用作输送货物的电梯叫货运电梯，其中一种叫做送菜升降机。大部分货运电梯是由缆绳、变速箱、齿轮转动和按钮控制器。也有应用液压式的货运电梯，这种电梯的运转速度较慢，但比较平稳。

货运电梯的负荷以重量计算，总重量和运载室的面积之间的关系表明电梯的运货等级。货运电梯的控制系统与现代化的客梯系统比较起来要求不需要太高。

第二节　烹饪卫生设备

食以安为先，饮食业提供的菜肴产品必须首先满足安全卫生的要求，而菜肴的安全卫生与原料、烹饪工作者、烹饪环境及烹饪所用的烹饪器具的清洁卫生密切相关，本节所述的烹饪卫生设备是指针对烹饪器具的清洁、消毒设施，这也是国家的相关法规所要求的。如根据《中华人民共和国食品卫生法》和《餐饮业食品卫生管理办法》的规定,餐饮业的餐具在使用前必须洗净、消毒,符合国家有关卫生标准,未经消毒的餐饮具不得使用。并且洗刷餐饮具必须有专用水池,不得与清洗蔬菜、肉类等其他水池混用。

一、清洁设备

(一)洗涤水槽

洗涤水槽是用于洗涤各种烹饪原料和烹饪用具的设备。根据不同的需要可分为单槽水池、双槽水池和三槽水池等三种类型。

通常装有手动喷水嘴以便预洗,用手工添加洗涤剂。洗涤槽可用来洗涤少量陶瓷、金属餐具或平底锅,此外,还有消毒槽,用来对洗涤后的餐具消毒。热水消毒要求水温不低于82℃。此外,也有用化学消毒剂对餐具进行浸泡消毒。

(二)洗碟机

洗碟机又称碟盘洗涤机,或洗碗碟机,是小型的洗涤器。这些洗碟机可以是单独一部,也有与水槽台板结合在一起的,如图5-4所示。

目前,应用较多的有两种:一种是"喷臂式";另一种是"叶轮式"。此外,还有喷淋式和超声波式。

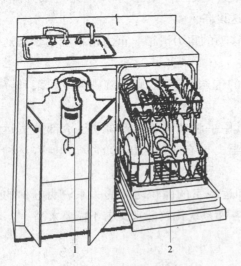

图5-4 带水槽洗碟机

1.废肴处理机 2.洗碟机

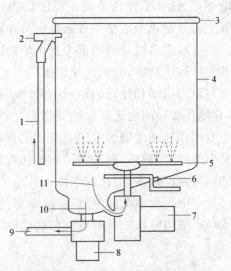

图5-5 喷臂式洗碟机结构示意

1.供水管 2.进水阀 3.封垫 4.桶 5.喷臂
6.加热元件 7.回还泵和马达 8.排水泵和马达
9.排水管 10.洗后排水管 11.抽水洗涤

1. 喷臂式洗碟机

图5-5所示为喷臂式洗碟机结构示意图。进水阀的工作是定时进水,水流量

由流量垫圈控制。水流入储水槽,通过滤清器的滤网而进入水道。水在储水槽内,在回还泵的压力下,进入喷臂内,喷臂上的喷嘴倾斜成一定角度,以便喷嘴喷水时的反作用力驱动喷嘴轴作高速旋转。因此,水就喷向每一角度和喷到网架上的碟盘。

图5-6表示喷臂式洗碟机的过滤系统。从图中就可知道怎样从洗水中滤去细小颗粒,如过滤不好,颗粒将会阻塞喷臂轴的细小喷口。水的循环动作使颗粒向桶底构成的倾斜中心沉积。粗、细颗粒都卷到细滤网的斜面上,这滤网有一锥形孔,孔内放入一只粗的滤网篮,以便陷获和容纳过大而准备进入排水泵内的颗粒。较小的颗粒则通过网篮,暂时容纳在细孔滤网的锥形部分,防止由该处进入回流泵。这样已经过滤的水就通过细滤网,接纳进入回流泵并流向喷臂上。

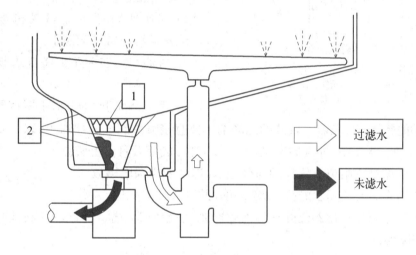

图5-6　喷臂式洗碟机过滤系统
1. 细滤网　2. 粗滤网

排水时,全部暂时容纳于锥形滤器内的较细颗粒,就向下通过排水泵排出。粗滤网陷获的较大颗粒,可以在每次使用后提出来清理掉。多数进水阀都配有滤网,将杂物滤出。

洗碟机的加热器有两种用途,即对洗涤和漂洗的水供应热量(水的温度对洗碟有很大作用,要获得良好的洗涤效果,水温应在60～70℃之间,并在干燥周期中作为热源用。这些加热器的功率在600～1000 W之间不等。电热丝完全封闭在一条镁合金管内。与热加工设备中介绍过的电热元件相同。

2. 叶轮式洗碟机

图5-7是叶轮式洗碟机结构示意图。它的洗涤作用是叶轮打水,向碟盘擦洗。叶轮转速达1 700 r/min,当水位达到叶轮时,水受冲击,溅起水花向餐具喷射,产生洗涤作用。

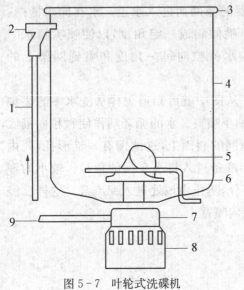

图5-7 叶轮式洗碟机

1. 供水管 2. 进水阀 3. 封垫 4. 桶
5. 叶轮 6. 加热元件 7. 泵
8. 动力马达 9. 排水管

3. 洗碟机的安装使用与维护

1) 安装

洗碟机最好安装在供水、排水方便和适宜操作的地方,当需要接长的供排水软管时,最好不要超过1 m,否则排水软管的残水可能会倒流回洗碟机内,影响洗涤效果。

2) 洗涤程序

一般的洗涤程序是:一次喷射—洗涤剂洗涤—排水—二次喷射—冲洗—排水—三次喷射—冲洗—排水—干燥。

3) 使用注意事项

(1) 初次使用时,应对洗碟机进行空运转,确认其运转正常且无漏水。

(2) 机器在运转时不要将排水软管浸入水中,以免水倒流。

(3) 无水情况下,不要对不锈钢器皿进行干燥,因可能会使其发蓝。较浓的洗涤剂不要直接喷淋到金属器皿上,以防发黑。此外,水温太低、水压小、冲洗力不足、水太硬,都可能使餐具落上脏点。

(4) 洗涤时应避免电气控制部分遇水,以防发生漏电事故。

(5) 用完后要关闭水龙头,清洗滤网,并将各开关复位。

(6) 经过阳极氧化着色处理的铝质器皿、手绘瓷器、描金瓷器,不能机洗,因为易受洗涤剂影响。

(三) 洗碗机(商用)

洗碗机是供家庭、餐厅、宾馆等使用的自动洗碗盘的清洁器具,与洗碟机在用途上并没有什么不同,能洗碗也能洗碟,反之亦然。

从1927年德国制造出世界上第一台简易洗碗机,发展到现在,技术已经非常成熟,近几年来国内外对洗碗机的需求量明显增加。与手工洗涤相比,其优点是工作效率高和能在高温下清洗,并可在机内消毒、烘干。洗碗机按用途分家用、商用两大类。本文主要阐述商用洗碗机的相关知识。

 知识链接

洗碗机的分类

洗碗机有多种形式:按洗涤方式分,有喷淋式、叶轮式、水流式、超声波式;按装置方式划分,有固定型、移动型、桌上型、水槽装入型;若按开门装置来分,则有前开式和顶开式;从机体结构上分,有单层壳体和双层壳体。

1. 类型

（1）飞行式洗碗机。这是一种连续送进、连续洗涤的大型洗碗机,不用碗筐、碗盘,直接插放在传送带支架上,每小时可洗碗盘 3 000～10 000 只,下装洗桶 1～4 个,并带有干燥装置,是一种高速洗碗机。

（2）传送带式洗碗机。将待清洗盘碗放在碗筐中,碗筐置于传送带支架上,使用传送带连续清洗,每小时可清洗盘碗 5 000～8 000 只。

（3）门式洗碗机。是一种间歇式洗碗机,结构紧凑,操作简便。盘碗装筐后送入机内,在机内自动完成预洗、洗涤、漂洗、干燥、消毒等工序,而后取出。每小时可清洗餐具 2 000～3 000 只,适用于每次 250 人左右就餐的厨房使用。这种洗碗机不仅适用于大型饭店的中、小厨房、酒吧间、咖啡厅,更适用于餐饮服务业的饭馆、餐厅、招待所、食堂等用户。

（4）台式洗碗机。体积较小,适用于小型餐厅、咖啡厅及家用,一般每小时可清洗 300～500 只杯盘。

2. 结构

商业洗碗机较常用的是传送带式洗碗机和门式洗碗机(也称揭盖式洗碗机)。它们的清洗方式又大多采用喷淋式。大型的洗碗机的本质上的原理与洗碟机相同,仅相当于经过多个洗碟机而洗净。

（1）门式洗碗机机体主要由壳体、门开关、进水电磁阀、水位开关、清洗系统、漂洗系统、温度传感器、洗涤剂和干燥剂自动供料装置、程序控制器以及操作显示面板等部件组成。清洗水箱为储水加热式,清洗和洗涤喷臂为旋转喷臂。

（2）传送带式洗碗机与门式洗碗机组成部件大体相同,不同点是少了漂洗电机,清洗臂和漂洗臂由旋转式改为固定式,另外多了一套传送电机和传送机构。漂洗水箱为过水加热式,因此需要较大功率的加热器,见图 5-8。

图 5-8　传送带式洗碗机

这两类洗碗机清洗水箱中的水都是由漂洗水箱的水注入的。清洗时用加有洗涤剂的热水对餐具进行去污洗涤;漂洗时用具有一定温度的清水对清洗过的餐具进行净化。

3. 工作流程

喷淋式洗碗机的设计结构又可分为上下回转喷嘴式、下喷嘴式、下喷嘴反射式、塔喷嘴式、多孔管式、旋转汽缸式等不同结构。但尽管结构形式各有差异,其工作特

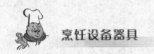

点均是以水喷溅状的洗涤淋洗方法,来清洗篮筐上的器皿物品。

喷淋式洗碗机依靠洗涤泵经过喷臂喷射出一定压力的洗涤液,喷臂受到喷射水流的反作用力而旋转形成三维密集热水流冲刷餐具。水流的机械冲刷、热水浸泡的软化以及洗涤剂对油污的分解等三重作用,使冲刷分解后的污物被排出。有研究表明,在去污过程中水流机械能的清洗作用占全部清洗作用的58%,而化学清洗剂的作用仅占15%。细菌病毒一部分被高温热水杀死,其余部分则被洗涤剂杀灭,随水流排出。整个过程由于没有人工等介质接触,避免了餐具的二次污染。洗涤的最后阶段,喷淋水水温被加热到80℃以上并加有干燥剂,此时餐具表面的水由于凝结速度小于蒸发速度而逐渐自然干燥。

(1)门式洗碗机工作流程:电源开启—注水—加热—关门并自动开始运行—定时清洗—定时漂洗—周期结束。

每开始一天的工作之前需进行注水加热过程,每天结束工作后应排干水箱中的水,并对洗碗机进行清理,保证设备的清洁状况。

门式洗碗机的注水过程包括漂洗水箱注水和清洗水箱注水过程,先对漂洗水箱进行注水并加热,而后用漂洗水泵将漂洗水箱中加热到足够温度的水注入清洗水箱,完成清洗水箱注水过程。

一个洗涤周期包括清洗和漂洗过程。正常洗涤周期开始时,先由清洗泵进行设定时间的清洗过程,以高于70℃的加有洗涤剂的热水清洗餐具;洗涤结束后自动转为漂洗过程,漂洗泵进行设定时间的漂洗工作,以混有干燥剂的高于80℃的热水对餐具进行漂洗、干燥,完成后一个周期结束,等待开门取出洗干净的餐具,放入待清洗的餐具,关门后自动开始下一洗涤周期。

(2)传送带式洗碗机工作流程:电源开启—注水—加热—关门—选择送篮"快、慢"—按"运行"键—开始连续清洗和喷淋。

传送带式洗碗机一般包括一个或多个清洗箱体和一个漂洗箱体,碗筐在传送带上依靠电机推动传送机构,被依次送入清洗箱和漂洗箱,从另一端送出,连续完成批量洗涤。依靠设计的清洗箱体长度、漂洗箱体长度和选择的传送带速度来决定洗涤时间。

4. 使用

(1)首先,要做好使用洗碗机洗涤前的准备工作(每日工作前必备程序):保证机器外部干净;检查洗臂残渣板;过水喷淋,是否干净或堵塞主洗臂;水帘应放在它们应在的位置;打开电源、上水,打开加热器;检查是否有足够的干燥剂和机用液,如预洗涤去污剂、专业液体洗涤剂、杯盘增亮剂等等;检查水温,预洗缸为40℃,主洗缸为65℃,过水缸为75℃,最后喷淋的水温为83～85℃。

(2)其次,在清洗过程中要注意以下事项:在洗涤之前,将餐具剩余的食物除去;把同样的餐具正确装进餐具筐内,不可叠放;刀、叉、勺要在一定浓度的预洗涤去污溶液中浸泡;避免机器负荷过长,同时也要注意避免强大的冲击;餐具进入机器前一定将洗涤灵冲洗干净;餐具从机器出来干燥后,不干净的要重洗。

（3）再次，清洗过程结束后，即洗碗机用毕后，要关电源、放水、摘下水帘、清洗干净；清洗残渣板、水泵罩、主洗喷嘴、冲洗机内；用清洗剂和水清洗机器外部以及注意工作环境的清洁。

5. 维护

洗碗机在使用上，最主要的是要经常地清理过滤网和检查喷嘴有否堵塞，因为洗涤水是循环使用的，该水是通过过滤网而滤去污物的，因此过滤网要经常取出清理，另外喷臂中的喷嘴常会被碎骨、果核等堵塞，要经常查看。

每星期用除垢剂清洗机器内部一次，以保证洗碗机的清洁和正常运转。

6. 洗涤剂的选用

餐具的洗涤主要依靠洗涤剂和水。洗碗机所用的洗涤剂的特点是碱性大而泡沫少，一般由表面活性剂、助剂、氯化物、抗蚀剂、香精、助洗剂等成分组成。

表面活性剂的作用是降低水的表面张力，使之能迅速润湿餐具和食物残渣；氯化物可以破坏蛋白质残渣，如奶、蛋等，并有助于去除咖啡和茶汁等附在器皿上的污斑；助剂的作用是与水中矿物质起反应，使水中的矿物质与食物残渣不会附着在餐具上留下污斑；抗蚀剂能够保护洗碗机构件，减低洗涤剂对瓷器上的釉彩及铝制餐具的腐蚀作用；香精可以掩盖洗涤剂中的化学物质或陈腐物质的异味；助洗剂可以增加活性剂的洗涤作用，促进化学反应。

洗涤剂必须具有使水软化、抑制食物残渣发酵、使食物残渣分散悬浮、保护餐具不受腐蚀等各种功能。由于各地水质不同，对洗涤剂的要求也不同，因此，在洗碗时，要注意选适合于本地水质的洗涤剂。

超声波洗碗机

超声波洗碗机利用的是超声波清洗的原理。因为超声波可以穿透固体物质而使整个液体介质振动并产生空化气泡，因此这种清洗方式不存在清洗不到的死角，而且业内证明超声波清洗的洁净度高。与传统的洗碗机相比，超声波洗碗机还具有以下优点。

（1）省电、节水、噪声小。由于超声波洗碗机不需要电机、水泵，洗涤时不需要高压水、循环水，不需要机构的运动与回转，一切都只以水分子的静悄悄的振动而完成，所以机器噪声小，而且节水、省电。

（2）洗碗机结构简单、使用寿命长。由于采用的是超声波产生的水分子振动来洗碗，不需要传统洗碗机的喷臂回转机构、搅水叶轮机构，更不需要泵、电机、循环水系统等，因此结构简单得多，产生故障的机会也少得多，维修和售后服务简单。

（3）不需用专用洗涤剂。传统洗碗机主要靠专用洗涤剂的化学清洗作用，而超声波洗碗机原则上可不用洗涤剂。加入洗涤剂也是起辅助除油作用，对洗涤剂无特殊要求。

（四）其他清洁设备

1. 银器抛光机

银器抛光机的作用是靠容器内小的钢珠与银餐具一起翻滚，借光滑的滚珠将银餐具上的污斑除去，达到抛光的目的。

使用注意事项：

（1）未加抛光剂之前千万勿开机，否则抛光钢珠会严重损伤。

（2）加抛光剂时，直接倒在抛光钢珠上，让机器预运转 10 min，如不让机器预运转，便加入银餐具，则银器上会出现斑点，而清除这些斑点，至少需要运转 25 min。

（3）银餐具抛光前，要清洗干净，去掉油污，并将去污剂彻底洗掉。

（4）对新购的银餐具，要洗去厂家为了银器光洁而涂的"银铁粉"，否则它会与抛光剂产生化学反应，就会在抛光过的银餐具上留下深蓝色的痕迹。

（5）如果发现排水洞阻塞，应将抛光钢珠从抛光筒中拿出来，冲洗排水口，直至干净为止。千万不可强行通孔，这些孔不是圆的，会造成永久性的破坏。

（6）转动部分及轴承部分要添加润滑油，每年一次。

（7）每天工作结束时，机器内要注入新鲜的抛光剂。每天应让机器在没有银器的情况下预运转 10 min。

（8）机器要有操作工看管，以防备障碍。

2. 容器洗净机

图 5-9 是容器洗净机的外形图。其作用：当脏污的容器罩于其机器上时，操纵踏板，喷臂中可喷出冷水或热水将容器洗净。通常均为大容器，譬如垃圾筒。

3. 喷水圈带

厨房粗加工等场地用的喷水圈带，可喷出冷或热水，供清洗地面用。

图 5-9　容器洗净机

此外，还有高压喷射机，将炉灶洗净剂装在喷射机的容器内。操作机器，将水喷向烟罩表面，所喷之处，仅 1～2 min 就可恢复金属的本色，后再用清水喷射洗净，可达到同新的一样效果。该机器操作不需要什么特别技术。

二、消毒设备

餐具消毒设备根据消毒方式分热水消毒槽、蒸汽消毒柜、化学消毒槽和电子消毒柜四种。

(一)蒸汽消毒柜

1. 类型

蒸汽消毒柜有两种。

第一种是直接用管道将锅炉蒸汽送入柜中进行消毒,它没有其他加热部件,使用较方便(图5-10),多被大中型酒店所采用。

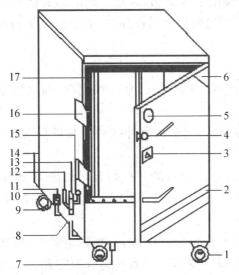

图5-10 蒸汽消毒柜(蒸饭箱)

1.脚轮 2.装饰帖 3.警告标志 4.门把手
5.标志 6.优点说明 7.排污口 8.进气阀
9.进水接口 10.接地标志 11.卸压口 12.限
压阀 13.蒸汽接口 14.电源 15.压力表
16.门把锁铰 17.耐高温硅橡胶门封

图5-11 电、汽两用消毒蒸饭车

第二种是电、汽两用消毒柜,又称为消毒蒸饭车,外形见图5-11。这种设备的蒸汽有两种来源:一是将锅炉蒸汽用管道输送到消毒车内直接加热;二是在消毒车底部安装电热管,加水通电后,利用电热产生的蒸汽进行加热。

这种消毒柜由上部箱体、蒸盘与下部蒸汽发生装置三大部分组成。箱体内胆和外壳采用高级不锈钢,内衬用保温隔热材料制成,蒸盘用食用铝板冲孔压制而成,用户可根据蒸制量大小选用,下部蒸汽发生装置由蒸汽产生箱、进水补水箱、电气系统等组成。通电3～5 min就可连续产生蒸汽,热效率高,使用操作方便。

电、汽两用消毒车具有功能多和经济实用的特点,不仅可以用于餐具的消毒,而

且还可用于蒸饭或蒸制各种菜品,是中小饭店常用的一种消毒设备。

2. 蒸汽柜安全技术操作规定

(1) 设备必须由专人操作和管理。

(2) 操作前必须认真进行检查,其安全阀门和输气管道必须可靠和畅通,发现故障应及时报修。

(3) 输入蒸汽压力,不准超过设备本身规定的额定。

(4) 蒸汽柜不准用来蒸易腐蚀蒸柜的食品或不卫生食品。

(5) 蒸汽柜内外卫生要随时搞好。

(二)电子消毒柜

电子消毒柜,也叫电热消毒柜、电子食具消毒柜,是集消毒、烘干、存储一体的厨房电器。消毒柜的杀菌效果好,穿透力强,没化学残留物,这是一般的高温消毒所无达到的。而且消毒柜仿电冰箱式的柜门,比普通碗柜密封性强,有效地避免了消毒后的二次污染。

1. 类型

电子消毒柜按消毒方式可分为:高温消毒、臭氧消毒、紫外线消毒、高臭氧紫外线消毒、高温臭氧消毒五种。

(1) 红外线消毒柜,又称高温电子消毒柜,它利用远红外线对餐具进行 125℃ 的高温烘烤,消毒速度快(10~15 min)。

高温能使细菌和病毒蛋白质变性而达到杀菌的目的。在高温时加热 10 min,能杀灭一般细菌和病毒(包括乙肝病毒),其杀灭率大于等于 99.9%。消毒方法直观,易被接受。

但机内结构设计较困难,容易导致温度不均匀,且这类消毒柜耗电量大,对热的穿透较差,产生的高温易使腔体及加热物体损坏变形。因而只适合放陶瓷、铝、玻璃器皿和不锈钢等耐高温的餐具,它会使金属碗边的漂亮餐具褪色,而且降至室温所需的时间也较长。

(2) 臭氧消毒柜,又名低温消毒柜,其原理是利用臭氧发生器来制取臭氧,其原理是:当空气或氧气通过高压电极时,氧分子在高速运动着的电子的轰击下发生电离,使得一部分氧分子聚合成臭氧分子(O_3)。研究表明,O_3 杀灭细菌、芽孢、霉菌类微生物的作用机理是臭氧导致其生物化学损伤。首先损伤细胞膜,使细胞内核酸、蛋白质等渗漏,并使维持细胞基础代谢及其重要生成物质——酶失去活性,导致其新陈代谢障碍,臭氧还能破坏细胞遗传物质,直至将其杀灭。臭氧对病毒的杀灭机理,一般认为是直接破坏其核糖核酸(RNA)和脱氧核糖核酸(DNA),而将其杀灭。

臭氧浓度 20 mg/m³ ~ 40 mg/m³,消毒时间大于 60 min,可对包括乙肝病毒在内的细菌和病毒杀灭,其杀灭率大于等于 99.9%。可以均匀扩散,适用于大范围内消毒。但臭氧浓度不能太高,泄漏会对环境以及人体健康有影响。

(3) 紫外线消毒(通常指短波紫外线)是通过破坏细胞中的 DNA 来达到消毒灭

菌的目的,短波紫外线中 250～270 nm 范围杀菌能力最强。254 nm 紫外线能使菌和病毒的 DNA 发生变性使细菌不能繁殖后代。254 nm 100 μW/cm² 的紫外线强度下杀灭以下细菌所需时间:炭疽杆菌,90 s;乙肝病毒,210 s;结核杆菌,120 s;流感病毒,70 s。杀菌具有广谱性,即对任何细菌或病毒都有效;可集中高强度紫外线在短时间内(可小于 1 s)杀菌;还具有节能、新颖等特点。

但紫外线只能沿直线传播,紫外线照射不到的地方,不能消毒。

水银蒸汽压为 80 PA 的低压汞放电灯(如日光灯、节能灯、属低压汞灯)能产生很强的 254 nm 及 185 nm 紫外线,185 nm 紫外线能裂化空气中的氧分子成臭氧,但是普通玻璃包括日光灯、节能灯用玻璃是不透 254 nm 和 185 nm 紫外线的,一般高硼玻璃是硬料器皿玻璃,也不透 254 nm 紫外线,只有专门配方的钠钡玻璃(254 nm 透过率为 75%)才可以。

(4) 高臭氧紫外线消毒,采用特殊石英玻璃制成的高臭氧紫外线杀菌灯,在发射出具有很强杀菌作用的波长为 253.7 nm 紫外线的同时还发射出波长为 184.9 nm 的紫外线。184.9 nm 紫外线能使空气中的氧气分子成为臭氧分子 O_3。臭氧的强氧化作用能有效地杀灭多种细菌、病毒及微生物,其杀菌能力与过氧乙酸相当,高于高锰酸钾、甲醛等的消毒效果。

紫外线和臭氧的共同作用,使常温消毒扩大了灭菌范围,强化了消毒效果。与常规的高压、放电式臭氧发生器不同。波长为 184.9 nm 的紫外线所产生的臭氧仅限于射线通过的空间,臭氧的发生量和紫外线辐射的范围成正比,即和消毒柜的容积成正比。因此,高臭氧紫外线特别适合于大容积消毒柜。臭氧产生的速度快,浓度分布均匀,消毒时间短。

(5) 高温、臭氧电子消毒柜的特点是集高温型、臭氧型电子消毒柜双功能于一体,采用双柜双门,是消毒功能齐全的电子消毒柜。它既可以进行高温消毒,又可以进行臭氧消毒,并可随意选择上、下消毒室进行消毒,上消毒室为臭氧消毒、低温烘干;下消毒室为高温消毒。

 知识链接

电子消毒柜的星级和技术要求

电子消毒柜按杀菌效果可分为一星级消毒柜和二星级消毒柜;从款式上可分为立式、壁挂式和嵌式;从外观上可分为单门柜和双门柜,单门柜一般只有一种消毒方式,双门柜则有两种消毒方式;按控温方式可分为机械控温和电脑控温。

在国标《食具消毒柜安全和卫生要求》中,对以消毒为核心功能的消毒柜作了明确的技术要求。一股评价消毒效果有三项指标:对大肠杆菌杀灭率不小于 99.9%;对金黄色葡萄球菌杀灭率不小于 99.9%;可破坏乙肝病毒表面抗原,试验应呈阴性反

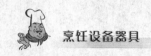

应。消毒效果能达到前两项指标的消毒柜为一星级消毒柜,能达到前述三项指标的消毒柜为二星级消毒柜。消毒柜的正面位置应标有消毒柜星级数,一星级用"十"表示,二星级用"十十"表示。由于一星级和二星级消毒产品的结构及成本是完全一样的,所以市面上采用高温消毒的消毒柜绝大部分都为二星级消毒柜。

2. 电子消毒柜的使用及注意事项

(1) 不管什么类型的电子消毒柜,使用电源均为 50 Hz,220 V 单相交流电。使用时,必须使用单相三脚插座,规格为 220 V,10 A 为好,并且插座接地脚必须安装牢固可靠的接地线,以保证安全。

(2) 使用高温型电子消毒柜消毒时,先将洗净的餐具放好。按下按钮,电源指示灯亮,表示开始加温消毒。待指示灯自动灯灭,表示消毒完毕。刚消毒结束时,一般经 10~15 min 左右的时间才可取出使用。若暂时不使用餐具,最好不要打开柜门,这样消毒效果可维持数天。

(3) 彩瓷器皿上的釉彩含有的铅、镉等有毒重金属,在红外线消毒柜的高温下会释放出来。如果经常在这些消过毒的彩瓷器皿内放置食物,会使食物受到污染,危害人体健康,因而不要把这类餐具放到红外线消毒柜中消毒。表面镀上一层珐琅的搪瓷餐具也不能放入红外线消毒柜中,因为珐琅里含有对人体有害的珐琅铜及氧化物,在高温下会逐渐分解而附着于其他餐具上,危害人体健康。

(4) 使用低温型电子消毒柜时,先根据放入餐具的多少,将定时器的旋钮置于适当时间的档次上,插入电源插头,"0"表示灯亮,开始臭氧消毒。当"0"指示灯熄灭,表示臭氧消毒完毕。烘干指示灯亮,表示正在烘干餐具,待烘干指示灯自动熄灭时,消毒、烘干程序完成。

(5) 如果使用的是紫外线臭氧消毒柜,在开门的状态下不要接通电源,消毒时要把柜门关严,消毒后不要马上打开柜门,以防臭氧逸出污染室内空气。餐具之间要留有一定空隙,使臭氧流动畅通,与餐具充分接触。

(6) 使用高温臭氧电子消毒柜时,将不耐高温的塑料、漆、竹木等器具放在上消毒室内的层架上,将可耐高温的餐具放在下消毒室内对应的层架上,关好双门,接通电源后,可随意选择上下消毒室的工作状态。

(7) 未放餐具的空箱体不能在高温下烘烤过长时间,否则会使箱体变形。另外,柜内的餐具应合理摆放,并经常擦拭箱体内部,以保持清洁卫生,操作时不要撞击远红外管,以免损坏。

(8) 无论哪种消毒柜,一定要把餐具上的水份抹干后再放入消毒柜中,这样省时省电又能达到理想的消毒效果。碗、盘、匙等餐具都要竖放在规定层架上,这样利于通气沥水,消毒更彻底。不要将消毒柜放置在加热器具如煤气灶旁,否则会引起消毒柜变形、发生故障。

3. 消毒柜的清洗与保养

清洗时要先拔下电源插头,用干净的布蘸些温水或中性清洁剂擦拭柜的内外表面,尤其是长期积存在金属支架和底部的水垢,再用拧干的湿布擦净,切勿用强腐蚀性的化学液体擦拭。在使用或清洗时,要避免硬物碰撞石英管加热器或臭氧管,以防破裂。

消毒柜长期使用后,可能会出现开门费力的情况,这时要将柜门内的密封条油垢彻底清洁干净。另外,由于受热的原因,密封条的老化速度较快,要及时更换,以免起不到密封的效果。

第三节　烹饪环境保护设备系统

烹饪菜肴的生产过程,同时也是对环境释放噪声、油烟、污水、固体垃圾的过程。为此,要求在烹饪环境中,设置对环境的保护设备系统,该系统一方面处理生产过程产生的污染,从而保持与外环境的和谐;另一方面也是改善烹饪环境,保护烹饪工作者的身心健康和烹饪设备安全。在这方面,国家对此也有相关的法律法规的规定,典型如 2010 年 4 月 1 日实施的《饮食业环境保护技术规范》。

一、排油烟设备系统

（一）抽油烟机

目前,我国制造的抽油烟机(图 5-12)多属于外排离心式抽油烟机。由于该设备抽排风量较小,只适用于家庭或所需抽排风量较小的厨房单元区域使用。

1. 工作原理、结构、类型

1）工作原理

采用我们大家都熟知的"空气负压"原理工作的:在一个金属机身内安装一个或两个电动叶轮,当叶轮高速旋转时,就会在抽油烟机进气口的周围形成一个引导油烟进入抽油烟机的负压区,油烟就会不停地被吸到抽油烟机中,就好像在厨房中安装了一个"气体泵",源源不断地将油烟排放出去。

2）基本结构

可以按抽烟机各部分的主要功能,

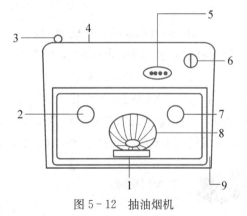

图 5-12　抽油烟机

1. 集油杯 2,7. 照明灯　3. 注水口　4. 排烟管
5. 电脑开关　6. 定时清洗按钮　8. 风道　9. 挂耳

划分成动力驱动部分、机壳结构部分、油烟引导部分、附属功能部分这几个主要部分。

（1）机壳结构部分由机壳壳体及安装用的挂环组成,是抽油烟机的主要结构之一。机壳(又称集烟罩或集气罩)一般都是用 0.5 mm 冷轧板经冲裁、压制、点焊成形,

Peng Ren She Bei Qi Ju

并经化学磷化后喷塑高温固化而成,表面光洁美观;有些机型面罩或整机都采用0.4 mm的不锈钢板制成,美观漂亮,具有更强的抗腐蚀能力。机壳的主要功能有三:一是固定安装抽油烟机的各种零部件;二是形成容纳油烟排出的空间;三是优美的造型,构成厨房总体造型的一部分。

(2)动力驱动部分包括电机、叶轮(又称风轮、翼轮)、蜗壳等部分,其中叶轮和蜗壳是抽烟机中最重要的部件,直接关系其工作效能。

叶轮是抽油烟机最重要的部件之一,担负着对进入蜗壳内的油烟加速,推动油烟在机壳内快速流动以形成负压的任务。早期叶轮采用过轴流式,但是,现在一般都采用叶片数量较多的"千叶式"来达到较好的性能指标。

蜗壳起着汇聚叶轮叶缘脱离出来的油烟气流向预定方向流动和把气体经过叶轮加速后的动能转变为压强能,即势能的作用。比如同样直径叶轮的统一类型风机安装在蜗壳内的叶轮全系数为0.588,而安装在圆形机壳中的叶轮全压系数仅能达到0.256。蜗壳的理想形状是阿基米德螺线或对数螺线,在抽油烟机的实际设计中为简化设计,一般采用四心渐开线或双曲线来设计蜗壳形状。

抽油烟机电机一般是两台或一台,其单机功率一般在65~160 W之间,也有的采用更大功率如200 W以上的电机。为减少噪声,一般电机在叶轮端采用滑动轴承,在另一端采用滚珠轴承;或两端都采取滚珠轴承。

(3)油烟引导部分主要是用以引导油烟流动的管道状结构,分为油烟导管和排气管两大类。油烟导管在以欧式风格的机型中较多;排气管分为软质管和硬质管,以圆形截面的波纹状软管较多。其内径分别为80,100,120,150,200 mm;另外,在一些采用分体式结构的抽油烟机中,也有采用软质波纹管作为连接机壳与蜗壳之间的油烟导管。

(4)附属功能部分主要指为用户使用方便,而在抽油烟机上安装的各种装置,如网罩、照明灯、集油杯、燃气泄漏报警器、开关控制板、自动清洗叶轮装置等。

网罩设计在油烟进入蜗壳的入口处,原本是为了防止人手接触到叶轮,为安全而设置的。人们在使用过程中发现网罩还有吸附油烟的功能,因此人们对网罩采取各种措施,如设置倾斜导油柱、安装可更换的滤网、采用双层板状网络等,在这种情况下,网罩的过滤油烟功能成为其重要的功能了。

知识链接

抽油烟机的导流面

导流面是抽油烟机设计中一个十分重要的基本概念,对油烟的顺畅流动及抽油烟机的工作效率产生直接影响。

可以按导流面对油烟的流动状态的影响作用将导流面分为"干扰型导流面"和

"工作型导流面"。前者指影响油烟顺利流动的表面,如排烟软管的波纹状内表面、一直角或折角形式连接的机壳内角表面,防止人手接触叶轮的网罩等;后者则指专门设计出来的用以引导约束油烟流动的表面,如蜗壳内表面、叶轮表面、机壳内表面等。

3) 类型

(1) 按照排烟方式分有:外排式,以"CXW"作为铭牌标志,其特点是将油烟排放到室外,而不是室内。这种机型是我国市场上最多的,我国市场上绝大部分机型都是外排式。循环式,以"CXX"作为铭牌标志,其特点是在抽油烟机中安装了用于过滤、吸附油烟中的油滴、固体颗粒的专门装置,经过过滤吸附后的空气是可以再排放到室内的。两用式,以"CXL"作为铭牌标志,其特点是用于过滤、吸附的专门装置是可以拆卸的,拆卸下来就是外排式;安装上去就是循环式。这种产品非常少,用户也很少购买。

(2) 按照外型进行分类有:薄型,其特点是机壳周边的高度较低,一般在 200 mm以下。由于其垂直导流面较短,因而维持机壳内负压功能较差,一般多用在排烟柜内,而排烟柜可看作是放大了的深型抽油烟机。亚深型,也叫作"半深型、罩型"等名称,其特点是机壳四周的高度一般在 300~350 mm 之间。深型,有的厂家称为"深箱式、柜式",一般市场上所谓的"中式"抽油烟机都是此类。是比较适合中式烹饪的抽油烟机,各项指标如静压、排净率、功耗、噪声都比较符合要求。是目前市场上的主流产品。

(3) 按照抽油烟机与灶具的相对位置有侧吸式,由于厨房较矮或操作者个头较高,为了降低抽油烟机安装高度和便于烹饪操作,出现了侧吸式抽油烟机,也称为"侧吸式"或"近吸式"等名称。这类机型有几个明显的特征:一是其安装在灶具的侧面而不是上方;二是其安装高度较低,有的距灶具表面不过才 300 mm;三是采用了诸如安装导流板、导流檐灯,增加捕集效果的措施。

(4) 按照蜗壳与机壳的相对位置分类有分体式和直吸式两种:分体式,将动力驱动部分与机壳部分分开,动力驱动部分放在室外,可降低室内的噪声;直吸式,传统的将蜗壳置于机壳后面(相对于安装控制面板的机壳的前面,接近操作者)会在机壳上部形成烟气滞留区,为此,可将蜗壳置于机壳的上部,称为直吸式。目前,这类机型是越来越多了,特别是市场上所谓的"欧式"机型都属于此类。此外,还有所谓的侧吸式和下吸式。

(5) 按照功能有自动清洗式,有些型号的抽油烟机在蜗壳内安装了能够自动喷洒清洁液的装置,用户只要手按自动清洗按钮,就可以启动装置,将清洁液喷洒至叶轮及蜗壳内,对抽油烟机内部自动进行清洗,免除了拆卸抽油烟机进行清洗的麻烦。

2. 选择、安装

1) 抽油烟机的选择

对于中式烹饪厨房,最好选择深型的抽油烟机,因为其负压区较大。

（1）电机和轴承是关键。抽油烟机最重要的部件是电机，目前国产电机质量完全能够达到设计标准，所以不必迷信进口电机。轴承关系到运行寿命和噪声，最好选择全部采用滚珠轴承的电机。叶轮选用全金属喷塑的扇叶，比较结实耐用，且动平衡性能稳定。我国有关标准规定抽油烟机的噪声不应大于 70 dB，购买时可开机试听来判断。

（2）风机不是越多越好。实际上，不管是一个风机还是两个风机，排出的气体都走同一个烟道。如果两风机同时运转，尽快设计转速是一样的，但在运转时不可能保持一致，还可能产生干涉。

（3）吸力大小的确定。吸力是最重要的功能指标，吸力大小直接关系到油烟机的吸烟率。吸力主要取决于电机功率。国家标准中没有明确规定吸力大小。最简单的办法是打开油烟机，将手放在进风口处，感觉是否有倒风现象；再将手放在出风口处，感受一下风力大小；再将手放在油烟机的接缝处，检查一下是否有漏风现象。

（4）是否容易清洁。油烟机常年被烟熏火燎，接触的是难以清洗的油腻和油烟，油垢附在机器表面，不仅影响清洁美观，而且对油烟机的正常运转和使用寿命都有影响，所以油烟机的自身清洁设计十分重要。

（5）细节方面，比如烟罩的材料和制造；比如开关，尽量选择机械式开关，因为其耐用。而电子式开关如设计不佳或材料不好，容易被污染，寿命短。另外，开关触点要选用银或白金制作，因其不生锈，导电性能又好。

2）安装

一般安装高度为距炉灶台面 0.65～0.80 m。用直径 4～6 mm 的电工胀管 2 个与木螺钉 2 个，在墙上钻孔后将胀管塞入，用螺钉胀紧。螺钉露出墙壁 5 mm 左右，将抽油烟机悬挂在螺钉上，调整机体使左右保持水平，机背上两个挂架挂在墙壁螺钉上后，再将机背下方左右的橡胶支承垫紧贴墙上，使机体成 10°左右的仰角，以避免产生震动和噪声。装上挡烟板，最后安装排烟弯头及直管并与室外接通。排烟管应当越短越好，弯曲得越少越好。

为了保证安全，抽油烟机的插头、插座应该选用接地的单相三相插头、插座。

小思考

抽油烟机的安装位置如果太高和太低会造成什么后果？

3. 使用及使用注意事项

（1）先开后关。"先开"，是指在燃气炉具点火前，应先启动抽油烟机，使炉具周围的空气形成向上流动状态（产生局部负压），做菜时产生的油烟和有害气体可被油烟机充分收集并排出；"后关"是指做好饭菜关上燃气炉以后，不要马上关掉抽油烟

机,应当让其在低速挡上继续吸 3～5 min,以便把厨房和房间内其他残留油烟和有害气体排出。

(2) 形成对流。在开启抽油烟机之前,应把在同一面墙壁上的门窗(或其他靠近的门窗)暂时关闭,以防止排出的油烟又从邻近的门窗中进入室内,造成二次污染。在使用油烟机时,新鲜空气来源应该在灶台的对面。如灶台在北侧,开机时就应该打开南面的门窗(天冷时开一道缝即可),形成有效的空气对流,保证排烟通畅,室内空气新鲜。

(3) 忌随意拆卸清洗抽油烟机。拆卸清洗抽油烟机应请专业人员,以防损坏控制板的密封,致油污、水珠进入电路,造成短路。

(4) 忌用易燃液体清洗抽油烟机。抽油烟机不是防爆电器,在使用抽油烟机时残留的易燃液体可能引起燃烧,而且用易燃液体清洗易损坏抽油烟机控制板的密封。

(5) 忌在使用抽油烟机时干烧灶具,这样易将大量的热吸入抽油烟机内,损坏部件,并可能引燃机内油污。

(6) 忌使用活动插座,最好是带开关的固定插座,以便使用后切断电源。

4. 维护保养

(1) 要经常清除叶轮、机壳上的油污和积垢,当擦拭抽油烟机时,务必拔掉电源插头,并戴上橡胶手套。

(2) 为保护抽油烟机表面涂层,在洗涤时不能用坚硬的刷子洗刷,应选用软性抹布或毛刷,而且要使用肥皂液或中性洗涤剂。

(3) 经常拆下油杯清除积油,疏通油孔。

(4) 定期对电动机注入润滑油。

(二) 排气扇

排气扇又被称为换气扇或排风扇。排气扇的主要用途是把厨房的油烟等有害废气和各种人群汇集的室内的污浊空气排出到室外,使室内空气保持清爽,同时减少油烟气等造成的污垢沉积。近年来随着我国家庭住房条件的改善,以及各种小型饭店、小商店和企事业单位会议室等场所的日益增多,这种小家电的应用也越来越广泛,由此各种类型的换气扇也得到了很大发展。

1. 排气扇的种类、结构和原理

1) 种类

排气扇产品通常可分为家用和工业用两大类,这里主要介绍家用排气扇,下面一般简称为排气扇。按用途分,家用排气扇一般有下列三种类型:一是厨房换气扇,主要来排除油烟气;二是浴室换气扇,用来排除湿度大的空气,常用于洗手间、浴室等场所;三是室内用排气扇,它主要是将人群汇集的室内的污浊空气排出室外,通常在卧室、客厅及会议室使用。但是这种分类现在已经日趋淡化,取而代之的主要是下面几种分类方法。

（1）按安装方式分,有窗式(又称隔墙百叶窗式)、吸顶式(又称天花板管道式)、落地式和壁挂式等,其中前两者是主流品种。

（2）按送气方向能否改变,则可分为单向排气型和双向换气型。

（3）按叶轮外缘直径划分,有 150 mm(6 in)、200 mm(8 in)、250 mm(10 in)、300 mm(12 in)、400 mm(16 in)等多种。其中厨房多采用窗式排气扇。

2) 结构

（1）扇叶也叫风叶,是排气扇的关键部件。它在电动机的带动下高速旋转,以推动室内空气流动,形成气流排出。为了使扇叶在工作时尽可能减少阻力,扇叶各横断面的扭角一般为 $16°～22°$。电扇的扇叶越多,其产生的噪声也就越大。目前我国大部分采用三叶扇,而车间的通风散热一般用两叶扇,两叶扇转速高,风量大。制造扇叶的材料多选用工程塑料或金属。

（2）网罩,一般用钢丝焊接成射线形,由螺钉和特殊螺母扣夹固定在扇头上。它的作用是防止人或物触及扇叶,确保使用安全,但其缺点是使风量有所减少,噪声略有增大。

（3）扇头,内部的部件主要是电动机。电动机是电风扇的动力源,排气扇所用电动机一般为功率 60 W 以下的单向电容运转异步电动机,因为换气扇排出的空气中有油污、湿气等,容易使电机内部受损,所以这类电机大都做成密封式,所配的电容器装入绝缘盒后固定在框架内或其他合适的位置。

（4）座框,是电扇的支撑构件,要求具有一定强度,它的面板上一般装有调速开关、表面经过一定的装饰性处理,既美观,又实用,制造材料以塑料多见。

3) 原理

换气扇的电路一般较简单,电机的转轴通常直接连接叶轮,当接通电源、合上电源开关后,电机获得电源而旋转,带动叶轮旋转,从而实现排气功能。单向型排气扇的百叶窗栅大多为风压式启闭机构,当排气扇不工作时,栅片由于自重垂下而遮盖风口;接通电源,电机和叶轮工作后,风压推动栅片,使栅片张开,将空气排往室外。

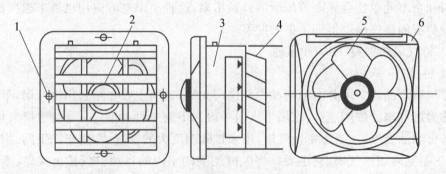

图 5-13　排气扇结构
1. 安装孔　2. 电容式电动机　3. 主框架体　4. 百叶窗栅　5. 叶轮　6. 进风口架

2. 选择和安装

1）选择

选购时,要尽量选择较大功率和叶轮尺寸的排风扇,在房间面积较大的情况下用功率较小的排气扇就可能觉得排气量不够,通常可优先考虑选择 40~50 W,250~300 mm 的产品,必要时可安装 2~3 台排气扇。同时,要选择适合窗口大小的排气扇,通常,窗户玻璃的尺寸要大于排气扇的外形尺寸,如果是开墙安装,则需考虑所开墙孔必须能安装排气扇。

2）安装

换气扇的安装方法一般要求进气扇比排气扇安得低一点,而排气扇必须比进气扇风力大,并装有可擦洗的过滤器。一般排气扇安装位置高于炉灶 0.45 m 左右。使用时,可根据需要并列安装多台同时进行排气。

排气扇具有结构简单、噪声低、投资少、耗电少的优点。排气效果也较理想,而且还兼具通风作用,对要求不高的产蒸汽、油烟、废气的厨房间,安装排气扇较适宜。

实践证明,在饭店大堂、餐厅区、客房等前后台区域有厨房的油烟和菜味,就是没有处理好厨房负压问题,要使得厨房内油烟和菜味不倒流到前后台区域,从技术上要求厨房送排风效果在任何情况下,都处于负压状态,而厨房排风的"换气次数"是直接影响厨房负压效果的。要求厨房排风达到负压状态,即排风量大于补风量。就要保持 50~60 次/h 换气次数。

（三）普通排油烟系统

大中型烹饪厨房由于产油烟气量大,一般都采用排气量较大的抽油烟系统。目前这类设备较多,排气量大小一般可根据实际情况设计。

普通的排烟气系统一般由烟罩、排风管、净化装置和引风机、烟囱等组成。如图5-14所示。

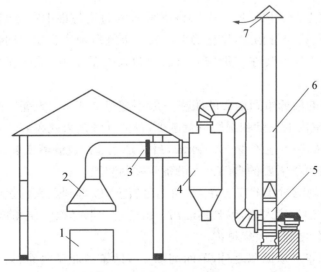

图 5-14　普通排油烟系统

1. 厨房设备　2. 烟罩　3. 排风管　4. 净化装置　5. 引风机　6. 烟囱　7. 风帽

1. 烟罩

烟罩是安装在炉灶的上方、专门用于收拢油烟气、以利于将油烟气集中排到室外的一个罩体,常用的烟罩一般有通风罩和天篷罩两种,其结构有所不同。

1) 通风罩

通风罩常与某一套厨房设备相配套,与排风管相连接(或几个通风罩与一较大的排风管相连),罩上一般安装油烟过滤器(如图 5-15)。油烟过滤器通过空气对流得到冷却并保持相对低温。热的油污接触到较冷的油污过滤器时,便凝聚在金属表面上,最后由金属表面汇集到油槽。过滤器必须定期清洗,这种过滤器的体积较小,完全可在洗碟机上洗涤。

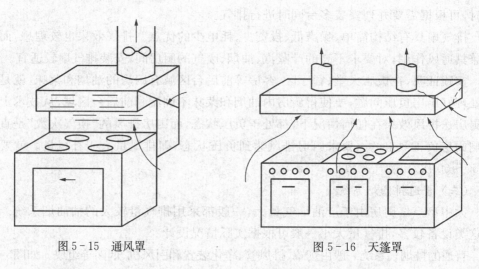

图 5-15　通风罩　　　　　　　　　　图 5-16　天篷罩

2) 天篷罩

它是一个复杂的通风系统。一般将所需通风的设备集中在一起进行通风,并设置油烟过滤器,与排风管相连,结构简单。安装天篷罩须注意如下问题。

(1) 天篷罩必须安装在产烟气和排放蒸汽设备的上方,并必须罩住设备的各面(除靠墙的一面外)。

(2) 天篷罩的最低边到地面的距离一般不超过 2.1 m。天篷罩的最低边越接近设备,设备排入室内的热量和湿气量就越少,排油烟气效果就越好。

(3) 天篷罩的深度应不少于 600 mm,目的是把油污过滤器安装在罩内,且足够的空间可用来安装可能需要的自动灭火设备或控制装置。

(4) 天篷罩内的过滤器安装在 45°角的位置上,以得到最大的过滤油污能力。过滤器内安装一个油污滴入槽,以收集油污。由于过滤器是按一定角度装的,油污将流到过滤器的下部,再滴入收集槽内。

烟罩有单面罩和双面罩之分,单面烟罩一般适于炉灶靠墙面、只有一排炉灶的厨房,安装比较方便,排烟效果也较好。双面烟罩是两排炉灶对面排放,烟罩吊在厨房中间,与炉灶相对应,这种烟罩因没有墙体依托,安装固定较复杂,因罩面覆盖空间大,所以需要大功率的引风机。

烟罩的清洗可用厨房内的高压喷射机进行清洗。它能喷出高压水温可调的热水,清洗剂亦可自动加入,适合清洗排烟罩、过滤网、冷凝器、地面、墙壁、垃圾筒之类,灵活机动效果好,是厨房里的多用途洗涤设备。

将炉灶洗净剂装在喷射机的容器内。操作机器,将水喷向烟罩表面,所喷之处,仅 1~2 min 就可恢复金属的本色,后再用清水喷射洗净,可达到同新的一样的效果。该机器操作不需要什么特别技术。

2. 排风管

常用排风管的断面有圆形、方形和矩形等。同样截面积的排风管,以圆形截面最省材料,而且圆形风管流动阻力小,因此采用圆形风管较多,但为了制作和安装的方便,不少厨房用方形排风管。

排风管的直径大小,主要根据排放所需要的风速与空气流量来决定。一般空气流速在 1.52~10.16 m/s 之间较为合理。

流速越大,通风时噪声也就越大。如果需通风的场合不允许有噪声,则可选用低的空气流速;但是此时风管直径较大,热量损失也就愈大。反之,如果可允许有噪声,就尽可能地选用高的空气流速。高的空气流速有利于减少排风管直径及投资。不过,若空气流速高于 10.16 m/s 时,噪声会很大,所以一般应避免此情况。

所以在确定排风管直径时,必须根据实际需要,既要考虑较快的流速,又要考虑承受噪声的能力。

3. 引风机

为了克服流体流动阻力,必须使流体具有一定的压力能。风机(及泵)就是使流体产生压力能的流体机械。

根据风机的作用原理可分为离心式、轴流式和贯流式三种。在通风排油烟气系统中多使用离心式和轴流式通风机。厨房排油烟用的通风机要求具有一定的耐温性和防腐性。

1)离心式通风机

主要由叶轮、机壳、进风口、出风口及电动机等组成。叶轮上有一定数量的叶片,叶片分前弯叶、后弯叶和径向叶三种。其中,后弯叶适用于中压及较高压场合;而径向叶适用于低压场合;前弯叶,在一定的输气压力下,其叶轮的直径和转速可以小一些,但出口速度较大,效率较低。叶轮固定在轴上由电动机带动旋转。风机的外壳为一个对数螺旋线形蜗壳(图 5-17)。当叶轮旋转时,叶片面的气体也随叶轮旋转而获得离心力,气体跟随叶片在离心力的作用下不断地流入与流出,外加功通过叶片传递给气体,气体的动能和势能增加,从而源源不断地输送气体。

2)轴流式通风机

轴流式风机(图 5-18)的叶轮与离心风机不同,它是具有扭曲叶片的卡式叶轮,叶轮转动时,叶片将机械能传递给风,风在叶轮中的运动与在螺旋表面运动相似,

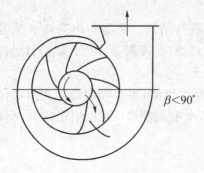

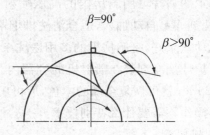

图 5-17　离心式风机

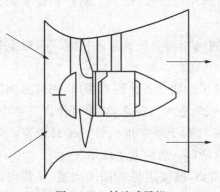

图 5-18　轴流式风机

即一方面沿轴前进,同时还绕轴旋转。空气经过叶轮之后,再经过导向的叶片,由导管排出。

3) 两种风机区别

(1) 离心式风机改变拉风管内介质的流向,而轴流式风机不改变风管内介质的流向。

(2) 离心式风机是大压头小风量,轴流式风机是大风量小压头。

(3) 离心式风机安装较复杂,轴流式风机安装较简单。

(4) 离心式风机电机与风机一般是通过轴连接的,轴流式风机电机一般在风机内。

(5) 离心式式靠叶轮高速旋转时,叶轮产生的惯性力提高流体的压力能。通常使用在流量相对较小、压力能相对较大的场合。轴流式风机常安装在风管当中或风管出口前端,通常安装在需要送风的室内的墙壁孔或天花板上。轴流式式靠叶轮高速旋转时,叶轮产生的升力提高流体的压力能。通常使用在流量相对较大、压力能相对较小的场合。

通风机和风管系统的不合理的连接可能使风机性能急剧地变坏,因此在通风机与风管连接时,要使空气在进出风机时尽可能均匀一致,不要有方向或速度的突然变化。

4. 厨房用油烟过滤器

油烟过滤器的种类很多,能够对空气的油进行简单过滤和回收,以减少对外界环境的污染。折板式油烟过滤器的结构如图 5-19(a)所示,它是由左右侧板、前后横板、油槽、过滤器和油杯等部分组成的。整个设备为框架结构,备零件均采用不锈钢薄板辊轧成形。组装时,采用了一种牢固固定的专门连接方式,而不是通常采用的点焊、螺钉、螺母的连接方法。过滤器是可以自由拆卸的,因此清洗十分方便。

这种过滤器的原理如图 5-19(b)所示。它是利用空气动力学原理,连续改变油

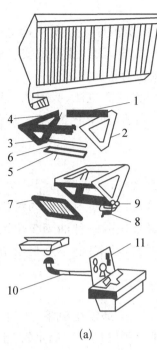

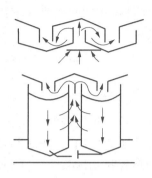

(a)   (b)

图 5-19　拆板式油烟过滤器

(a) 结构图　(b) 原理图

1,2. 左右侧板 3,4. 前后横板　5. 油槽　6. 角钢　7. 过滤器
8. 油杯　9. 杯架　10. 软管　11. 杯架底板

烟气流的流速、压力,使通过折流板的油烟气流不断得到压缩、膨胀,气流中的油烟凝聚成油滴,黏附在折流板壁上,然后沿着折流板壁面流下,通过防火油管进入油杯中。

折板式厨房油烟过滤器可以捕集油烟中 60% 的油分,且捕集油分的 80% 可以得到回收。产品均为不锈钢材,但是亦可用薄铁板、铝板及塑料等金属和非金属材料代替。

 新型厨房油烟过滤器

据德新社 2006 年 4 月 10 日报道,德国研究人员基于等离子体研究而开发出一种新型厨房油烟过滤装置。据报道,新型过滤装置由三部分组成:第一层过滤主要是吸收油烟中的较大颗粒;第二层是等离子体过滤器;第三层是活性炭过滤器。等离子体过滤器可将气体变成等离子体,各种污染物颗粒会与带电等离子体粒子发生反应,最终形成稳定的化合物。据称,这种新装置能够过滤掉最细小的污染物颗粒,甚至可以处理烟道中的污染水汽。

（四）油烟净化装置

除了油烟过滤器外，在管道中还可以专门设置油烟净化装置，对油烟进行净化处理。根据 GB18483－2001《饮食业油烟排放标准》的规定，饮食业必须安装油烟净化装置，并保证操作期间按要求运行。无组织排放，则视为超标排放。

烹饪油烟净化方法可分干法和湿法。干法主要包括静电法、吸附法、过滤法；湿法包括液体洗涤法、水雾净化法。另外，还有惯性分离法、热氧化焚烧法、催化净化法等方法。

1. 运水烟罩

运水烟罩是较先进的水化除油烟设备，属于用洗涤方法去除油烟的范畴。主要是利用雾化水和化油剂（洗涤剂）对油烟进行净化分离以减少对环境的污染，是一种新型高档环保排油烟系统。这种设备是目前使用最普遍的一种油烟净化设备，集收烟罩和净化于一体，优点是净化效率高，不占场地，能自动清洗；不足是设备价格贵，专用洗涤液不好处置。所以多用于较高级的厨房。

1）主要结构

运水烟罩主要由排烟罩和控制柜两大部分组成。排烟罩由风槽、风扇、喷水嘴、罩壳、方管和挡水板组成；控制柜由柜体、排水管、排水阀、进水管、回水管、水箱、化油剂箱、水泵、进水电磁阀、排水阀、化油剂电磁阀、指示灯和各种按钮等组成。由于控制柜采用微电脑控制，因此化油剂的添加和喷淋过程均实现全自动循环，同时，由于加装感应报警系统，因此高档运水烟罩可在缺少化油剂时自动报警和在水箱缺水时自动停机。

2）工作原理

设备在工作状态上，洗涤剂与自来水通过花洒喷嘴以雾化状态喷射，使之与吸入的油烟充分接触，从而达到高效洗涤的目的，然后经罩壳上面的风扇将残留的油雾、水汽及其他物质甩掉，达到除油和隔烟的效果。

（1）当电动机带动水泵高速旋转时，循环水混合化油剂高速进入运水烟罩系统内，经喷水嘴呈扇型雾状喷入烟罩，部分体积较大的水珠经反射板的反弹可再雾化。

（2）由于系统的强制抽风，烹饪过程中产生的油烟在向上流动的过程中与雾水交叉混合，此时，由于风速不高，加入化油剂的水雾最大限度地与油烟产生皂化反应，对油烟起到净化分离的作用，油与烟随水而走。

（3）穿过雾水区的水气混合体，在风扇的旋转作用下，气体被抽风系统抽走，与油烟相遇过的雾水打在托木板上，流向水槽，又进入控制系统。经过不断地喷雾、皂化和分离的循环，从而达到净化环境的目的。

3）使用

（1）开机程序。

第一，按运行结构图检查烟罩与控制柜的回水管路是否焊接好，然后打开自来水总阀（水压不低于 0.05 Mpa）。

第二，水箱自动满水后加入100 g化油剂，并将吸油管及化油剂电感应管插入化油剂箱内。

第三，插上电源，打开控制系统电源开关，水泵开始自动运转。

（2）调整控制程序。

第一，调整加水时间。按住自动加水开关键后，调至3 min左右。

第二，调整化油剂时间。按住喷化油剂键后调至加化油剂的适当时间，立柜式的一般要求是单泵为9 s，双泵为10 s。

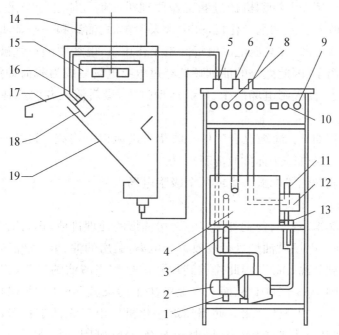

图5-20 运水烟罩结构

1. 排水管　2. 水泵　3. 排水阀　4. 水箱　5. 喷水管　6. 回水管　7. 进水管　8. 指示灯
9. 停止按钮　10. 开始按钮　11. 进水电磁阀　12. 化油剂箱　13. 化油剂电磁阀
14. 风槽　15. 风扇　16. 喷水嘴　17. 罩壳　18. 方管　19. 挡水板

第三，调整循环水周期时间。根据不同控制柜的要求，按住相应的键调至所需的时间，一般要求50 min左右。

第四，调整水温。多数控制在65℃左右。

第五，调整系统压力。当系统压力过高或过低时，应通过进水控制阀来调整进水量来平衡压力。

4）保养方法

在使用过程中应注意保养，平时应经常保持机体外壳的清洁，而且每月还应对整个系统清洗一次。

（1）清洗控制柜系统时，先打开水箱底部排污阀，将水箱的水放净，清洗水箱及滤网，并打开吸水过滤器及运水过滤器，取出滤网，用洗洁剂清洗后装好。

（2）清洗烟罩时，先打开检修门，然后取下离心扇清洗干净后再安装好。

（3）经常检查油孔是否堵塞，保持畅通无阻。

（4）对整个系统清洗时要切除电源，以免发生危险。

（5）不能用硬金属刷清洗，应用软布蘸中性洗涤剂轻轻擦拭。

2. 静电油烟净化设备

1）工作原理

由无锡市金城环保炊具设备有限公司生产的静电油烟净化器 JC－U 系列高频静电油烟净化机运用静电沉积机械过滤工作原理对油烟气体进行净化处理，厨房含油烟混合气体经收集进入油烟净化机，其中含大颗粒油、油滴和一些杂质被前置均流和过滤装置阻挡或打散，在高压电离电场和电晕作用下，电场中的空气被电离产生大量的负离子和正离子，因此微小的油烟颗粒经过电离电场后成为载荷颗粒，在吸附电场的电场力作用下，向吸附电场的正、负极运动过去，最后流入并沉积在油烟净化机底部的储油箱内。

其工作流程如下：油烟混合气体—收集—进风口—均流—过滤—电离—吸附—吸附—出风口—风机—达标排放清新空气。

视不同规模净化机配置一个或两个吸附电场。

2）性能特点

主要用于宾馆、餐厅、食堂等用户的厨房油烟的处理排放，运行时不受水汽、油气影响，稳定的高压电场对油烟进行高效率的电离，厨房的油、烟、气经净化处理后 90％以上的油烟均被分离、沉淀，因此排放到户外的是相当清洁的空气，完全符合国家环境保护标准 GB18483－2001，从而根本上解决了污染转移的问题，保护了环境，也保护了厨房工作人员的身体健康。使用油烟净化机后由于无油烟积聚，保护了风机的平衡，降低了风机运行时的噪声，同时也杜绝了风机因油污积聚而引发火灾的可能性。

（1）箱体采用管道和拼装两种结构，中、小型净化机采用管道式，大型机为拼装式，方便安装及维护保养。

（2）电场发生器采用新型的平板式结构，净化能力强。

（3）箱体结构精巧灵活，可适应左进风、右进风、前进门、后开门四种不同的安装要求。

（4）各电场发生器与高压电源的负极及其机壳连成一体并保护接地，确保操作人员绝对安全。

（5）高频高压电流工作频率高（20～40 kHz），输出电压范围（7～13 kV$_{DC}$），稳定性好，可靠性高。

（6）新型高频开关电源软启动，无冲击电压，有稳压稳流两种工作状态，实际运行中根据不同工况自动转换，有快捷短路保护、空载保护、过热保护功能。

（7）电源输出功率大，数字或电表显示工作电压或电流。

（8）净化机运行成本低。

3）选购

（1）根据炉灶个数选型：每只炉灶对应的处理风量约为 2 000 m³/h，确定选购油烟净化机的总处理风量，炉灶数×2 000 m³/h，然后再根据总处理风量安装的空间位置确定净化机的型号。

（2）根据集烟罩的总投影面积，(S)×1.8 及每个平方米对应 2 000 m³/h 的处理风量的计算方法确定选购油烟净化机处理风量。

（3）根据净化器匹配风机选型。

第一，计算管网阻力，管网阻力包括局部阻力和沿程阻力。局部阻力包括变径管、弯头，进、出风口产生的阻力；沿程阻力包括各段直管产生的阻力。

第二，计算风机的全压。［全压＝（管网阻力＋设备阻力）×(100＋15)％］，根据计算全压选购风机的型号规格；风机额定风量＝油烟净化机总处理风量。

选择风机的全压和风量时应考虑风机的噪声，在同等参数条件下，选择噪声比较低的风机可以大大减小噪声，必要时可设置隔音室及消音装置。

4）设备使用操作

（1）日常开机前的检查工作。

开机前应先检查电源连接情况，净化机流动门是否关紧严密，查看净化机底部的储油情况，若有较多的储油应打开底部放油孔进行排放。

（2）开机运行及注意事项。

合上净化机电源开关、箱体内有无频繁的火花放电声，若有较多的火花放电声证明电压过高，可旋动吸附电流模块下的电位器，适当减小工作电流，若有其他异常现象，应通知维修人员进行检修。

电源与风机合用一个开关，关风机即电源断电，净化机停机。

5）设备的维护保养

（1）净化机的日常维护。

油烟净化机经过长时间的改进与提高，具有长期稳定工作，适应恶劣工作环境的能力，日常使用中应及时对净化机的储油进行排放，在一定周期内清洗高压电场。

（2）高压电场的清洗。

由于净化机的油烟净化效率高，运行一段时间后在高压电场的各收集板上产生积油或结碳，若不定期进行清洗会降低电场对油烟的净化能力。一般清洗周期为 90 d，生意兴旺、油烟特浓的餐厅或烧烤店的清洗周期为 60 d。

电场的清洗应由专门的清洗公司和专业清洗人员完成，非专业人员严禁操作。

对于大型或特大型企业要求特别严格，没有足够安装场地的单位，使用运水烟罩比较合理；对于规模较大、要求较高又有一定场地的单位，可采用静电型的油烟净化设备；对于一般中小型餐饮业，要求较高的可采用水膜法，既省钱，效果也不错；对要求不高、有无场地的可采用蜂窝式净化设备。

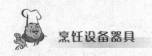

二、送风系统

在厨房中,除能将污浊空气排走的排油烟系统及设备外,还必须依靠自然通风或机械送风系统设备,补充足够的清洁新鲜空气,使室内的空气参数符合卫生要求,以保证人们的身体健康及产品的卫生质量。

在厨房中,排风系统与送风系统构成了厨房的通风系统,而通风系统按空气流动动力的不同和作用范围的不同,有不同的划分方法。

（一）按空气流动动力的不同

通风系统按空气流动动力的不同,可划分为自然通风和机械通风。

1. 自然通风

自然通风是依靠室内外空气温差所造成的热压,或者室外风力作用在建筑物上所形成的风压,使房间内的空气和室外空气交换的一种通风方式。

（1）热压作用下的自然通风是由于室内空气温度高,空气密度小。而室外空气温度低,密度大。这样就造成上部窗排风,下部门、窗进风的气流形式。污浊的热空气从上部排出,室外新风从下部进入工作区,工作环境就得到了改善。

大、中型厨房应设天窗排气,必要时还可以在天窗上加风机,以提高换气速度、天窗要布置得当,当天窗偏一侧布置时,应直接布置在炉灶上方,以利于直接排除废气和余热,否则废气会在弥漫全室后才从天窗徐徐排走,而且顶棚下某些死角会形成局部环流,经久不散。

当天窗布置在中部时,炉灶上方应设排气罩,引导废气在发源地就近集中排走,以免弥漫全室。这时天窗的作用主要在于厨房的全面换气（见图 5 - 21）。天窗应朝主导风向开设,其外侧可设挡风板,以保障外界在任何风向的情况下都能顺畅排气。

（2）风压作用下的自然通风是具有一定速度的自然风作用在建筑物的迎风面上,由于流速减小,静压增大,使建筑内外形成一定压差。在迎风面门窗进风,背风面门、窗排气,室内外空气得到交换,工作区空气环境得到改善。

其典型应用是热加工间争取双面开侧窗,以形成穿堂风。穿堂风的换气速度比排气天窗大 2 倍,当夏季室内外温差较小时,穿堂风会形成最大可能的换气,远远超过其他方式的换气量。当一方气流来时,在迎风面和背风面,分别产生正压和负压,促使空气流动,如果双侧开窗,室外新鲜空气就会穿堂而过,带走混浊的空气,这是最好的通风换气。利用自然通风时,侧窗面积要不小于地面面积的 1/10,并且要便于开启,否则影响通风效果。如果做不到双侧开窗,也应尽量单侧有窗,以保证通风换气。

自然通风量的大小和很多因素有关,如室内外空气温度、室外空气流速及流向、门洞及窗洞的面积和高差等。所以通风量不是常数,而是随气象条件发生变化。同样,室内所需要的通风量也不是常数,而是随工艺条件变化。要使自然通风量满足室内要求,就要不断地进行调节,可通过调节进排风孔洞的开启度来调节风量大小。

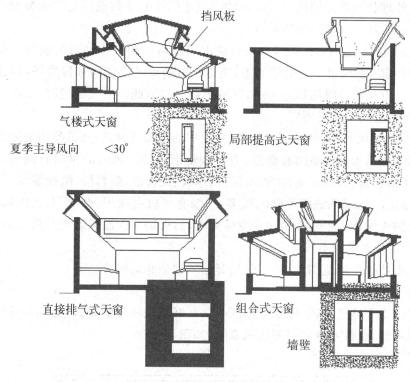

气楼式天窗

夏季主导风向　　　<30°

局部提高式天窗

直接排气式天窗

组合式天窗

墙壁

图 5-21　热加工间的剖面形式

2. 机械通风

用通风机产生的动力来进行换气的方式,称机械通风。它的优点是风量、风压不受室外气象条件的影响,通风比较稳定,空气处理也比较方便,通风调节也比较灵活。缺点是要消耗动力,投资较多。机械送风系统主要由采风口、通风机和空气处理装置、送风口、风管、阀门等组成。

(1) 采风口:采风口是将室外空气引入进风系统的吸入口。根据进气室的位置和对进气的要求不同,采风口可以是单独的进风塔,也可以是设在外墙上的进风窗口。

机械进风系统采风口的位置,应符合以下要求:采风口应布置在室外,空气的洁净程度符合卫生要求的地方,且采风口应尽可能设在排气口的上风侧,且应低于排气口,以免污染空气被吸入进风系统。为防止吸入地面上的尘土等杂物,采风口一般采用高空采风的原则,以保证空气的清新干净。另外,作为降温用的进风系统采风口,宜设在北向外墙上。采风口上一般装有百叶风格,防止雨、雪、树叶、纸片、飞鸟等进入。在百叶风格里面还装有保温门,作为冬季关闭进风之用。采风口的尺寸按通过百叶格的风速(2~5 m/s)来确定。

(2) 送风机和空气处理装置:送风机工作原理与引风机相似,可据设计功率的大小从鼓风机系列选择。

空气处理装置就是把从室外吸入的空气按设计的参数进行处理的装置。其中包括过滤、增湿、除湿、冷却、加热等设备。

（3）送风口：送风口是把符合设计要求的新风送到工作地带的装置。送风口应符合以下要求：在风量一定的情况下，能造成所需要的速度场和温度场，且作用范围可以调整。空气通过时局部阻力小，以减小动力的消耗。空气通过时，要求产生的气流噪声要小，且隔声效果要好。

（4）风管：风管（又名风道）是通风系统中的主要部件之一，其作用是用来输送空气。常用的通风管道的断面有圆形、方形和矩形等等。风道的材料有钢板、砖、钢筋混凝土、矿渣石膏、石棉水泥、矿渣水泥板、木板、胶合板、塑料板、纸板等。

（5）阀门：通风系统所用阀门很多，一般有风机启动阀、调节阀、止回阀、防火阀等。其中防火阀是为了防止房间在发生火灾时，火焰窜入通风系统及其他房间。

（二）按作用范围不同

送风系统按作用范围大小，可分局部送风和全面送风。

1. 局部送风

向局部工作地点送风，保证工作区有一良好空气环境的方式，称局部送风。机械局部送风系统，也称系统式局部送风系统（如图 5-22）。

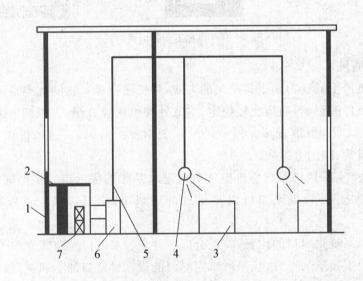

图 5-22　局部送风系统

1. 百叶窗　2. 过滤器　3. 工作台　4. 喷头
5. 风管　6. 通风机　7. 加热器（冷却器）

室外空气首先经百叶窗进入空气处理室，在室内经过滤器，除掉空气中的灰尘，再经加热器（在夏季用冷却器）把空气处理到要求的温度，然后在通风机的作用下经过空气淋浴喷头送往局部工作点。这种形式所需风量小，厨房工作人员首先呼吸到新鲜空气，效果较好。除系统式局部送风形式以外，还有单体式局部送风。如风扇、喷雾风扇等。

在各种设计资料中,关于厨房通风设计的并不很多,一般都只提到所应达到的基本要求。如进入厨房的新鲜空气要接近排气量;厨房内呈负压,以免烹调气味进入其他房间;送风量保持在排风量的90%左右,这在实际中是不妥的。因为在实际中各个房间的排风量是不同的,同时在各个功能区中何处需要排风,何处需要送新风,以及何处需要空调,都有不同的要求。

例如在中餐厨房,厨师一般位于贫氧区,又加上工作区温度高,故必须在每一位厨师的头顶部设置岗位新风口,它除供氧外还能起到风幕的作用,产生隔热的效果。

蒸煮间中主要有加工中餐和面点的一些设备,其中大多数设备都采用蒸汽作为加热热源。此间对新风的要求较低,但排风效果一定要好,否则蒸汽将充满整个工作间,温度升高,能见度差,影响厨师的工作。排气排出的主要是水蒸气,可以不采用净化装置直接排出。

面点间的厨房设备较多。在我国北方地区,面食是主食,厨房中的煎、炸、蒸、煮、烤等功能较多,加工量较大,但相对来说,油烟量并不很大。

洗碗间的作业量一般都较大,且洗碗机的发热量也较大,在国外设备中,自动传输式洗涤洗碗机的电功率都在几十甚至上百千瓦以上,而大约只有30%热量由洗涤水带走,其余的热量全部集中在洗碗间。

在开水间、备餐间和粗加工间可不考虑排风问题。新风量依工作人数而定。

2. 全面送风

利用自然通风或机械通风来实现全方位送风的方式,称为全面送风(见图5-23)。

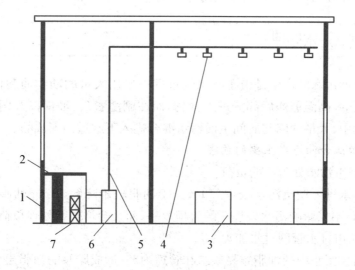

图5-23 机械全面送风系统

1. 百叶窗 2. 过滤器 3. 工作台 4. 送风口 5. 风管 6. 通风机 7. 加热器(冷却器)

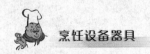

这种方式能保证环境面积较大的空间空气清新,多采用于有害物发生源比较多又分散的区域。但由于这种通风方式不能快速均匀地冲淡产生的有害物,因此,容易使一些死角有害物超标,而且这种方式使用的设备也较复杂。

全面送风能改善厨房内整个空间的空气品质。这是前些年国内普遍流行的做法,有 90%以上厨房均采用这种方式。这种方式能有效地改善整个厨房空间的空气品质,但对厨师的工作环境改善效果不甚明显。

所谓的送风系统,实际上就是中央空调系统的一种。可对房间的温度、湿度、新鲜度进行调节。空调系统中除了中央空调系统,还有所谓的局部式空调系统。但局部式空调系统不适于厨房使用。

 知识链接

局部式空调器

每个房间都有各自的设备处理空气的空调。空调器可直接装在房间里或装在邻近房间里,就地处理空气。适用于面积小、房间分散和热湿负荷相差大的场合,如办公室、机房及家庭等。其设备可以是单台独立式空调机组,如窗式、分体式空调器等,各房间按需要调节本室的温度。

 小思考

为什么局部式空调系统不适于厨房中使用?

三、餐饮污水处理

餐饮业含油污水的产生是由于在烹饪过程中使用大量的动物油和植物油,这些油脂经加热烹炒、高温煎炸后部分进入食物,而在刷洗餐具、油锅以及倒掉残油和残羹冷炙的过程中,大量油脂与厨间生活污水混合进入下水道而形成的。

(一)餐饮业含油污水主要的危害

1. 增加城市污水处理厂的负荷

当含油污水进入城市污水处理厂时,由于油脂较难降解,1 mg 油脂氧化时要消耗 3~4 mg 氧,不仅影响污水处理厂的处理效率,而且会增加其处理负荷。

2. 影响城市排水管网过水能力

餐饮业所排污水中的油脂容易凝结在管道内壁,形成厚厚的油脂层(特别是在冬季),使管道过水能力减小,甚至堵死。油脂堵塞的管道清通非常困难,甚至用高温碱水冲刷也无济于事。

3. 恶化水质、危害水产资源

清洁的水被含油废水污染后，COD，BOD 值升高，油膜阻止氧气溶入水中，使水质缺氧而恶臭，致使水体中的生物死亡。水体中含有油 0.01 mg/L 时，就会使鱼肉带有油味而影响食用。

4. 危害人体健康

油类和它的分解产物中，存在着许多有毒物质。这些物质在水体中被水生生物摄取、吸收、富集，造成水生生物畸变。如果通过食物链进入人体，会危害人体健康。

5. 影响农作物生长

如果把它用于污灌则破坏土壤结构，使土壤油质化。油类黏附于植物根部会影响其对养分的吸收而导致减产或死亡，还会被植物吸收、富集，最终危害人体健康。

6. 污染大气

在未建立城市污水处理厂的城市，含油污水一旦排入水体，动植物油便以油膜形式浮在水面，在各种自然因素影响下，其中一部分组分和分解产物就挥发进入大气，污染和毒化水体上空和周围的大气环境。由于扩散和风力的作用，可以使污染范围扩大。

为了防治餐饮业动植物油的污染，国家环境保护局和国家工商行政管理局在《关于加强饮食服务企业环境管理的通知》〔环监(1995) 100 号〕中强调："污水排入城市排污管网的饮食服务企业，应安装隔油池或采取其他处理措施，达到当地城市排污管网进水标准。其产生的残渣、废物，不得排入下水道。"

（二）餐饮污水处理的常规技术

1. 机械物理除油

1）重力及机械分离法

这种分离法主要用于处理水中的浮油和分散油。其原理是利用在重力场和离心场中，油和水密度不同且相互不溶的性质，按所产生的重力和离心力不同进行分离。重力分离法是利用油水两相的密度差及油和水的互不溶性进行分离。该类方法设备结构简单，易操作，除油效果稳定。

2）离心分离法

利用快速旋转产生的离心力，使相对密度大的水抛向外圈，而相对密度较小的油珠留在内圈，并聚结成大的油珠而上浮分离。

3）粗粒化法

用于分散油处理研究较多，是利用油-水两相对聚结材料亲和力的不同来进行分离。其机理是：当含油废水流经一些疏水亲油物质时，油滴在其润湿、聚结、碰撞聚结、截留和附着等联合作用下聚结成较大的油滴，从而有利于油的去除。

4）过滤罐过滤法

本法主要去除分散油和乳化油，其机理是利用颗粒介质的截留、惯性碰撞、筛分、表面勃附、聚并等作用，将水中油分去除。常用的滤料有石英砂、无烟煤及玻璃纤维和高分子聚合物等。

5）膜分离法

膜分离技术是 Sourirajan 所开拓并在近 20 多年迅速发展起来的，其机理是用一张（或一对）多孔滤膜利用液-液分散体系中两相与固体膜表面亲和力不同而达到分离的目的。

2. 物化除油

1）气浮或浮选法

浮选法是依靠空气泡的表面吸附油粒或浮选物而达到分离的目的。浮选分离效率与气泡量、气泡粒径和是否加药剂等因素有关。

2）吸附剂吸附法

该法适于深度处理废水中的微量油，一般费用较高，但可大大提高水体的品质。其原理是利用吸附剂的多孔性和大的比表面积将废水中的溶解油和其他溶解性有机物吸附在表面，从而达到油水分离。

3）磁吸附分离法

该法是借助于磁性物质作为载体，利用油珠的磁化效应，将磁性颗粒与含油废水相混合，使油分在磁性颗粒上吸附，然后再通过磁性分离装置，将磁性物质及其吸附的油留在磁场，从而达到与水分离的目的。

4）电化学法除油

电化学法处理废水具有氧化还原、凝聚、气浮、杀菌消毒和吸附等功能，并具有设备体积小、占地面积少、操作简单灵活等特点，可以去除多种污染物。

3. 化学破乳

处理乳化油时必须先破乳。化学破乳法技术成熟、工艺简单，是进行含油废水处理的传统方法，包括盐析法、酸化法、凝聚法。乳化液可分为 O/W 型和 W/O 型两种，使乳状液变形或采用加速液珠聚结速度的方法，导致乳状液破坏，即为破乳。

4. 化学氧化法除油

化学氧化法是转化废水中污染物的有效方法，能将废水中呈溶解状态的无机物和有机物转化为微毒、无毒物质或转化成容易与水分离的形态。包括空气氧化、湿式氧化、臭氧氧化、氯氧化法、H_2O_2 氧化、Fenton 试剂氧化、$KMnO_4$ 氧化以及光化学催化氧化法等。

目前，对于餐饮污水处理开发的新技术和新工艺不断涌现，如膜分离技术、絮凝分离技术的应用等。

四、厨房消防系统

（一）厨房对消防的要求

1. 法规要求

随着高能的厨房设备和高燃点的食用油的广泛使用，增加了厨房火灾对人民生命和财产安全的威胁。从饭店发生火灾来看,据统计,50%是由厨房引起的,主要是厨房用火不慎和油锅过热起火;电气线路接触不良,电热器具使用不当,以及燃气泄漏引起。

目前,在西方发达国家有关规范中,规定公共餐饮场所的厨房内应配置厨房灭火系统,特别是在欧美许多餐饮管理集团,规定其下属酒店、宾馆的厨房内必须安装厨房灭火系统后方可运营。

在我国,商业用厨房火灾的预防问题已经引起有关部门的重视。《建筑设计防火规范》修订版中规定:商店、旅馆等公共建筑中营业面积大于 500 m² 的餐厅,其烹饪操作间的排油烟罩及烹饪部位宜设置自动灭火装置,且宜在燃气或燃油管道上设置紧急事故自动切断装置。公安部已于 2004 年颁布了产品的行业标准《厨房设备灭火装置》(GA498-2004),该标准在参考国外产品标准的基础上,又考虑国内厨房的状况,系统地规定了适合于我国厨房现状灭火装置,目前,厨房灭火装置的应用规范也正在起草之中。

 知识链接

喷 淋 系 统

喷淋系统作为一种自动消防灭火系统,在厨房中得到广泛应用。该系统由气压水箱(压力罐)喷淋头、流水掣、消防卷带、报警阀和供水设备等组成,其工作过程是:当某区域发生火灾时,室温急剧上升,使天花板上的闭式喷淋头自动打开,喷水灭火,流水掣因有水流动,便产生信号至消防控制室,报警阀被打开,发出警报,当压力罐水压降低时,便通过电极点压力表发出信号启动消防水泵,保证连续供水。

喷头由喷头架、溅水盘和喷水口堵水撑等组成。喷头架、溅水盘一般用铜制造。喷水口的堵水撑在常温下能经受撞击和水压作用,在规定的温度下失去支撑力,及时开启喷水。喷水口堵水撑有玻璃球支撑型、易熔合金锁片支撑型等。选用喷头时严格按照环境要求温度选用,对于不同的动作温度,喷头的颜色不同。比如对于厨房而言,如果是玻璃球喷头,就应选择标志动作温度为 93℃ 的绿色喷头。

2. 技术要求

(1)高效灭火,厨房灶台的油锅和油池,是最容易发生火灾的地方;其食用油的自燃点温度在 350~380℃ 之间,在烹调过程中油被加热,一旦油发生自燃,很难将锅内大量油冷却至自燃点以下,另外,由于目前使用的节能锅灶通常会维持锅内的温度,从而更加阻止了锅内油温的降低,因而厨房要求灭火效率高,扑灭高温油火仅需在数秒钟完成。

(2)防复燃,食用油的平均燃烧速率高于其他可燃液体的燃烧速率,当油自由燃烧两分钟后,火会由初始时接近油面的小火发展到抵达到排烟罩的大火,锅内油的表

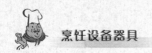

层温度可达400℃以上，即使灭火剂将火扑灭，但油的温度来不及冷却，油也会很快再次燃烧；经过对不同温度下食用油进行采样分析发现，复燃是因为当食用油加热到350℃以上时，油中会产生一些新的物质，这些物质具有较低的沸点和自燃点，此自燃点仅比初始点低65℃左右，由此，厨房灭火关键做到防复燃。

（3）安全环保。厨房里多是食用器皿餐具和食品，灭火剂要求对人和环境无毒无害，且火灾后现场易清洗。

（二）应用现状

目前应用于厨房灭火装置的灭火剂主要有干粉、泡沫及细水雾等，而由于市民对厨房设备灭火意识不强，在厨房设备方面应用自动灭火装置的很少。一些酒店、宾馆厨房设备灭火多半以普通手提式灭火器应付消防检查，甚至很多灭火器的配备根本不符合消防规范。

截至目前，我国能生产厨房设备自动灭火装置的单位有近十家，其装置从结构形式和动作原理大致可以分为两大类。

1. 气瓶驱动型灭火装置

该装置主要由灭火剂储瓶、驱动气储瓶、减压装置、燃料阀、水流阀、喷嘴和火灾探测装置组成。装置的动作原理是：火灾探测装置探测到火灾后迅速关闭燃料阀，切断燃料供给，同时启动气储瓶瓶头阀，驱动释放气体，气体经减压装置减压后进入灭火剂储瓶，推动灭火剂从喷嘴释放。灭火剂喷射完毕后，水流阀打开，向油锅内喷水降温冷却。

2. 贮压型灭火装置

与气瓶驱动型灭火装置相比，该装置没有驱动气瓶和减压装置，驱动气体和灭火剂预先充装于同一个储瓶内，当火灾探测装置探测到火灾后，启动瓶头阀，灭火剂通过驱动气体推动从喷嘴释放。

上述两种类型装置大部分是以湿式化学药剂作为灭火剂，还有一部分是以泡沫和干粉作为灭火剂应用于灭火装置。另外，据资料报道，在系统设计合理的情况下，也可用细水雾作灭火剂。

3. 细水雾灭火系统

1）组成

细水雾灭火系统（图5－24）是由灭火剂贮存容器组件、驱动气体容器组件、瓶头雾化器、管路、细水雾喷头、单向阀、阀门驱动装置、火灾探测部件、可燃气体探测部件（选装）、控制装置、备用电源等组成的能自动探测并实施灭火的厨房设备灭火系统。

2）系统功能

（1）能全天24小时对厨房设备的安全进行监控和保护。

（2）当厨房设备发生火灾且温度达到设定值时，系统发出声光报警，切断燃料源及厨房设备电源，并把火情信号传送到消防控制台或值班室。

（3）完成报警延时设定时间后，系统对被保护对象喷射细水雾灭火。灭火后自

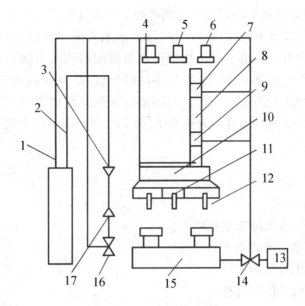

图5-24 细水雾灭火系统

1. 电气线路 2. 灭火剂输送管 3. 单向阀 4. 声光报警器 5. 甲烷探测器(选装)
6. CO探测器(选装) 7. 风机 8. 排烟管 9. 防火阀 10. 烟罩 11. 温度探测器
12. 喷嘴 13. 燃气输送管 14. 电动燃气阀 15. 灶具 16. 电动水阀 17. 止回阀

动切换城市自来水,将其雾化后持续喷放、以防止火灾复燃。

(4)系统采用电控和气控相结合的驱动控制方式,具备自动、手动及机械应急启动三种灭火启动功能。

(5)系统还具有可燃气体浓度探测及报警控制功能(选装)。当厨房内因泄漏而积聚的可燃气体达到设定浓度时,控制装置发出报警信号并自动切断燃气源。以保证厨房内的用火安全。

小结

本章主要阐述了烹饪辅助设备系统,包括烹饪生产辅助设备系统、烹饪卫生设备、烹饪环境保护设备系统。

烹饪生产辅助设备系统包括供电、给排水、储运和输送设备系统。供电系统中主要介绍了厨房对供电系统的要求,尤其是与供电系统直接向供电照明系统的要求。给排水系统中介绍了现在厨房给水的主要方式,其中对水的利用,值得餐饮工作者关注。

烹饪卫生设备包括清洁和消毒设备。清洁设备主要是洗碗机,特别是商用洗碗机,此外,还有其他一些辅助的清洁设备,可以减轻人们的体力劳动。消毒设备包括

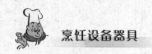

蒸汽消毒、热水消毒和化学消毒及电子消毒柜。重点介绍了电子消毒柜的使用要求。

烹饪环境保护设备系统包括排油烟系统、送风系统、餐饮污水处理系统、消防系统。抽油烟系统中重点介绍了现在高档饭店普遍使用的运水烟罩,以及值得注意的抽油烟方法。在送风系统中介绍了送风系统的组成,以及送风系统的工作过程。对餐饮污水处理的方式方法作了介绍。消防系统是保证厨房安全所必需的,但能够生产出符合公安部要求的厨房自动灭火系统的厂家,全国尚不足十家左右。

 问题

1. 厨房对供电系统的要求有哪些?
2. 厨房对排水系统的要求有哪些?
3. 电子消毒柜有几种?
4. 试述洗碗机的使用过程。
5. 试述选用排油烟机的原则与方法。
6. 如何选择油烟净化方法?
7. 局部和全面送风有何特点?
8. 试述厨房灭火系统的要求及方法。

 案例

1. 公共食堂厨房空气污染对炊事员健康的影响

据 2000 年《内蒙古预防医学》第 25 卷第四期报道,公共食堂厨房的空气污染,严重影响了厨房工作者的肺功能,随着炊事员工龄的增加,肺功能指标均下降严重。

2. 餐饮业的餐具卫生不容乐观

我国餐饮企业的卫生状况,尤其是餐饮具的卫生不容乐观。比如据《扬州晚报》2006 年 11 月 2 日报道,江苏省卫生厅对全省的餐饮企业的餐饮具进行了抽查,在抽检的 8 家扬州餐饮企业中,6 间因餐饮具样品抽检不合格,主要问题是大肠菌群超标,导致超标的原因在于这些单位没有专用清洗场所与设施。

 思考题

1. 请对上述案例进行评析,在烹饪生产中各种烹饪辅助设备系统所起的作用。

第六章 烹饪设备与器具管理

 学习目标

学完本章,你应该能够:

(1) 了解烹饪设备管理的内容;

(2) 掌握烹饪设备日常管理和使用管理的要求;

(3) 掌握烹调器具管理的要求;

(4) 掌握做好餐饮器具管理的方法;

(5) 了解厨房设备与器具配置的知识。

 关键概念

烹饪设备管理　烹饪设备日常管理　烹饪设备使用管理　烹饪器具管理

现代化厨房中,烹饪设备与器具的投入占的比例较高,这些设备与器具需要进行完善的管理,以发挥其最大效用,一方面可以延长使用寿命;另一方面可以充分发挥设备与器具的性能,保证服务质量。

第一节　烹饪设备管理

所谓烹饪设备管理,就是调动各方面因素,采取相应措施,主动实施对厨房内各种烹饪设备的维护、保养,以保持和提高设备的完好率,方便烹饪生产正常运转。

一、烹饪设备管理概述

烹饪设备管理是由规划、选购、验收、安装、调试、使用、维修、改造、更新、报废等部分组成的全过程管理。一般可分为三阶段:设备的前期管理、设备的服务期管理、

Peng Ren She Bei Qi Ju

第六章　烹饪设备与器具管理

第六章　烹饪设备与器具管理

 学习目标

学完本章,你应该能够:

(1) 了解烹饪设备管理的内容;

(2) 掌握烹饪设备日常管理和使用管理的要求;

(3) 掌握烹调器具管理的要求;

(4) 掌握做好餐饮器具管理的方法;

(5) 了解厨房设备与器具配置的知识。

设备的后期管理。

1. 设备的前期管理

设备的前期管理是设备全过程管理的重要组成部分,是指从制定设备规划方案开始,经过选型、订购、安装直到完全投入运行这一阶段的全部管理工作。包括规划决策、选型采购、安装调试、评价反馈四个基本环节。认真做好设备的前期管理工作,可为日后设备运行、维修、更新改造等管理工作奠定良好的基础。一般而言,设备寿命周期费用的90%决定于设备的前期管理。同时设备的实用性、可靠性、维修量也决定于前期管理。若规划失误,将导致设备故障率高,维修频繁,使设备的维持费用增高,给企业的经济效益带来巨大损失。

2. 设备的服务期管理

从设备投入运行开始,一直到设备因为技术上、经济上的原因而需要改造更新为止,这一时期称为设备的服务期。而这一时期的管理称为设备的服务期管理或叫设备的运行期管理。

设备的服务期是设备以最经济的费用投入发挥最高的综合效能的时期,因此,设备的服务期管理对提高企业的经济效益极为重要。设备的服务期管理包括经济管理和技术管理。从设备的技术管理角度看,设备的服务期设备必须保持良好的技术状态,做到以下四点。

(1) 保持设备的完好状态。

(2) 合理安排工作量。

(3) 建立完善设备使用规章制度。

(4) 对操作人员进行规范化管理。

同时给予规范化的维护保养和修理工作,以预防故障发生,延缓劣化的过程。

设备的服务期的经济管理则要在保证正常运营和满足顾客的消费需求的情况下做好节能管理,减少不必要的能源开支,减少不必要的维修费用。

3. 设备的后期管理

设备使用一段时间后,由于磨损,无法满足顾客的消费需求,或由于科技进步,或由于达不到环保要求,必须对设备进行技术改造或报废处理后进行更新,这些均属于设备的后期管理。

二、烹饪设备的日常管理

(一)建立规章制度

根据厨房生产操作流程及厨房设备的特性,建立完整的安全技术操作规程和岗位责任制度,保障设备的正常使用和管理的有效进行。

1. 建立设备安全操作规程

根据设备的不同分别建立各自的安全操作规程,内容一般包括:

（1）设备正确的操作方法和要领，例如启动时和停车时的操作顺序和应当注意的事项；

（2）设备的清洁、润滑、检查和维护保养的方法和要求；

（3）设备的主要性能和最大功率；

（4）人身安全注意事项和遇到紧急情况时的应急步骤。

2．建立岗位责任制

明确各班组、个人使用设备的权力与管理责任，一般采取谁使用谁负责，定机、定人、定岗位，对设备做到全面管理。岗位的设置必须是因事设岗，避免因人设岗，必须从工作的实际需要出发；尽可能做到一专多能，避免分工过细。要保证设备经常处于良好技术状态，做到三干净（设备干净、机房干净、工作场地干净），四不漏（不漏电、不漏油、不漏水、不漏气），五良好（使用性能良好、密封性能良好、润滑性能良好、紧固良好、调整良好）。

如下文是某一厨房对于烹饪设备管理的岗位职责规定：

（1）初加工厨师每天对蔬菜货架及蔬菜筐清洗、除垢。

（2）打荷厨师对炊具分类摆放，并每天清洗更换调味盅；调料不足及时补充，并为炉灶做好必要的准备；每天整理仓库物品，做好仓库物品的清洁工作。

（3）炉灶厨师每天清洁炉灶；每天开餐前对炉灶各阀门进行检查，防止漏气、漏油、漏水，并清洁炉灶表面；每星期对炉灶各卫生死角进行一次彻底清扫。

（4）砧板厨师负责冰柜的日常保养和清洁卫生，协同工程部定期对其进行维护和保养。

（5）各口主管随时检查负责区域的各种机器设备使用情况，督促厨师及时清理，谁使用谁负责；如使用过程中发现故障，不要自行修理，应向工程部报修，待机器设备完全修理好后再使用。

（二）建立设备技术档案

厨房设备种类非常多，数量庞大，在设备采购、配置完成后，必须建立设备技术档案，做好分类编号的工作。

1．做好分类编号

设备分类编号的方法没有统一的规定和要求，一般根据自己的需要来定，可以用英文字母、汉语拼音字母或者用数字表示。编号方法一般可用三级号码、四级号码制。

如三级号码制：

第一号码，表示设备种类；第二号码，表示设备的使用部门；第三号码，表示设备的单机排列序号。如厨房设备中的第二台肉片切割机表示为：

$$R-1-2$$

其中，R表示肉片切割机；1表示厨房部门；2表示第2台。

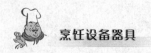

2. 设备的登记

设备在分类编号后,着手进行登记工作,可用设备登记卡登记。设备登记卡见表6-1和表6-2。

表6-1 设备登记卡(正面)

设　备　名　称	设　备　编　号
设备型号	设备规格
安装日期	出厂年月
安装地点	出厂编号
设备重量	制造厂名
设备材质	设备原值
保养周期	已提折旧
电机功率	设备净值
额定电压	设备图号
额定电流	使用说明书　　　　　　　　册
额定转速	技术资料　　　　　　　　份
工作介质	使用年限　＿＿年,从＿＿年＿＿月始
附　　件	备注:
	填写日期

表6-2 设备登记卡(背面)

检　修　记　录				
日期　维修前存在的问题	修后情况	修理费用	检修人	记录凭证号

事　故　记　录			
日期　事故原因	损坏情况		记录单号

设备登记以后,要根据制定的规章制度按期进行清点、核对,做到实物与账面符合。

3. 设备的技术资料管理

设备的档案建立为了积累设备运行情况资料,为设备的维护保养及修理做好准备,是提高管理水平的重要标志,设备的每份资料都应归档并填写设备资料归档记录(见表6-3)。

表6－3　设备资料归档记录

日期	资料名称	份数	归档日期	编号	备注

设备档案资料的内容包括历史资料和技术资料。

1）历史资料

（1）设备出厂合格证、检验单。

（2）装箱单和随机附件，工具明细表。

（3）设备进店开箱验收单。

（4）设备安装质量检验单和试车记录。

（5）设备事故报告及事故修理记录。

（6）设备的维护、保养、修理记录表。

（7）设备检查记录表。

（8）设备改进及改装、大修完工报告。

（9）设备登记卡。

（10）设备封存单、启封单和设备报废申请报告和批示等。

2）技术资料

（1）设备的原文和中文说明书。

（2）设备基础安装施工图纸。

（3）蒸汽、给水、压缩空气管路图。

（4）供配电线路图。

（5）设备维修备件和易损件清单、图纸和关键尺寸。

（6）设备操作使用维护规程。

（7）设备零件明细表和组装图。

（8）设备特殊零件加工图。

（9）设备改进或改装设计图纸。

设备档案资料应当专人管理，定期清点、核实和检查，借阅时必须登记，并及时归还，以保证档案资料的完整无缺。

三、设备的使用管理

设备的使用是否合理，直接影响到设备的使用寿命周期，正确、合理地使用设备，

应当做好以下几点。

（一）提供设备良好的工作环境

提供设备良好的工作环境，是保持设备的完好状态必不可少的条件，应当做到：设备所处场地干净整洁，设备排列有序；安装必要的防潮、防护、降温、保温装置；配备必要的测量、控制和保险用的仪器、仪表和工具；对精密的设备须提供单独的工作间。

（二）合理地安排设备的工作量

应当根据不同设备的结构、性能、工作能力、使用范围来合理地安排设备相应的工作量，严禁超负荷运转，避免意外情况的发生，确保操作安全。

（三）加强操作人员的规范化管理

对操作人员定期进行技术培训，不断提高工作人员的操作技术水平，使其做到会使用，会维护保养，会检查设备、会排除一般故障。

（四）建立健全设备使用各项规章制度

建立设备操作规程、设备维护规程、交接班制度、操作人员岗位责任制等一系列规章制度，并严格落实执行。

234

第二节　烹饪器具管理

烹饪器具种类繁多，数量庞大，同时，许多餐饮器具还是很容易破坏和损耗的，如果在经营中对烹饪器具使用不当或者是管理不善，必然会造成额外的破损，从而使经营成本增加，减少利润，因此，必须加强对烹饪器具的管理。通常可用表格登记的方法来管理烹饪器具。

（一）管理的基础

1. 专业化管理

管理人员应当受过专业化培训，对自己管理的各种烹饪器具的使用方法和保管方法应当熟知。如玻璃器皿的使用和保管方法，陶瓷餐具的使用与保管方法，银餐具的使用与保管方法，等等。

2. 制定餐饮器具破损率标准

根据行业情况，一般陶瓷餐具的破损率每年约为 0.3％，玻璃器皿的破损率每年约为 0.5％，可由此制定本企业的餐饮器具破损率标准，每月进行统计，对员工进行奖励或处罚。

3. 记录各种餐饮器具的使用情况

烹饪器具种类繁多，每种的使用寿命各不相同，根据记录的使用情况，在其接近使用寿命周期时可决定更换的时间。

（二）落实使用管理的责任，并登记入册

对烹饪器具的使用落实岗位职责和管理流程，同时采用表格的方法登记入册。

1. 厨房内用具管理制度

（1）厨房所有用具实行文明操作，按规范标准操作与管理。

（2）厨房内一切个人使用器具，由本人妥善保管，使用及维护。

（3）厨房内共用器具，使用后放回规定的位置，不得擅自改变，同时加强保养和正常使用。

（4）厨房内一切特殊工具，如雕刻、花嘴等工具，由专人保管存放，借用时做记录，归还时要点数和检查质量。

（5）厨房内用具以旧换新，并需办理相关手续。

（6）厨房一切用具、餐具（包括零部件）不准私自带出。

（7）厨房一切用具、餐具应轻拿轻放，避免人为损坏。

（8）厨房内用具，使用人有责任对其进行保养、维护，因不遵守操作规程和厨房纪律造成设备工具损坏、丢失的，照价赔偿。

2. 根据餐饮器具的不同特性，明确管理部门和责任人，并做好交接手续

应首先根据器皿的具体使用情况，将不同类型器具交给不同部门负责。如菜盘、汤盆，由厨房负责；蟹钳、裸叉、卡式炉、垫圈、装饰盘、味碟、分菜的刀叉等据菜式不同而需随带配备的器皿，由传菜部负责；白酒杯、葡萄酒杯、玻璃果盘、水果叉等器皿，由吧台负责；摆台使用的餐饮器皿，由前堂服务区域班组负责。

其次，应处理好工作责任的衔接问题。如服务生晚上下班前摆完台后，夜间保安人员应巡视一遍，看有无缺漏。第二天，服务生上班，首先也应检查一遍看有无遗失，避免责任不清。

3. 制定岗位责任制

不同班组，对餐饮器具责任有所不同。

1）洗碗组

（1）在清洗过程中，餐具必须分类装放，按秩序清洗。

（2）使用筐装餐具时，不能超过容量的 2/3。

（3）清洗好的餐具必须大小分装，整齐叠放。

（4）洗碗组领班监督洗碗工按规定清洗，发现破损，立即开出破损单。

（5）餐具清洗后，由传菜部传送达区域。

2）传菜部

（1）营业时，传菜部协助服务员将用过的餐具传到洗碗间。

（2）在传餐具时，要小心谨慎，防止滑倒，损坏餐具，做到轻拿轻放，具体由传菜部领班监督负责。

3）餐厅服务组

（1）服务员在餐厅看台时，应对高档餐具予以重视。如客人点了白灼花螺，随菜

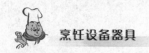

配上与客人数相同的刀叉,那么食毕、撤台时,服务生应检查其数目,并及时送回相应的负责部门。

(2) 在撤台时,按照合理的撤台顺序进行。

第一,将器皿清理干净,泔水与不可利用的脏物分开盛装。

第二,器皿分类重叠后运回后堂,而不能乱堆乱放。

以前的台北石头火锅有推车分三层,下层并排放两个塑料大渣盆,一个放可利用的剩余食品,一个放不可利用的牙签、纸团、鱼刺、骨头等脏物;中层放较大型器皿,如汤盆、菜盘等;上层放酒杯、味碟、汤碗等小型器皿。

4. 定期盘点,制定合理的破损率,将管理情况与工作业绩的考评挂钩

器具管理得再好,时间一长也会有一定的自然破损,因此,应定期盘点,一般每月一次,了解器具使用状况,并应根据餐厅自身的档次和器皿的不同类型分别制定相对合理的允许破损率,总的破损率一般应低于0.3%。同时,将盘点出来的情况与相应管理者及员工的工作考评挂钩,如超过允许范围的报耗,剔除能找到源头的部分,其余则由涉及的岗位员工共同分担,一般行政15%,厨房25%,传菜部30%,服务组30%。

5. 已损餐具管理

发现不合格的餐具绝对要及时更换,损坏的餐具绝对不能上台以损坏餐厅形象。各部门每天统计损坏的餐具汇总到洗碗组,以便财务统计。

凡是损坏的餐具必须做好记录,由领班开单到财务,再由财务开单到仓库,由领班领取补充。

6. 器具管理表格

器具管理表格包括出库登记表、餐饮器具分布表、使用状况登记表、个人领用表等。

1) 出库登记表

每个部门每次领用时必须填写出库登记表(表6-4),应当说明是客人专用还是员工专用,一般由部门主管填写。

表6-4 出库登记表

部门:　　　　　日期

类　型	名　　称	数　　量	领用人	使用范围

2）餐饮器具分布表

库房根据每个部门的出库登记表填写餐饮器具分布表（表6-5），来掌握餐饮器具的分布情况。

表6-5　餐饮器具分布表

类型：　　　　名称：

领用部门	数　　量	日　　期	领用人

3）餐饮器具使用状况登记表

每个部门根据出库单和实际盘存单填写餐饮器具使用状况登记表（表6-6），以此为依据来采购新的器具。

表6-6　餐饮器具使用状况登记表

部门：

类　型	名　称	出库量	存　量	破损量	破损率

4）个人领用餐饮器具表

一些高档和专用餐饮器具必须专人保管，领用时填写个人领用餐饮器具表（表6-7）。

表6-7　个人领用餐饮器具表

岗位：　　日期：　　姓名：

类　型	名　称	领用量	还回量	正在使用量
合　计				

回收人（餐饮器具保管员）：

注：一式两份，双方签字。

5）交接班餐饮器具登记表

交接班时必须填写交接班餐饮器具登记表（表6-8）。

表6-8 交接班餐饮器具登记表

岗位：　　交班人：　　交接时间：　　接班人：

类　型	名　称	数　量	破损量

6）餐具破损通知单

餐饮器具破损时，应立即查明原因，并填写餐具破损通知单（表6-9）。

表6-9 餐具破损通知单

类　型	名　称	破损量	单　价	金　额	地　点	责任人

填表人：

　　此单一式三份，由部门负责人填写，一份给当事人；一份给收银台或财务部；一份给部门负责人。如果是客人造成的破损则由服务员填写，客人在责任人一栏中签字，送收银台按进价收取费用；如果是员工造成的破损则由部门负责人填写。

小思考

饭店来了一桌客人，要求用银制餐具，怎么办？

第三节　烹饪设备与器具的
合理选择和配置

一、设备的选择原则与要求

（一）设备的选择原则

设备的选择原则一般从三个方面着手：比质量——产品的质量，比服务——供货商的售后服务,比价格——同等型号产品的价格。

1. 比质量——产品的质量

在同等价格的情况下,选择性能先进、自动化程度高、制造工艺精细、操作方法简明易懂、操作程序简单、节约能源、容易维修、装有防止事故发生装置的设备。

2. 比服务——供货商的售后服务

厨房设备所处环境是高温、高湿的环境,容易出现故障,库房一般情况下不会有备用设备(特殊设备除外),这就要求一旦设备出现问题,必须尽快修好,满足顾客的需要;供货商的售后服务的好与坏,直接关系到设备维修时间的长短,因而在选择设备时必须考察供货商的售后服务情况。

3. 比价格——同等型号产品的价格

比较同等型号产品,质量相差无几的情况下,选择价格低廉的产品。

(二)设备的选择要求

设备在进行选择时,要做好以下几点。

1. 设备购买计划

设备购买计划是指根据自身的厨房条件和餐饮要求,确定设备购买的数量和种类。

(1)烹饪既定菜式和最大进餐人数,这是厨房设备平面布置设计的主要依据,根据此可确定主要设备、数量、型号。设备的购置要依照菜式或菜单为蓝本去选择。比如粤菜一定要购置广式灶具及用具,经营西餐一定要购置西式炉具及用具。

(2)厨房可供应能源:如锅炉蒸气、柴油、煤气种类,电源(220 V/380 V)。

(3)厨房平面结构、尺寸图及空间高度结构图。

(4)厨房的基础要求:如管路走向、污水出口、风机定位等。

(5)现有设备的利用率和潜力情况:安装设备的环境条件;能源和材料供应情况;资金来源;操作和维护技术水平及人员配备;实施的时间和进度等。

2. 市场调研

设备生产厂家方面:多个生产厂家的历史和技术水平;信誉情况;售后服务情况。广泛收集产品目录、样本和说明书,通过国内外科技刊物和技术资料获取信息,掌握设备的发展方向和现有的最高水平。一旦购买设备,还有索取保修单、保险单以备日后的维修。

3. 设备的经济效益

首先要对所购置设备的经济效益作出评估,然后对购买设备的成本进行预算。成本不仅包括采购成本,还应包括设备的安装费用、使用费用、维修费用、保险费用和其他费用,有时还有考虑设备的保修期限、折旧率等。

$$H = L \times (A + B)/(C + L(D + E + F) - G)$$

式中：L 是规定的使用年限；A 是设备每年节省的人工费；B 是设备每年节省的能源费；C 是设备价格和安装费；D 是设备每年使用费；E 是设备每年维修费；F 是如果将 C 存入银行或作他用，每年得到的利息；G 是设备报废后产生的经济价值；H 是设备的经济效益值。

当 $H=1$ 时，说明设备节省的人工费和能源费等于设备的全部投资费用。

当 $H>1$ 时，说明设备节省的人工和能源费用超过设备的全部投资费用。

当 $H>1.5$ 时，说明购买设备完全值得。

4. 选择性能可靠的厨房设备

1）安全牢固

设备必须要有良好的安全装置，无刺手的毛边，设备焊接牢固，设备运转正常，无异常声音。

2）多功能

设备具备多功能，既可以减少投资，又可以减少厨房占地面积，且可以减少厨房岗位。

3）可移动

对于大型的厨房设备要考虑到可移动性，这样既方便操作，又方便维修和清洁。比如烤箱下面装有滑轮，可将烤箱推到任何一个地方，在举办大型宴会时，其优势就体现出来了。

4）易于清理

设备要求便于清洁、拆卸，同时设备表面要求光滑、抗腐蚀、性能稳定、无吸收性。

5）维修保养要求

设备的生产厂家或经销商应能够提供及时快速可靠的维修和保养。

6）节能环保要求

设备应选择热效率高、能源利用率低、噪声低的设备，同时设备自身材料是符合环保要求的，对人体无污染、无毒害。

（三）主要设备概算

1. 炒灶

1）以宴会餐式为主的餐厅或早茶式餐厅

$$这种餐厅的火眼数＝餐厅桌数/5$$

2）以零客为主的川菜餐厅

$$这种餐厅的火眼数＝进餐人数/40～50$$

3）部队、学校

$$这种餐厅的火眼数＝就餐人数/100$$

$$大锅灶＝人数/200～300$$

2. 蒸饭柜、蒸柜炉

单门蒸饭柜可供 250～300 人主食或 100～150 人所需蒸菜，三层蒸柜炉可供
50～100 人所需蒸菜或 300～500 人主食。

3. 其他加热设备

一般情况下，200 人以下的中餐厅其他加热设备不宜超过 2 台/种。

二、烹饪器具的确定

烹饪器具包括餐饮器具和烹调器具。在菜式、最大进餐人数、主要设备确定情况
下，即可确定烹饪器具的数量。

（一）烹调器具的确定

在炉灶眼数确定的情况下，即可确定炒锅数。比如炉灶眼数是 5，那么炒锅数量
至少为 5 张，从损耗的角度可考虑采用 1∶2 的配比，即 10 张炒锅数。而其他的炉灶
用品根据损耗的程度考虑，比如钢油桶不易损耗，但每个厨师都需要将清油和脏油分
开，故配备 10 个钢油桶。用量大的码斗，通常按餐位数与码斗数 1∶2 进行配置；而
盛装原料的器物按每个种类的使用频率的不同分别配置，通常采用 1∶1/10；1∶1/
15；1∶1/20 的做法，即餐位数与用具数的比值。对于砧板，通常是炉灶∶砧板＝
1∶1，则砧板应为 5 块（不含冷菜岗）。

（二）餐饮器具的确定

通常餐具的总数应该按餐位的 1.5 倍进行配置。假设 10 座的餐位，安排 8 个凉
菜、16 个热菜、2 个汤碗，其餐具总数＝（8 个碟＋16 个热菜汤盆盘＋2 个汤碗）×总餐
位数×1.5。此外，还有餐巾、调味罐等。

当然，不同菜式及用餐档次，餐具的应用是有所区别的。

比如由于粤菜的特征是"鲜"，所以和其他菜系相比，增加了一个系列品种——
炖盅，以达到菜肴的"原汁原味"。其中有供一人独用的参盅、翅盅、燕窝盅，也有供
多人使用的 5.5～8 in（英寸，1 in＝25.4 mm）的大炖盅。鱼盘在粤菜中使用量很
大。其他菜系一般只有上鱼或其他海鲜时才使用，而粤菜各种菜均可使用，规格从
8 in 至 20 in 不等，以 10 in 至 14 in 使用居多。因此，在粤菜餐具中应大幅度增加鱼
盘。粤菜在上正菜前，一般先上 4 个碟子的小菜，每位客人必备的餐具有茶杯、茶
碟、调羹、筷子架、碗托碟、3.5 in 碗各一件。放入各种调味品的 2.5 in 调味碟每桌
视情况而放，烟缸及托碟 2～4 个。

三、配置实例

如果某家餐厅的餐位数 450 人，其中包间 10 个，零点大厅 100 个餐位，宴会餐厅
250 各餐位，那么其厨房的用具配置见表 6－10。

表 6-10　厨房主要烹饪用具的配置

名　称	规　格	数量/只(个)
炒　锅	76 cm	3
炒　锅	48 cm	10
炒锅盖	48 cm	2
钢手勺	2 号	5
木柄手钩		5
钢手舀	2 500 g	2
钢油桶		10
钢炒锅架		3
钢芝麻油壶		5
钢酒汁壶		5
钢胡椒粉盒		5
钢豉油斗(调味罐)	14,16,18 cm	各 40
钢水斗(物斗)	20,26,32 cm	各 40
竹柄笊篱	36 cm	15
竹柄笊篱	32 cm	15
不锈钢细眼笊篱		5
洗锅帚		30
钢大圆形洗手盆	内径 38 cm	2
钢长方形底盆	41 cm×31.5 cm×6 cm	30
钢长方形底盆	36 cm×28 cm×5 cm	30
钢长方形底盆	30 cm×24 cm×5 cm	15
钢码斗	18 cm	150
钢码斗	16 cm	250
钢码斗	14 cm	200
钢雀巢码斗	18 cm	10
钢雀巢码斗	16 cm	10
钢汤盆	38 cm×38 cm(H)	3
钢汤桶有耳有盖	61 cm×76 cm(H)	2
钢汤桶有耳有盖	50 cm×51 cm(H)	2
钢汤桶有耳有盖	36 cm×36 cm(H)	4

名 称	规 格	数量/只(个)
钢汤桶有耳有盖	30 cm×33 cm(H)	3
钢吊桶有盖	328 cm×33 cm(H)	10
钢肉食箱连盖	28 cm×18 cm×10 cm	60
塑料肉食箱连盖	26 cm×178 cm×910 cm	30
九江刀	1号	15
桑刀	2号	15
骨刀	2号	2
烧腊刀	2号	2
虾饺拍皮刀		2
手开罐刀		2
座台开罐器	1号	2
台式磅秤	8 000 g	2
秤仔	500g	3
红A塑料筲箕(日形)	50 cm×40 cm×18 cm	50
红A塑料筲箕(日形)	36 cm×26 cm×10 cm	50
红A塑料筲箕(日形)	28 cm×20.5 cm×8 cm	50
红A塑料筲箕(圆形)	38 cm×15 cm	25
红A塑料筲箕(圆形)	33 cm×14 cm	25
红A塑料筲箕(圆形)	28 cm×13 cm	25
松木砧板	51 cm×18 cm	5
松木砧板	48 cm×18 cm	3
钢砧板圈		2
剪刀	中号	5
油石		5
卤水笊		5
钢叉烧针		100
钢鹅尾针		100
钢烧鹅钩	33 cm	30
钢烧鸭钩	26 cm	30
钢乳猪叉	中号	5

243

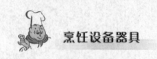

（续表）

名　　称	规　　格	数量/只(个)
钢烧乳猪长针	45 cm	10
钢蜜糖箱连架	61 cm×36 cm×36 cm	1
排帚		5
油帚	中号	5
竹笼连盖	38 cm	各5
竹笼连盖	32 cm	各25
竹笼连盖	18 cm	各50
竹笼连盖	14 cm	各50
玻璃布丁碗	10 cm	30
点心通心酥锤连棍		2
压面辊	25 cm 长	6
蛋塔盏		40
点心蒸笼7眼铜板	内径 22 cm	3
钢有孔圆盖饭盆		5
钢无孔圆盖饭盆		15
有脚钢馅碟	内径 27 cm	3
码糕点四方盒	31 cm×5 cm	5
钢四方格连盖		6
竹馅挑		6
钢有眼蒸笼底片	内径 43 cm	10
钢有眼点心底片	内径 12 cm	100

 小结

　　本章对烹饪设备器具管理的内容,包括设备的日常管理、设备的选择和评价、设备的使用、烹饪器具的管理及设备与器具的配置进行了阐述。

　　设备的日常管理包括建立设备的规章制度和技术资料档案。其中对与厨房直接相关的餐饮器具的管理进行了重点介绍(大的设备管理一般由工程部建立档案)。

设备的选择和评价,不仅仅看到其使用功能,而且还有看到设备的经济效益。

 问题

1. 厨房内的一台燃气灶,如何对其进行合理的日常管理?
2. 如何合理使用和面机?
3. 有一新厨房,如何给其规划设备的购买计划?

 案例

1. 和面机"吃手",一天两次敲响警钟

2009 年 7 月 20 日 9 时左右,聊城振兴路小学西侧一家糕点房内,一位女工腰扎围裙站在和面机前,操作中女工的手指突然被和面机紧紧咬住。听到呼救,人们切断和面机电源时,女工的四个手指被挤了进去。

其他工人抓紧拨打求救电话,120 急救车和消防战士等救援人员迅速赶到现场,急救人员给女工做了急救处理,消防人员查看情况后,迅速拆卸和面机。

尽管救援人员不断安慰女工,但因为疼痛和高温,女工脸上仍不断沁出汗水。女工挤在和面机里的手指不断流血。消防战士迅速将相关螺丝拆卸后,却发现和面机两个碾轴仍不能分开。

随后,消防特勤队员又赶到现场,才将两个碾轴分开。女工被迅速送往医院抢救。

消防战士刚处理完这起事故,东昌府区凤凰街道办事处的一名工人的手又被和面机挤住了。所幸,该工人随后顺利脱险。

据介绍,振兴路糕点房被挤手的女工是一位熟练工,有一定的和面机操作经验,之所以左手被挤,有可能是思想麻痹、安全生产意识淡薄造成的。

"和面机挤手的事故经常发生,我们一年要救助很多。"消防战士说,在操作过程中,只有严格按照规范操作流程,才能避免事故的发生。

2. 广东中山黑天鹅饺子馆厨房着火

2009 年 9 月 6 日,广东省中山市黑天鹅饺子馆厨房发生火灾。火灾原因为厨房抽油烟机的管道积压油垢过多,遇明火发生燃烧(俗称"抢火")所致。

火灾现场,灰黑色的烟从黑天鹅饺子馆厨房的窗口不断冒出,窗四周的玻璃被烟熏黑,消防员在窗口处不时喷水灭火,公安民警及治安队员在事故现场维持秩序,并划定了警戒区域。着火的是厨房里面的排烟管。9 时 45 分左右,中山市消防支队市区一中队 3 辆消防车、24 名消防员赶到现场灭火,火势在 10 时左右得到控制。

在着火的厨房现场笔者看到，满地是喷洒过的灭火器和被切过的生猪肉和厨具等，厨房的天花被烟熏黑。在这 50 m² 左右的厨房里，火势虽不大，但浓烟和高温的威力使厨房内所有物品都严重受损，幸好当时未营业，厨房人员不多，未造成人员伤亡。据了解，近年来中山市发生了多起因这一原因引发的厨房火灾事故。

 思考题

针对上述案例，阐述如何做好厨房日常设备管理和使用管理。

第七章 烹饪工艺实验室的设计

学习目标

学完本章,你应该能够:

(1) 了解烹饪工艺实验室的设计要求和流程;

(2) 掌握烹饪工艺试验室的平面布局及建筑和结构设计;

(3) 掌握烹饪工艺实验室的配套设施的设计要求。

关键概念

总体设计　平面布局　建筑和结构设计　配套设施

烹饪厨房可称为餐饮活动的起点,烹饪的全部或大部分工作一般都在厨房中完成。烹饪厨房的设计是否科学,直接关系到生产过程的安全、卫生、环保和成本及顺畅等方面的效果,一个设计合理的厨房,是烹饪工作效果良好的基础。作为一名烹饪工作者,应当了解烹饪厨房的设计。鉴于相关的教材或多或少地对烹饪厨房的总体设计方法与布局已经作了介绍,其具体数据要求还可参看《饮食建筑设计规范》,故本文不再赘述。本文拟对烹饪教育和科学研究中必须涉及的烹饪工艺实验室的设计作介绍。

第一节　烹饪工艺实验室总体设计

一、概述

(一) 烹饪工艺实验室作用

烹饪工艺是人们有计划、有目的、有程序地利用炊制工具和炉灶设备,对烹调原料进行切割、组配、调味、烹制和美化,成为能满足饮食需要的菜点的一种手工操作技术。烹饪实验室即进行烹饪实验、试验及研究的场所。

烹饪工艺实验室和烹饪厨房有何区别?

(二) 烹饪工艺实验室的分类

烹饪工艺实验室主要集中在各类烹饪学校和社会烹饪培训机构中,有的四星或五星饭店也有自己专门的烹饪工艺实验室。

就烹饪工艺实验室的功能可以分为:基础性实验训练实验室和研究型实验室。

基础性实验训练实验室又可以分为教师演示实验室和学生训练实验室。

按实验的性质及功能,教师演示实验室又可以分为中餐演示室、西餐演示室、中点演示室、西点演示室、食雕冷拼演示室、药膳演示室等,中餐和西餐也可以合并成中、西餐演示室,西点也可以和中点合并成点心演示室,西餐和西点也可以合并成西餐、西点演示室,也可能建成多功能演示室。

学生训练实验室可分为中餐基本功训练实验室、中餐勺功训练实验室、中餐名菜训练实验室、西餐训练实验室、西点训练实验室、中点训练实验室、食雕训练实验室、面塑训练实验室、烘焙训练实验室、冷拼训练实验室、药膳训练实验室等,其中食雕、冷拼、面塑可以通用,勺功训练实验室可以兼容磨刀等基本功课程教学,烘焙可以和西点实验室通用。

研究型实验室可以分为中餐类、西餐类、点心类、烘焙类、分子美食类等。研究型实验室一般面积小,但设备精良。学校是以学科带头人为主,带领年轻教师和研究生等做课题,成熟以后,再在演示实验室演示给学生,学生再在训练实验室进行训练。饭店是以行政总厨为带头人,研究开发新的菜品,成熟后再应用到饭店的酒宴中,以更好地服务顾客。

二、烹饪工艺实验室的总体设计

(一) 总体设计要求

烹饪工艺实验室的设计是一项系统工程,它涉及建筑、结构、电气、暖通、给排水、食品安全、饮食卫生、环境保护等多专业知识。总体要求应以人为本,全面规划,综合考虑多方面因素,确保实验人员和烹饪设备的安全运转;保证实验室设备的合理布局,方便操作、使用和管理,同时兼顾实验室的整齐美观。

根据设计任务的要求,结合地形进行总体设计。在设计之前,要对各建筑物的用途和功能进行分析。烹饪工艺实验室的特殊性在于烹饪菜肴时会散发出成熟菜肴的油香气味,产生油烟的排放、污水的排放等问题。因此,一般应布置在一个建筑群的下风方向及下游地段,保持一定的间距和良好的通风,应有绿化隔离,搞好排污处理,做好环境综合评估和治理。最好是一个单独的烹饪实验大楼。

（二）烹饪实验室设计的分类

实验室建设有新建实验室和改造实验室两种。新建实验室一定要按办学规模以及发展规划统筹而设，要考虑到可发展性，不要过分夸大，也不能缩小，同时，还要考虑到环境保护问题，总之要把有限的资金充分发挥到最大限度。改造实验室工作更加繁琐，首先要对要改造的建筑加以评估，是否具有可改造的价值，不能花了时间和资金，改造后又不能履行其功能。改造的实验室评估包括旧房屋的建筑年限、层高、安全通道、排气情况、给水状态、排污设施、防火设施等。

（三）设计原则

1. 实用性

设计方案力求用相对较少的投入，建立起完整的实验平台。

2. 稳定性

稳定性主要是指设备这一块，设备的稳定可靠是实验运转的基本保障。

3. 开放性

开放性是指实验的形式和方式，开放的实验更具备创造性。

4. 易用性

易用性主要是指设备，使用和维护都会比较方便。

5. 可扩展性

可扩展性主要是指设备，便于升级，提高性能。

6. 兼容性

兼容性是指一个实验室可进行多种实验，在繁忙时可以通用，节约资金的投入。

（四）烹饪工艺实验室设计的基本程序

实验室设计不单是选购合理的仪器设备，更要综合考虑实验室的总体规划、合理布局和平面设计，以及供电、供水、供气、通风、空气净化、安全措施、环境保护等基础设施和基本条件，尤其是烹饪工艺实验室的设计还有其自身的特点，特别要考虑到其特殊的水、电、气的要求，是一项复杂的系统工程。

1. 酝酿阶段

这是一个漫长的时期，决策层要高瞻远瞩，要对学校或饭店的发展有一个正确的判断，降低资金投入的风险。这个阶段要广开言路，多方听取意见，要集中一切可集中的力量，深入细致地讨论、研究，尤其是市场信息。制定切实可行的事业发展远景规划。

2. 调研阶段

一旦制定了规划，就要广泛调研，调研对象包括同类院校、饭店的实验室，以及与之相关联的实验室的建设信息。甚至包括国外的一些先进实验室的建设信息。切忌想当然，闭门造车。调研阶段要明确项目的性质、设计范围、设计原则、设计依据和建设规模，同时搜集资料，借鉴同类、同等规模实验室的设计经验；再根据烹饪工艺实验室自身特点，对建筑周围的公用工程、环境以及安全卫生等状况做一个评估，再构想初步设计方案。

3. 初步设计阶段

在大量的调研的基础上,初步确定实验室的大概面积和实验室的主要组成等。在初步设计阶段,针对前期阶段制定的初步设计方案,征求建设单位及有关部门的意见,进一步完善设计方案,依据本地烹饪教学的计划提出更加详细的实验室建设要求,划分不同功能的实验室,依据实验室平面设计原则,给建筑设计人员提出合理的总体面积及各功能房间的布局要求,由建筑、结构专业设计人员共同设计出实验室的总平面布局图。同时请相关专业人员提出各功能房间的基本设施要求。

4. 详细设计阶段

根据已批准的初步设计文件以及初步设计审核意见,再广泛集中相关专业人员,反复研究、讨论,反复修正初步设计方案,确定要建设的具体的功能实验室的面积、楼层分布,以及主实验室的配套设施。如中餐演示实验室旁边一定要配备准备室;各实验室基础的水、电、气等设施配备情况。

5. 实施阶段

经过详细的设计以后,设计单位会给出详细的建筑图、水电布局图、暖通布局图、燃气管道的分布图(当地燃气公司根据客户方的各功能实验室的燃气设备布局图出图)、下水布局图、各楼层的消防措施分布图等。在具体实施阶段,使用方一定要安排专业人员参与大楼的施工监督,出现问题及时带回去,集体讨论,尽快找出解决方案,通知施工方,经设计部门确认可行后,紧急改变建筑方案,争取尽善尽美,少留遗憾!

6. 改进阶段

一是建筑过程中,发现问题,及时解决问题,加以改进;二就是工程竣工后,在实验室的安装调试阶段,发现问题,妥善解决。如,在设计阶段可能会对设备的电负荷估计不足,在实验室装修的过程中,可以加以修复,尽可能地保证实验室的整体美观。

7. 使用阶段

认真研究各设备的使用说明书,对学生进行培训,确保对设备的安全使用。同时,制定实验室的各项规章制度并加强管理。

8. 完善阶段

没有最好,只有更好。计划赶不上变化,随着时间的推移,社会的发展,原先考虑得再周到,都会出现不协调的地方,实验室的设计也就要随之改变,不断完善。

第二节　烹饪实验室设计

一、烹饪实验室的平面布局及建筑和结构要求

(一) 总体平面布局要求

实验室布局必须符合实验流程的规律。烹饪工艺实验室从原料的进货、领用、初

加工处理、净料领进功能实验室、实验结束餐具及场地清洗、废物回收和处理等必须有一个清晰的流程。要区分人流和物流,以及燃气管道、排油烟系统、污水排放等设施的设计。因此,烹饪工艺实验室的平面布局设计除要遵循一般建筑物的平面设计要求外,还要遵循下列基本要求。

(1)原料保管室、原料初加工室、实验室办公室以及不用明火的冷拼工艺实验室、食品雕刻实验室等集中放在一层,以便于燃气管道以及排油烟系统从二层开始布局。同时,也因为冷拼、食雕的原料比较重、下脚料比较多等特点,在一层方便学生领用、初加工以及垃圾处理。条件许可还可集中布置空调设施。

(2)把工程管网较多的实验室组合在一起。例如演示实验室、多媒体实验室、网络监控室、实验室管理办公室等放在一起,便于管线布局和实验室管理。外来学习、交流等活动基本上都会从演示教学开始,领导检查、听课还可以通过网络进行,在监控室就可以一览整个烹饪工艺实验室的教学活动。

(3)负重大、灶具多的中餐训练实验室可以放在不同楼层的同一位置(因国内教学以中餐为主,中餐训练实验室肯定相对较多)。这样可以均衡各楼层的承重,同时又方便燃气管道的布局,更主要的是集中排油烟出口,节约空间,美化建筑布局。

(4)物流货梯排布在原料保管室、初加工室的附近,便于原料的领用和垃圾的清理。

(5)研究型实验室可以将物流货梯排布在距训练实验室相对较远的位置,这样相对安静,便于教师有个好的研究环境。

(6)设备相对较少的点心训练实验室可以放在高层,而且点心实验课原料也相对较少,便于学生领用。

(7)每个训练实验室最好配一个准备室,平时可以作为实验准备、教师休息的场所,在活动时,如考试或比赛时作为评分室。

(8)设备购置及布局一定要切实、合理。

遵循上述设计要求,有利于实验教学的管理,便于环境卫生的清理,节约空间,美化建筑,并节约投资成本。

(二)烹饪工艺实验室建筑和结构要求

(1)楼层层高:为了保证实验室内明亮、通风、透气,烹饪工艺实验室的中餐训练室要达到4.2 m左右,西餐、西点、中点等训练室要达到3.6 m左右,冷拼、食雕、勺工、刀工等训练室也要达到3.2 m左右。低了会影响通排效果,高了会产生回音。演示实验室因要做阶梯,一般要达到6 m左右。

(2)过道走廊宽度:学生进出实验室要带刀具,且领用原料要用推车或人抬,所以走廊宽度要比一般的实验室要宽,在2.6~3.0米之间。

(3)实验室面积:按小班30人、大班45人计算,中餐和西餐训练实验室内灶具

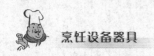

设备较多。因此,中餐、西餐训练实验室面积在 160 m² 左右;西点、中点、冷拼、食雕、勺工、刀工等训练室在 140 m² 左右;演示实验室可同时给多个班级开课,面积在 300 m² 左右;准备室在 40 m² 左右。

(4)门的要求:100 m² 以上的房子都要求开两扇以上门,以备安全通道之用。门最好是双开门。

(5)窗户的要求:外墙面窗户要求,移门窗户不小于 4 m²,开门窗户不小于 3 m²,上为摇头窗。走廊窗户可采用观光透视窗,长方形,上下小,左右宽,面积不小于 3 m²。这样不影响室内采光又增强了实验室内的空气流通。来人参观可以透过观光窗户进行观摩,不会影响学生的实验课,同时,对管理者增加了无形的压力,室内卫生往往都比封闭的实验室要好很多。

(6)地面的要求:学生训练实验室要用水冲洗,可采用防滑地砖;演示实验室或研究型实验室,用水较少可采用环氧地漆,不但防滑而且美观。

(7)墙面的要求:学生训练实验室可贴浅色瓷砖,30 cm×45 cm 或 30 cm×60 cm 规格的比较美观;演示实验室和研究型实验室可以用防火板贴墙,简洁明了、美观大方。

(8)楼面荷载:不小于 4 000 N/m,负荷较大的房间按实际要求设计。

(9)物流电梯:设计在原料保管室和原料初加工室附近,方便学生领料以及清理垃圾。

(10)排烟通道:在烹饪工艺实验大楼实验室排放灶具位置附近预留排烟井,这样在安装排油烟系统时可以最少使用排烟管道,避免浪费;同时优化室内环境。

(11)地沟、下水:学生训练实验室因用水量较大,一般采用下沉式明沟。沟体可采用水泥抹平后内壁贴瓷砖或不锈钢制品,沟体宽在 20 cm 左右,高在 10 cm 至16 cm 之间,沟体的倾斜度约为 6‰,盖板一般用不锈钢质材。演示实验室和研究型实验室可用暗沟。下水可用 PVC 管,烹饪工艺实验室的下水管比一般实验室要粗,学生训练实验室的下水管直径不能小于 15 cm,演示实验室和研究型实验室不小于 10 cm,主下水管直径要达到 18 至 20 cm。

(12)防爆防火措施:消防器材也要比一般的实验室多。

(三)实验室实例

扬州大学旅游烹饪学院是国内一流的烹饪院校,他们不但具有一流的师资队伍,而且具有一流的烹饪工艺实验室。扬州大学旅游烹饪学院的烹饪工艺实验室布局合理、美观大方、先进实用。

图 7-1 至图 7-6 为扬州大学旅游烹饪学院烹饪工艺实验室的一组实验室图片。

图 7-1 演示实验室(一)

图 7-2 演示实验室(二)扬州大学旅游烹饪学院丰益国际烹饪研究院烹饪工艺实验室

图 7-3 西点训练室的热加工操作区

图 7-4　西点实验训练室的成形操作区

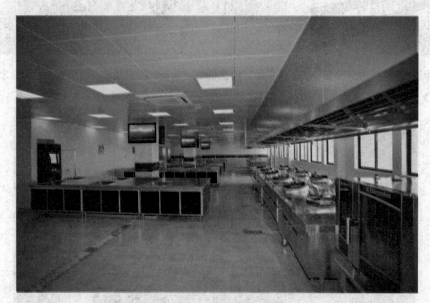

图 7-5　中餐实验训练实验室

图 7-6 初加工场地

二、烹饪工艺实验室的配套设施

中餐厨房及烹饪工艺实验室一个最大的特点就是以明火加热进行烹饪,目前,我国大多数城市都通上了天然气或管道液化气,城镇和农村多数用石油液化气瓶。烹饪学校和烹饪培训机构以及四星以上饭店都建在城市,因此,本章我们考虑以管道天然气为例。条件不具备的地区,可以考虑将多个石油液化气瓶集中在一起做成一个燃气升发室,有类似管道液化气的功能。

（一）供气系统的要求

烹饪工艺实验室供气系统以管道天然气为例。

（1）首先要求灶具跟用气相适应。灶具的炉头不同,所用燃料也就不同,在设计时要统筹考虑。切不可所购灶具与所在城市的燃料不匹配。

（2）层层布阀,确保安全。天然气管道要科学合理布局,做到烹饪实验大楼有总阀,每一楼层有分总阀,每个实验室有支总阀,每台炉灶有阀门,而且要用球阀（密封性能更好）,确保绝对地安全用气。

（3）管道走向。天然气管道可以采用上行、下吊法,即管道从楼板下方布,到了灶具上方往下吊接联通灶具。这样地面就没有天然气管道,确保实验的师生不受地面管道的干扰。

（4）燃气报警器。天然气无色,就是有少量泄漏也不易被察觉。为确保万无一失,每个接有天然气管道的实验室都必须装上天然气报警器,只要实验室内的天然气含量达到报警浓度,报警器就会自动报警。

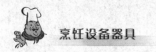

（二）通风、排烟的要求

有了天然气，燃烧就会产生烟，并且烹饪过程中也有油烟产生，因此，烹饪工艺实验室内必须安装排油烟系统。

（1）排烟率：排烟系统的功能就是排出实验室内烹饪时产生的油烟和热气流，净化室内空气。因此，排烟率是衡量排烟系统的优劣的最主要依据，一般要求在 90% 以上。

（2）噪声：国家标准，公共场所噪声不要超过 65 dB，70 dB 就是重度污染，因此，我们要求排烟系统产生的噪声不能超过 65 dB。排烟系统的噪声一部分是风机工作产生的，一部分是所排气流撞击风管壁等产生的。

小思考

此外，在烹饪厨房或实验室中，还有哪些噪声源？

（3）集气罩：一般由不锈钢板或镀锌白铁皮制作而成，固定在灶具或烤箱等产生油烟的设备正上方，面积比下方的设备略大，为保证排烟效果和操作者方便，一般集气罩距地面 1.9 m，距灶具上方 1.1 m，烤箱等设备视情况而定。集气罩的大小一定程度上决定了排风量。

小思考

为什么要求集气罩的高度，集气罩太低或太高了会有何影响？

（4）排风量：集气罩的下边沿与灶具的上边沿中间的空间是一个长方形的立面，操作者站在灶具前烹饪菜肴，排风机启动后，气流经过人脸的速度称为"立面风速"，要想保证排烟率又不产生过大的噪声，一般立面风速在 0.3～0.6 m/s 之间，长方形立面与立面风速的乘积就是排气量，双面操作的灶具，排风量乘 2。

（5）风机：风机是排油烟系统的动力系统，风机功率的选择应略大于排风量。风机一般安装在楼顶，加雨棚遮雨。

（6）风管：风管的大小决定了排油烟的速度。风机的功率确定了，在规定时间内它要排出规定的油烟，风管大了，风速就慢；风管小了，风速就快。风速快了，气流撞击风管壁的力量就强，回声就大，也就是噪声就大；反之噪声就小。

（7）烟道井：烟道井是安装风管的通道，烟道井的预留对设计者的水平是一个大的考验，留大了影响了大楼的使用效率，留小了安装不下排烟风管。这就要求规划者、使用者、设计者三方共同探讨，科学测算，合理安排。旧楼改造，烟道井面积小不够用，可以考虑风管在室外爬墙至楼顶连接风机。

（三）上下水及排水沟的要求

（1）烹饪工艺实验室的上水一般是明管，为不影响学生走路，可采用在房顶下排布，到水池上方下吊连接上水。好处是出现问题维修方便。也有埋在地下的，这需要前期的计划很周密，出水点要准确，而且所用水管的材质一定是上等品，能保证十几年甚至更长时间不需要维修。

（2）上水也要求每层楼要有总阀，每个实验室要有分总阀，每个水池或一组水池要有一个支总阀。这样在个别水管出现问题时，在维修的过程中不会影响其他水池的使用。

（3）下水沟不宜太宽，也不能太深。

（4）下水沟排放的位置：下水沟最好排布在操作台和灶具的边上，也可以放在操作台的下面（操作柜只能放在边上）也就是操作者站立的位置。操作台和灶具上的水池不在下水沟的正上方，可以采用支流引进主下水沟。主要是方便搞卫生。

（5）下水沟盖板：下水沟盖板采用 S304 不锈钢质材制作，盖板上开若干小孔便于地面水流进下水沟；盖板上还有打上防滑钉，防止有油水粘上盖板打滑；盖板下方跟地沟接触的面一定要粘上橡胶条，这样盖板和沟体之间比较密封而且稳固，操作者踩在上面时不会发出响声，更不易滑倒。下水盖板要做得精细美观、大方。

（6）过滤网和过滤池：水池的下水口要设置一个过滤网，这是第一道屏障，绝大多数下脚料中的固形物被留下，不随水流进下水沟；下水沟与主下水管的连接处再做一个过滤池（一般在实验室的角落部位），过滤池中间用过滤网分隔开，这是第二道屏障，确保污水流经过滤池时，垃圾固形物就被留在上流区，而不会去堵塞下水道。

（7）上水的压力：上水的水压一定能满足实验和打扫卫生的需要，如不够可考虑加压泵。实验室配备加压的花洒水笼头。

（8）水质：烹饪工艺实验室的水质一定符合饮用标准。

（9）消防用水：消防用水专供。

（四）供电负荷的要求

实验室供电一般分为照明电和动力电，而动力电主要用于各类仪器设备、空调和风机等的电力供应。烹饪工艺实验室用电有如下要求。

（1）实验室电气的设计应遵守国家或行业相关标准。

（2）实验室内应设三相和单相交流电源，要设置电源总开关，以便能切断室内电源。

（3）实验室的动力和照明电源线及通信线宜暗设。应配备不间断电源，当主电源断电时应能给应急照明系统提供至少 0.5 h 的电源供应。

（4）要对各功能实验室的用电设备了如指掌，并合理布局，相应位置安装配备的

插座。

（5）各功能实验室内设总电源供应箱，供应箱的总负荷要比实际用电器的电量总和大 30%。负荷大的用电器配空气开关。

（6）实验室的冰箱等常开设备应有专用供电电源，确保 24 h 运转，不至于因切断实验室的总电源而影响其工作。

（7）实验室要有接地系统，对大型精密仪器或有特殊要求的设备应单独设置接地系统。

（8）排油烟系统因用电量较大，可单独用供电箱控制。

（9）根据需要，演示实验室、教师研究实验室等应设电话接口。

（10）各功能实验室都应设网络接口，以备安装监控系统。

第三节　烹饪工艺实验室的设备选择及布局

烹饪工艺实验室在设备选择上跟酒店差不多，功能相同的区域设备的选择也类似。但是，设备的排布却大相径庭。

小思考

为什么烹饪工艺实验室的设备排布与酒店不同？

一、勺工训练室

（一）勺工训练室的功能

勺就是烹饪菜肴时的炒锅，勺工就是翻锅的基本功，它分为前翻、后翻、左侧翻、右侧翻、大翻等。勺工训练室的功能就是初学者练习翻锅的场所。

（二）勺工训练室的设备选择

勺工训练的主要设备是锅架和炒锅，辅助材料有黄沙或潮毛巾、手勺以及黄沙池和水池等。锅架就是模拟炒灶，外框跟炒灶一样，材质可以差点，只有炉台，没有炉心，炉台下方放一可以抽动的金属板，初学者翻砂时漏下的砂抽出来倒到锅中反复使用。锅架也可以用旧炒灶代替。

（三）设备的排布

一组锅架靠墙排放，二组锅架可以对拼后放实验室的中间位置；黄沙池和水池可以放置在实验室的顶头位置。如图 7-7 的布局。图 7-7 训练室可以供 36 名学生同时使用，教师在学生四周巡视，发现问题及时纠正。

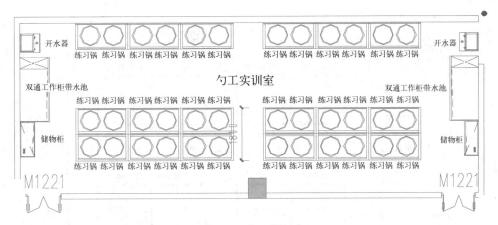

图7-7 勺工训练室

二、食品雕刻训练室

(一) 食品雕刻训练室的功能

在食品上加以雕刻,历史悠久,大约在春秋时已有。食品雕刻的常用原料有两大类:一类是质地细密、坚实脆嫩、色泽纯正的根、茎、叶、瓜、果等蔬菜;另一类是既能食用、又能供观赏的熟食食品,如蛋类制品。现在拓展到冰雕以及泡沫塑料雕等。

(二) 食品雕刻训练室设备选择及布局

简单的食品雕刻训练在教室里就可以进行。本书介绍的是现代信息化的训练室的设备选择和布局。设备有:多媒体设施一套(包括摄像机、电脑等),液晶显示屏16台,多功能雕刻操作柜17台(教师演示1台,学生训练16台,该操作柜具有清洗原料、储放工具、配置垃圾筒、安放显示屏等功能),水池1台等。布局如图7-8所示,可以供32名学生同时使用,教师在做演示时,摄像机摄像,通过电脑同时传输到16个显示屏上,供学生同步训练。也可以通过电脑放录像,供学生训练。

此训练室集多媒体演示实验室及训练实验室于一身,同时适合于冷拼工艺、面塑、调酒等实验课目的训练。

三、初加工室

初加工包括清洗和初步原料加工两个步骤,初加工室分成清洗区和原料初步加工区。清洗区设备选择:水池、冷藏冰箱、操作台、小推车、货架、冲地水龙头等;蔬菜、瓜果等原料经过整理、清洗后放到货架上。初步加工区设备选择:炉灶、水池、搅

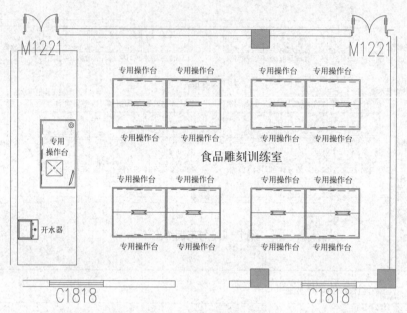

图7-8 食品雕刻训练室

肉机、粉碎机、沥水台、冷藏冰箱、冷冻冰箱、货架、小推车、垃圾车、冲地水龙头、开水器、操作台等;可以对原料进行初成熟处理,可以把动物原料搅成泥茸,可以将动物性原料处理后根据需要放置到冷藏冰箱或冷冻冰箱。

四、刀工训练室

刀工训练室就是给初学者练习刀工的场所,同时具有磨刀的功能。选择设备有:操作台、白果树砧板、水池、储物柜等。

五、中餐比赛场地

中餐比赛场地是烹饪学校和社会烹饪培训机构以及星级酒店进行厨师定级考核、各种类别的烹饪技能比赛的地方,一般配备评分室。它的特点是:一个比赛位置配备一张操作台、一台炉灶(带主副炉头)、一个水池、一套烹饪炊具等;共用设备有:烤箱、蒸箱、煲仔炉、粉碎机、开水器、搅拌机、电子秤、垃圾回收车、高压冲水枪、监控摄像头、冰箱、小推车、共同水池、货架等。图7-9是扬州大学旅游烹饪学院的烹饪比赛场地的平面布局图,曾举办过第二届全国烹饪高校大学生技能比赛,江苏省高校后勤集团厨师烹饪比赛,若干期全国烹饪高校教师骨干班学员结业考核,若干期高级烹饪技师、技师的定级考核,若干期厨师培训班学员定级考核等活动。

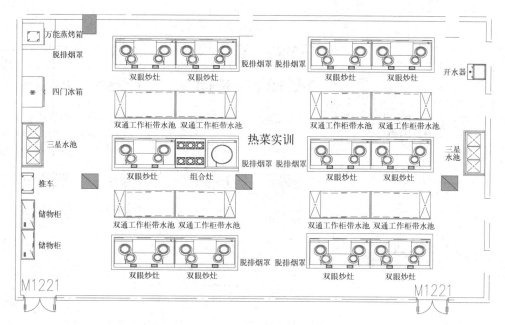

图 7 - 9　中餐比赛场地

六、西点训练室

西式糕点简称西点,是由国外引入的一类糕点。制作西点的主要原料是面粉、糖、黄油、牛奶、香草粉、椰丝等。西点的脂肪、蛋白质含量较高,但味道香甜而不腻口,式样美观。西式糕点主要分小点心、蛋糕、起酥、混酥和气古五类。

西式糕点的一般工艺流程有:打料、和面、挤制、成形、烘烤等。

制作西式糕点的设备一般有:操作台、搅拌机、和面机、冰箱、分割搓圆机、醒发箱、烘烤箱、冰淇淋机、扒炉、四头炉、油炸箱、酥皮机等。

西点训练室的设备排布:由于西点训练过程中用水较少,而且成熟过程中用明火也少,因而西点训练室相对于中餐训练室要整洁很多,如果把西点的菜品成形制作区和菜品成熟制作区分开,那么成形制作区可以豪华装修,可以安装空调。图 7 - 10 是扬州大学旅游烹饪学院烹饪工艺实验室的西点训练室的平面布局图。成形制作区包括八组工作柜,每组工作柜由四张小的工作柜组成,组柜中央对面安装两个液晶显示屏,台上放两台小型搅拌机、一个组合柜供四名同学使用。八组就是可供 32 人同时上课。成熟区中间灶具组合为明火多头炉、油炸箱、扒炉等组成,集中排放还便于排油烟系统的安装。灶具组合的两边可放几组双通工作柜作为辅助用品。靠墙的一边(方便安装插座)安放和面机、醒发箱、酥皮机、烤箱等设备。

西点训练室也可以作西餐训练室用,作西餐训练室用时,一定要再配备汁板炉、焗炉、制冰机、热汤池、法兰盘等设备。

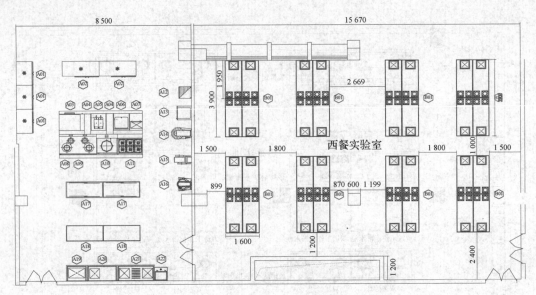

图 7-10　西点训练室

七、中点训练室

中点就是传统意义上的面食，一般包括水调面团、发酵面团、油酥、糕点等。中点训练室的主要烹饪功能是煮、蒸、炸等，跟西点训练室一样，就是它不需要很多的炉灶，因此，灶具也可以集中排放，方便排油烟系统的安装。

中点训练室的设备选择及布局：根据功能，中点训练室的主要设备选择有多头炉、蒸灶、扒炉、操作台、和面机、酥皮机、烤箱、醒发箱、冰箱等，布局可以参照图 7-11。

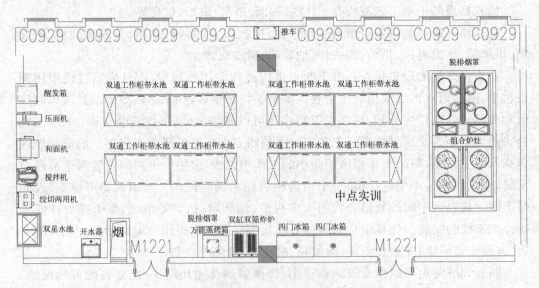

图 7-11　中点训练室

中餐训练是目前烹饪学校的主要实验教学科目,它可以承担中国烹调实验教学的基础实验课、专业实验课等多种实验课目,是烹饪学校中最忙的实验室。

设备选择及布局:中餐实验炒灶是首选设备,旺火整成是中式炒菜的精髓,酒店厨房的炒灶多是带风机的炒灶,它对火力的要求很高,一般要求炉头的热功率达到35 kW 以上。

学校对灶具的选择就不同了,炉头的热功率有 20 kW 就可以了;首先初学者不宜使用大火力的炉灶,再有就是风机噪声大,影响师生间的交流。操作台放一排,灶具放一排,切配完成后同时上灶台炒菜,便于排烟集气罩的安装。操作台和灶具都是双面操作,安装放置在实验室的中央位置,便于教师在四周巡视,及时发现学生的问题并纠正。另灶具的选择上,中餐实验室最好配备一台大锅灶,为做蒸菜时用;配备一台多头煲仔灶,做煲菜时用。中餐实验室还可配备烤箱、蒸箱等设备。如果多选择几台煲仔灶,少选择几台中式炒灶,这样便成了药膳实验室。

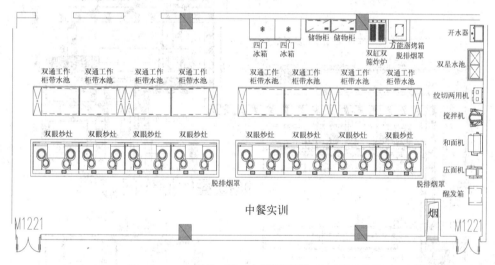

图 7-12　中餐训练室

九、演示实验室

演示实验室是教师演示,学生集中听课学习的场所。一般要求是阶梯教室,这样前排的同学就不会挡到后面学生的视线。现在演示实验室都应安装多媒体功能,上课时打开摄像机,把老师演示的动作通过投影机投到前面的大屏幕上,让所有的学生都能细致地观察到老师的每一个动作细节。电脑还可以把摄像机所拍资料保存起来,下次学生训练时重放播看。

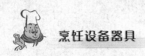

设备的选择用布局：演示实验室的设备要少而精，如万能蒸烤箱、冰淇淋机等设备可以放在前台，操作时让学生仔细观看；搅拌机、切片机等加工设备可以放在准备室，让助手在后场操作。

十、实训餐厅

实训餐厅是烹饪学校的一个综合性实验室，也是学生熟悉酒店的窗口，一般是高年级学生实习时使用。

实训餐厅就是一个小型酒店的厨房，它包括热菜配菜区、冷菜制作区、点心制作区、烧烤区、炒菜区、打荷区、干货仓库、初加工区、清洗区，等等。设备包括操作台（切配台、打荷台、案板等）、炉灶（炒灶、煲仔炉、大锅灶、电磁炉、矮汤炉等）、烤箱、冰箱、制冰机等常见烹饪热加工设备。图 7 - 13 为扬州大学旅游烹饪学院烹饪工艺实验室的模拟实训餐厅的平面布局。

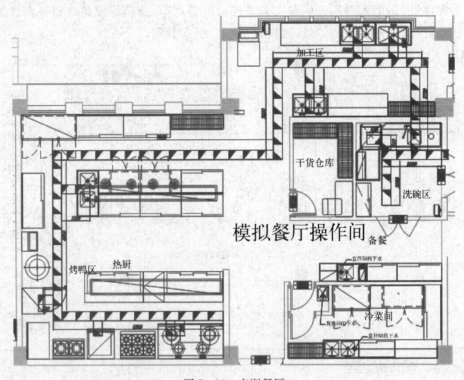

图 7 - 13　实训餐厅

 小结

本章主要介绍了烹饪工艺实验室的总体设计、平面及建筑和结构要求，以及配套

设施和具体的设备配备和布局。

烹饪工艺实验室不同于烹饪工艺厨房，其功能目的、使用对象和使用要求均有所不同，这决定了其在总体设计、结构布局和设备的具体布局方面与饭店的厨房有所不同，在建筑和结构方面也有区别。

问题

1. 试述烹饪实验室的设计程序。
2. 烹饪实验室对于配套设施有何要求？
3. 烹饪实验室对于设备的具体要求有哪些？

案例

1. 某高校新建烹饪实验室变成了新建后还要改建

某高校建设新校区，拟将该学院的烹饪实验室专门建成一座烹饪实验大楼，后来由于经费问题，该大楼部分区域为烹饪实验室，其他区域为办公区域和其他专业的实验室。此后，在烹饪实验课开设期间，整个大楼都弥漫着菜肴的香味，搞得办公区域的人员很不满意。而由于要满足办公和其他专业实验室要求，在烹饪实验室建设期间，发现建筑通风井过小，重新进行扩大，不仅浪费了资金，而且浪费了时间。此外，还有供水水压、供电扩容、原料垂直输送等方面的诸多问题。

2. 某高校的实验室的静电排风系统成了摆设

某高校在新校区建了烹饪实训楼，当时考虑采用领先技术的静电油烟净化系统。一开始使用较为满意，但后来随着油烟的积累，该系统的油烟净化能力开始减弱，最终成了摆设。

思考题

1. 烹饪实验室建设时需要如何总体考虑？设备该如何选择，才能发挥设备的最佳效能？

参 考 文 献

1. 曹仲文. 厨房器具与设备[M]. 南京：东南大学出版社, 2007, 8

2. 周旺. 烹饪器具及设备[M]. 北京：中国轻工业出版社, 2000, 1

3. 杨铭铎. 现代中式快餐[M]. 北京：中国商业出版社, 1999, 5

4. 张家骝, 张广印. 烹饪设备与器具[M]. 北京：中国商业出版社, 1992, 1

5. 励建荣. 现代快餐技术[M]. 北京：中国轻工业出版社, 2001, 2

6. 肖旭霖. 食品加工机械与设备[M]. 北京：中国轻工业出版社, 2000, 9

7. 中国机械工程学会包装与食品工程分会. 农副产品加工与食品机械产品样本[M]. 北京：机械工业出版社, 2002, 3

8. 李长贸, 李国新. 餐饮设备使用与保养[M]. 大连：东北财经大学出版社, 2004, 2

9. 任保英. 饭店设备运行与管理[M]. 大连：东北财经大学出版社, 2002, 4

10. 小原哲二郎. 食品设备适用总览[M]. 日本：产业调查会, 1981, 3

11. 李国忱. 食品机械原理与应用技术[M]. 哈尔滨：黑龙江科技出版社, 1989, 3

12. 李兴国. 食品机械学[M]. 成都：四川教育出版社, 1992, 1

13. 高福成. 食品工程原理[M]. 北京：中国轻工业出版社, 1985, 8

14. 姜正候, 郭文博. 燃气燃烧与应用[M]. 北京：中国建筑工业出版社, 2000, 12

15. 靳文杰, 等. 大气式旋流燃烧器设计问题分析[J]. 城市公用事业, 2003, 3：38～39

16. 姜鹏霖. 餐旅设备[M]. 大连：东北财经大学出版社, 1997, 3

17. 姚天国. ZZT2型中餐燃气炒菜灶燃烧器结构及燃烧性能分析[J]. 天津城市建设学院学报, 1996, 2(3)：24～29

18. 陈明, 段常贵, 侯根富. 中餐燃气炒菜灶热效率的提高[J]. 煤气与热力, 2001, 21(1)：20～22

19. C·Л·斯拉德科夫. 燃气在城乡中的应用[M]. 吴训聆译. 北京：中国建筑工业出版社, 1982, 7

20. 胡鹏程, 胡颖. 厨房电器的原理与维修[M]. 北京：电子工业出版社, 1997, 11

21. 毛竹, 肖振江, 钱云龙. 现代厨用电器速修方法与技巧[M]. 北京：人民邮电出版社, 2000, 11

22. 邵万宽. 认识扒炉[J]. 美食, 2001(5)：15～16

23. 梁灿然. 现代厨具知识[M]. 北京：中国劳动出版社, 1996, 3

24. 刘午平.电冰箱修理从入门到精通[M].北京：国防工业出版社,2005,6

25. 王如竹.制冷原理与技术[M].北京：科学出版社,2003,8

26. 谢晶.食品冷冻冷藏原理与技术[M].北京：化学工业出版社,2005,4

27. 吴克祥.酒水管理与酒吧经营[M].北京：高等教育出版社,2003,8

28. 李春祥.饮食器具考[M].北京：知识产权出版社,2005,10

29. 马承源.中国青铜器[M].上海：上海古籍出版社,2003,1

30. 傅小平.中国古代餐具研究[J].西南民族大学学报(人文社科版),2006,180(8)：199～207

31. 徐海荣.中华饮食史[M].北京：华夏出版社,1999,10

32. 李智瑛.宋代饮食器的造型设计研究[D].南京艺术学院,2005

33. 董涛.先秦青铜形态研究[D].武汉理工大学,2003

34. 张建军,陈正荣.饭店厨房的设计和运作[M].北京：中国轻工业出版社,2006,2

Peng Ren She Bei Qi Ju

图书在版编目(CIP)数据

烹饪设备器具/曹仲文主编.—上海:复旦大学出版社,2011.6(2024.3重印)
(复旦卓越·21世纪烹饪与营养系列)
ISBN 978-7-309-08123-7

Ⅰ.烹… Ⅱ.曹… Ⅲ.烹饪-设备-高等职业教育-教材 Ⅳ.TS972.26

中国版本图书馆 CIP 数据核字(2011)第 091013 号

烹饪设备器具
曹仲文 主编
责任编辑/罗 翔

复旦大学出版社有限公司出版发行
上海市国权路 579 号 邮编:200433
网址:fupnet@ fudanpress.com http://www.fudanpress.com
门市零售:86-21-65102580 团体订购:86-21-65104505
出版部电话:86-21-65642845
上海新艺印刷有限公司

开本 787 毫米×1092 毫米 1/16 印张 17 字数 334 千字
2024 年 3 月第 1 版第 5 次印刷
印数 7 401—8 500

ISBN 978-7-309-08123-7/T·414
定价:35.00 元